全国机械类职业岗位技能培训系列教材

数控车床操作工

基本技能

主编　郎一民

参编　马红军　李　林　赵冬辉

李又李

主审　肖　鹏

机 械 工 业 出 版 社

本书是根据国家职业鉴定数控车工中级标准的技能要求、以实际训练为主要形式进行编写的，内容以国内主流 FANUC 0i 系统的编程理论基础及实践操作加工为主。全书分基础篇和实践篇，共十五个单元。基础篇主要介绍机械识图与测量基础、数控车削加工基础、零件尺寸精度检测、数控车床及加工工艺、数控车削编程基础子程序与车削固定循环、复合切削循环及应用等内容；实践篇内容包括数控车床操作、典型实例应用，从相关知识、编程技巧、工艺分析、相关计算、加工路线、刀具选择、切削用量、参考程序到机床常见故障处理等都作了详细讲解。单元后有单元小结和思考练习题，以便于教学与自学。

本书可作为职业学校和同等层次的中级数控车工培训教材，也可作为从事数控车床工作相关人员的实训参考书。

图书在版编目（CIP）数据

数控车床操作工基本技能/郎一民主编．—北京：机械工业出版社，2012.2（2014.7 重印）

全国机械类职业岗位技能培训系列教材

ISBN 978-7-111-37342-1

Ⅰ．①数…　Ⅱ．①郎…　Ⅲ．①数控机床：车床—车削—技术培训—教材　Ⅳ．①TG519.1

中国版本图书馆 CIP 数据核字（2012）第 015902 号

机械工业出版社（北京市百万庄大街 22 号　邮政编码 100037）

策划编辑：汪光灿　责任编辑：汪光灿　王亚明

版式设计：霍永明　责任校对：张　媛

封面设计：赵颖喆　责任印制：乔　宇

北京机工印刷厂印刷（三河市南杨庄国丰装订厂装订）

2014 年 7 月第 1 版第 2 次印刷

184mm×260mm · 13.5 印张 · 329 千字

3 001—5 000 册

标准书号：ISBN 978-7-111-37342-1

定价：29.00 元

凡购本书，如有缺页、倒页、脱页，由本社发行部调换

电话服务

社服务中心：(010) 88361066

销售一部：(010) 68326294

销售二部：(010) 88379649

读者购书热线：(010) 88379203

网络服务

门户网：http://www.cmpbook.com

教材网：http://www.cmpedu.com

封面无防伪标均为盗版

前言

目前，随着现代工业的不断快速发展，市场急需大量掌握数控加工技术的应用型人才。为满足广大青年学习数控加工技术、掌握数控车床操作技能，特别是为了满足以社会力量办学的单位和农村举办短期职业培训班的需求，依据国家中级职业资格鉴定标准，我们以实用、够用为原则，以突出职业技术应用型人才的培养为目的，编写了这套浅显易懂、图文并茂的培训教材。

本书选用了国内企业主流的 FANUC 0i 数控系统，从数控车床加工的实际要求出发，以职业活动为导向，以指导职业技能为中心，以数控加工实际操作为出发点，将机械加工的基础理论知识、数控车削工艺、数控编程与机床操作有机结合，联系实际典型工件，从相关知识、工艺分析、加工参数、编程计算、注意事项等几个方面作了细致的讲解，并且编程的程序段配以简明文字说明，步骤清晰明了，可使读者对每个实例的操作全过程一目了然，便于教学和自学。在内容的选取上，本书克服了传统培训教材中理论内容偏深、偏难、偏多、抽象的弊端，突出结合实际的特点，既可满足学员对中级数控车削加工技能的掌握，又可应对国家中级职业资格鉴定考试。

本书包括基础篇和实践篇两部分，在内容的组织上突出针对性、可操作性和实用性的特点，力求把传授知识和培养技能有机地结合起来，采取循序渐进的原则，突出实践，接近生产，如单件生产与批量生产在程序编制上的差异。单元后附有本单元小结及少量的思考练习题，以供广大学员学习时参考。

本书由郎一民主编，编写了单元一～单元九，并做了统稿工作；单元十～单元十二由马红军、李林编写；单元十三～单元十五由赵冬辉、李又李编写；全书由肖鹏主审。

由于编写时间仓促，书中难免有一些错误或疏漏之处，望各位读者批评指正。

编者

目　录

前言

上篇　基础篇

单元一　机械识图与测量基础 …… 2
第一节　常见零件图尺寸的标注 …… 2
第二节　极限与配合的基本概念及其标注 …… 6
第三节　常见零件图几何公差的标注 …… 8
第四节　常见零件图表面粗糙度的标注 …… 10
第五节　零件图识读基础 …… 13
第六节　轴类零件图的识读 …… 16
本单元小结 …… 18
思考练习题 …… 18
单元二　数控车削加工基础 …… 20
第一节　常用数控车削刀具 …… 20
第二节　机械工程材料 …… 23
第三节　钢的热处理 …… 27
本单元小结 …… 29
思考练习题 …… 30
单元三　零件尺寸精度检测 …… 31
第一节　游标卡尺的结构、读法及使用 …… 31
第二节　千分尺的结构及使用 …… 36
第三节　百分表与游标万能角度尺的使用 …… 39
第四节　圆锥环规与圆锥塞规的使用 …… 41
第五节　环规和塞规的使用 …… 42
本单元小结 …… 43
思考练习题 …… 44
单元四　数控车床及加工工艺 …… 45
第一节　数控车床基本知识 …… 45
第二节　数控车削加工工艺 …… 49
第三节　数控车削工艺分析实例 …… 57
本单元小结 …… 60
思考练习题 …… 61
单元五　数控车削编程基础 …… 63
第一节　数控编程概述 …… 63
第二节　数控车床的坐标系统 …… 67
第三节　数控系统准备功能 …… 70
第四节　常用数控基本编程指令 …… 72
第五节　数控车床坐标系指令 …… 76
第六节　刀具补偿功能指令 …… 78
本单元小结 …… 81
思考练习题 …… 83
单元六　子程序与车削固定循环 …… 84
第一节　子程序 …… 84
第二节　简单固定切削循环 …… 88
第三节　螺纹简单固定切削循环 …… 93
本单元小结 …… 98
思考练习题 …… 99
单元七　复合切削循环及应用 …… 101
第一节　内、外圆粗、精车复合切削循环 …… 101
第二节　端面与内腔粗、精车复合切削循环 …… 105
第三节　封闭轮廓粗、精车复合切

削循环…………………… 108
第四节　外圆槽、端面槽（钻孔）复合切削循环…………………… 111
第五节　螺纹复合切削循环…………… 114
本单元小结…………………………… 116
思考练习题…………………………… 117

下篇　实践篇

单元八　数控车床的基本操作…………… 120
第一节　FANUC 数控系统编辑面板的基本操作…………………… 120
第二节　FANUC 数控系统控制面板的基本操作…………………… 122
第三节　FANUC 系统数控车床的对刀操作…………………… 131
思考练习题…………………………… 138
单元九　外圆柱、台阶与外圆锥面类零件的编程与训练…………… 140
第一节　外圆柱、台阶零件…………… 140
第二节　外圆锥面零件………………… 143
思考练习题…………………………… 148
单元十　切断与槽类零件的编程与训练…………………… 149
第一节　切断与径向槽零件…………… 149
第二节　端面槽零件………………… 155
思考练习题…………………………… 156
单元十一　外圆弧类零件的编程与训练…………………… 157
第一节　简单外圆弧零件…………… 157
第二节　复杂外圆弧零件…………… 161
思考练习题…………………………… 162
单元十二　螺纹类零件的编程与训练…………………… 164
第一节　普通外螺纹零件…………… 164
第二节　梯形螺纹零件……………… 169
思考练习题…………………………… 171
单元十三　中等复杂零件类编程与训练…………………… 173
第一节　复杂圆弧外成形面零件…… 173
第二节　梯形槽外成形面零件……… 176
思考练习题…………………………… 180
单元十四　内、外腔类零件的编程与训练…………………… 182
第一节　内腔零件…………………… 182
第二节　内、外腔零件……………… 185
第三节　简单组合零件……………… 188
思考练习题…………………………… 192
单元十五　数控车床常见故障处理与国家职业标准…………… 194
第一节　数控车床常见故障处理…… 194
第二节　数控车工国家职业标准…… 198
参考文献…………………………… 208

上篇 基础篇

单元一

机械识图与测量基础

学习目标

掌握常见数控车削零件结构形状的表达方法、零件图的尺寸标注、轴类零件配合与公差的标注、几何公差与表面粗糙度的标注及零件图的识读。

第一节　常见零件图尺寸的标注

零件图上的尺寸是零件图的重要内容之一，是零件加工制造的主要依据。标注尺寸时除了应满足正确、齐全、清晰的要求外，还应满足尺寸标注较为合理的要求。尺寸标注合理是指所标注的尺寸既满足设计要求，又满足加工、测量和检验等工艺要求。为了做到尺寸标注合理，必须对零件进行结构分析、形状分析和工艺分析，据此确定尺寸基准，选择合理的标注形式，结合零件的具体情况标注尺寸。

一、零件图的尺寸标注

1. 尺寸基准及其分类

尺寸基准指标注尺寸的起点，是确定零件上几何元素位置的一些点、线、面。在零件设计和生产实践中，尺寸基准按作用可以分成设计基准和工艺基准。

（1）设计基准　根据零件的构造特点及对零件的设计要求，用以确定零件在机械中位置的一些点、线、面，称为设计基准。如图 1-1 所示，依据轴线及右轴肩确定齿轮轴在机械中的位置尺寸“A”，因此该轴线和右轴肩端平面分别为齿轮轴的径向和轴向设计基准。

（2）工艺基准　根据零件加工制造、测量和检测等工艺要求选定的一些点、线、面，称为工艺基准。图 1-2 所示的齿轮轴，加工、测量时是以轴线和左右端面分别作为径向和轴向基准，因此该零件的轴线和左右端面为工艺基准。在标注尺寸时，最好把设计基准和工艺基准统一起来。这样可以同时满足设计要求和工艺要求。

2. 尺寸基准的选择

可作为设计基准或工艺基准的点、线、面主要有：球心，回转面的素线、轴线、对称中心线，对称中心平面、主要加工面、接合面、底平面、端面、轴肩端平面等。应根据零件的设计要求和工艺要求，结合零件的实际情况恰当选择尺寸基准。

从设计基准出发标注尺寸，能反映设计要求，保证零件在机械中的工作性能；从工艺基准出发标注尺寸，应尽可能把零件尺寸标注与设计基准和工艺基准统一起来，从而可保证工艺要求、方便加工和测量。如图 1-1 和图 1-2 中的齿轮轴轴线既是径向设计基准，也是径向工艺基准，即工艺基准与设计基准是重合的。这样既能满足设计要求，又能满足工艺要求。一般情况下，工艺基准与设计基准是可以做到统一的。当两者不能统一起来时，要按设计要求标注尺寸，在满足设计要求的前提下，力求满足工艺要求。

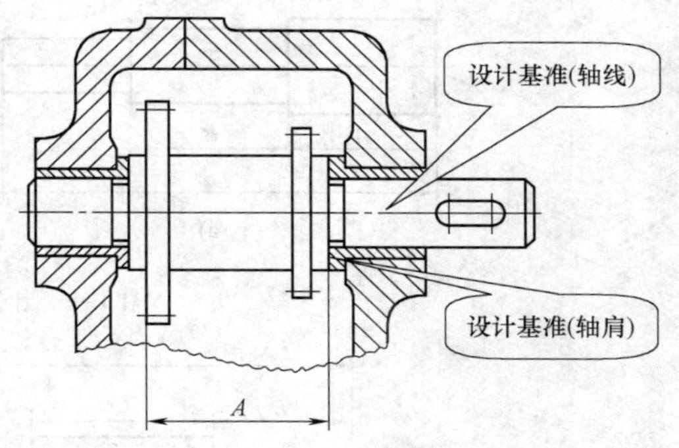

图 1-1　设计基准

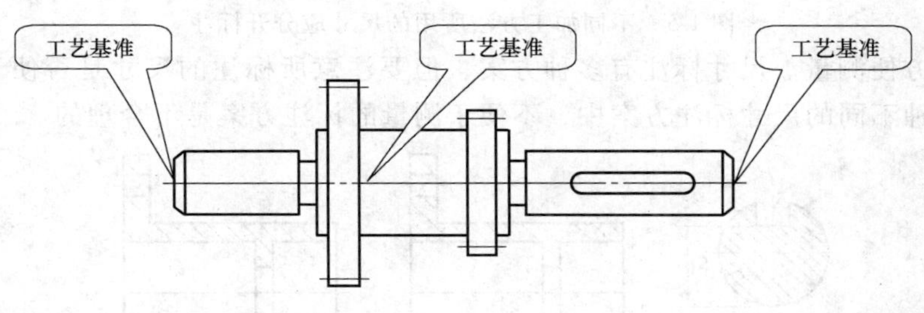

图 1-2　工艺基准

二、尺寸标注的基本原则

（1）重要的尺寸一定要单独注出

（2）避免出现封闭尺寸链　封闭尺寸链是指一个零件同一方向上的尺寸像链条一样，一环扣一环首尾相连，成为封闭状态。如图 1-3 所示，各分段尺寸与总体尺寸间形成封闭的尺寸链。在机械加工中这是不允许的，因为各段尺寸不可能加工得绝对准确，总有一定的尺寸误差，而各段尺寸误差之和不可能正好等于总体尺寸的误差。因此，在标注尺寸时，应将次要的轴段尺寸空出不标注（称为开口环），如图 1-4a 所示。这样，其他各段加工的误差都积累至这个不要求检验的尺寸上，而全长及主要轴段的尺寸则因此得到保证。如需标注开口环的尺寸时，可将其标注成参考尺寸，如图 1-4b 所示。

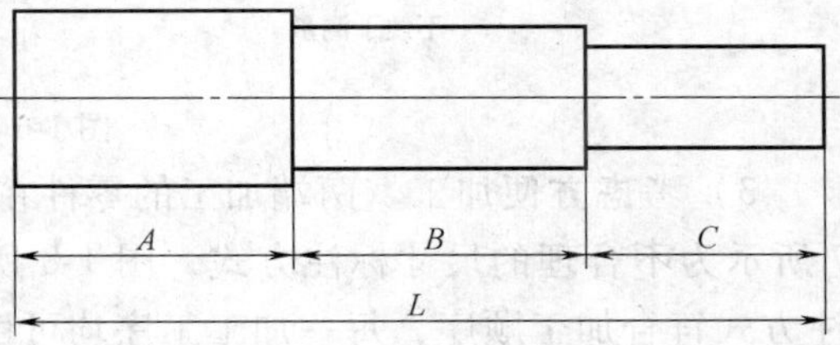

图 1-3　封闭尺寸链

（3）考虑零件加工、测量和制造的要求

1）考虑方便看图。不同加工方法所用的尺寸应分开标注。如图 1-5 所示，将车削尺寸标在上方，铣削尺寸标在下方。另外，若有几个平行尺寸，应使小尺寸在内，大尺寸在外。

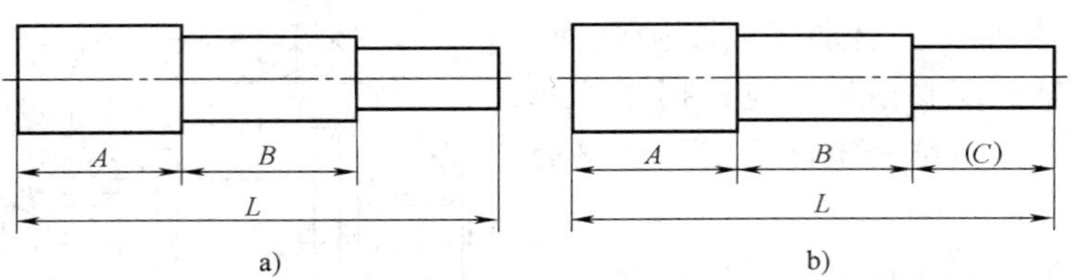

图 1-4 开口环的尺寸标注

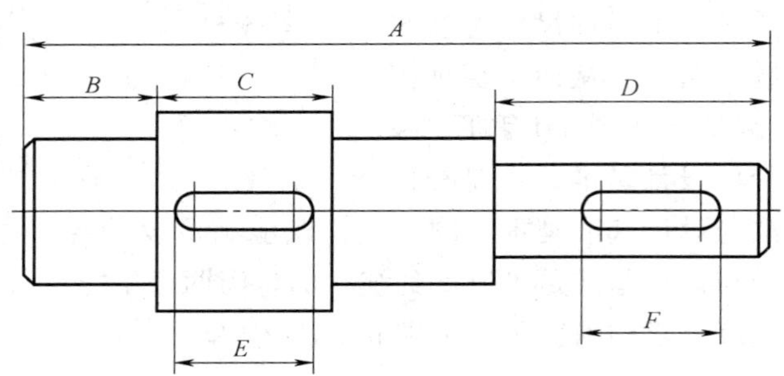

图 1-5 不同加工方法所用的尺寸应分开标注

2）考虑方便测量。尺寸标注有多种方案，但要注意所标注的尺寸是否便于测量。如图 1-6 所示，两种不同的尺寸标注方案中，不便于测量的标注方案是不合理的。

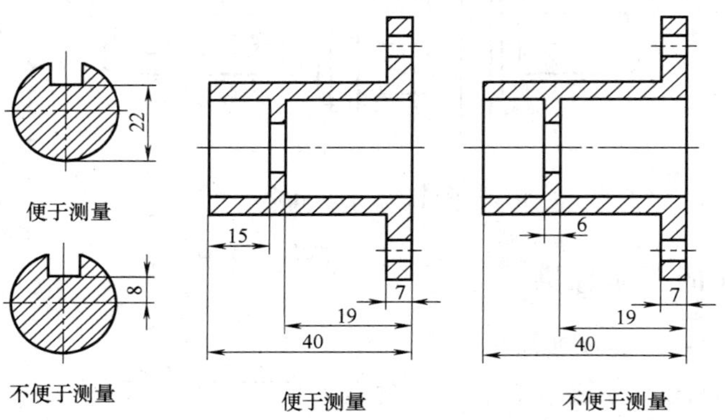

图 1-6 考虑方便测量

3）考虑方便加工。两端加工的零件在尺寸标注时，应以两端为基准向中间标注。图 1-7 所示为不合理的尺寸标注方式，图 1-8 所示为合理的尺寸标注方式。图 1-8 所示的尺寸标注方式符合加工顺序，每一加工工序均可由图中直接看出所需尺寸。

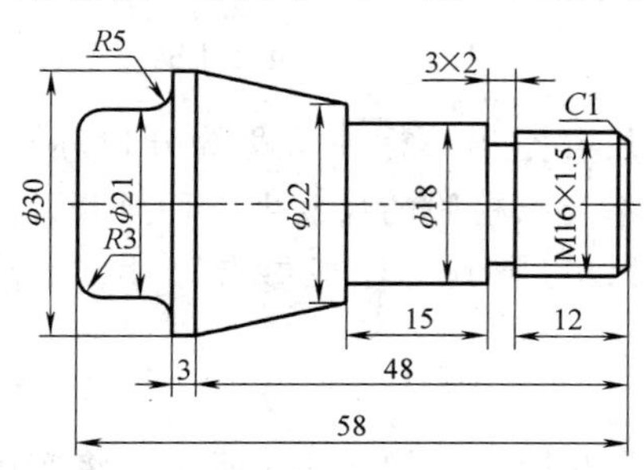

图 1-7 不合理的尺寸标注方式

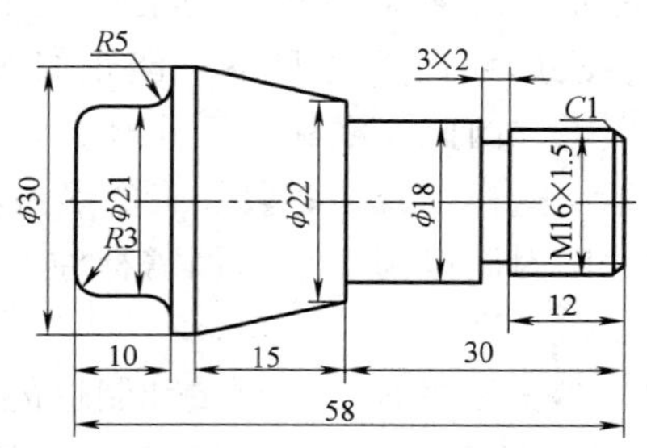

图 1-8 合理的尺寸标注方式

三、常见零件结构的尺寸标注

1. 倒角尺寸标注

45°倒角用 *C* 表示，*C* 后的数字表示倒角的大小，按图 1-9a 所示的标注形式标注。非 45°倒角按图 1-9b 所示的标注形式标注。

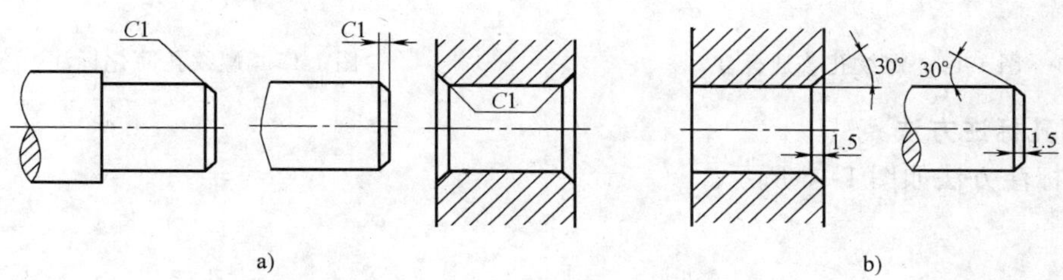

图 1-9　倒角尺寸标注

a）45°倒角的标注形式　b）非 45°倒角的标注形式

2. 圆角尺寸标注

圆角尺寸标注如图 1-10 所示。

3. 斜度和锥度尺寸标注

锥度尺寸标注示例如图 1-11 所示。斜度尺寸标注示例如图 1-12 所示。表示锥度、斜度的符号方向应与锥度、斜度的方向一致。

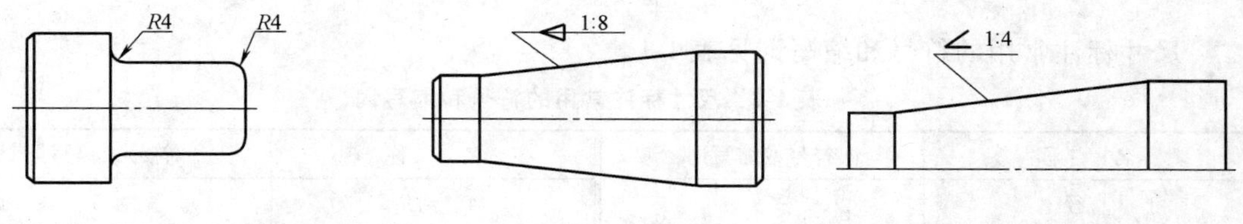

图 1-10　圆角尺寸标注　　图 1-11　锥度尺寸标注示例　　图 1-12　斜度尺寸标注示例

4. 退刀槽及砂轮越程槽尺寸标注

一般退刀槽的尺寸，可按“槽宽 × 直径”或“槽宽 × 槽深”的形式标出，如图 1-13 所示。

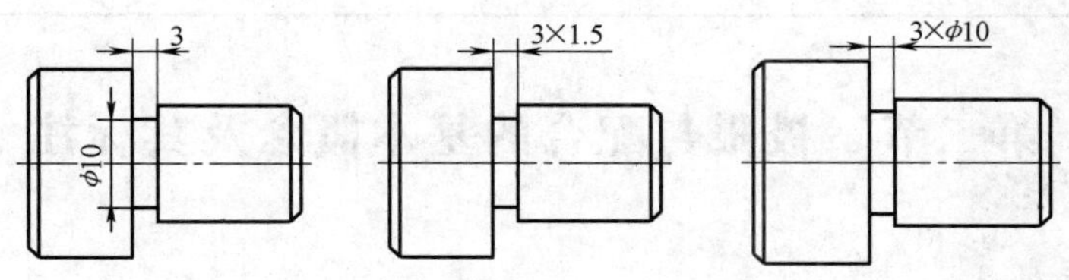

图 1-13　退刀槽及砂轮越程槽尺寸标注

5. 螺纹孔的标注方法

螺纹孔的标注方法如图 1-14、图 1-15 所示。

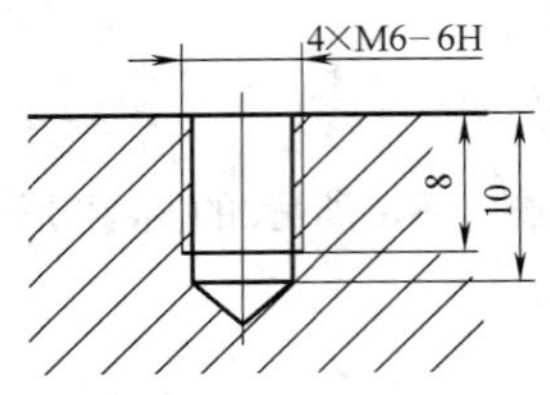

图 1-14　螺纹孔普通标注

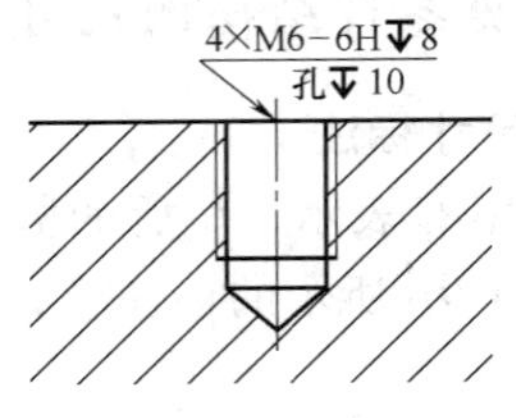

图 1-15　螺纹孔简化标注

6. 销孔标注方法

销孔标注方法如图 1-16 所示。

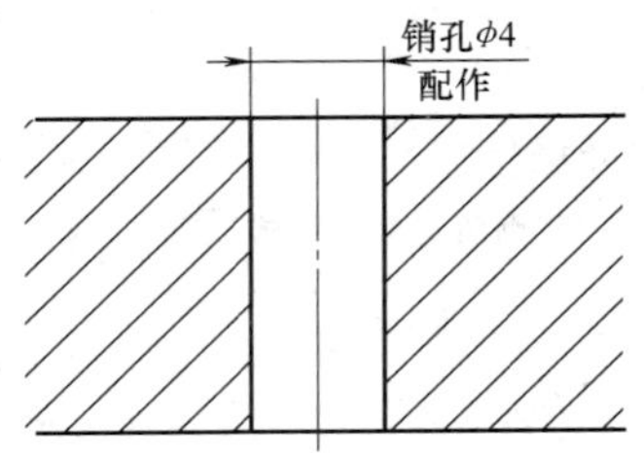

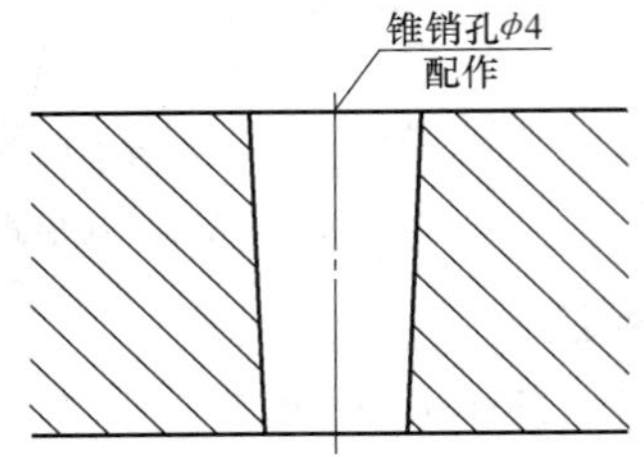

图 1-16　销孔标注

四、尺寸标注常用的符号和缩写词

尺寸标注常用的符号和缩写词见表 1-1。

表 1-1　尺寸标注常用的符号和缩写词

名　　称	符号或缩写词	名　　称	符号或缩写词
直径	ϕ	45°倒角	C
半径	R	深度	↧
球直径	$S\phi$	沉孔或锪平	⌴
球半径	SR	埋头孔	⌵
厚度	t	均布	EQS
正方形	□		

第二节　极限与配合的基本概念及其标注

一、基本概念

如图 1-17 所示，极限与配合的基本概念如下。

（1）公称尺寸　设计给定的尺寸 ϕ30mm。

（2）实际尺寸　实际测量所得的尺寸。

（3）极限尺寸　允许尺寸变动的两个极限值，分为上极限尺寸（30mm + 0.01mm = 30.01mm）和下极限尺寸（30mm - 0.01mm = 29.99mm）。

（4）极限偏差　极限尺寸减公称尺寸所得的代数差。孔的上极限偏差与下极限偏差分别用 ES 和 EI 表示，轴的上极限偏差与下极限偏差分别用 es 和 ei 表示。极限偏差可以是正值、负值或零。

图 1-17 中，极限偏差分别如下。

上极限偏差 ES：30.01mm - 30mm = +0.01mm

下极限偏差 EI：29.99mm - 30mm = -0.01mm

（5）公差　允许尺寸的变动量。其值为上极限尺寸减下极限尺寸之差，也等于上极限偏差减下极限偏差之差。公差是一个没有符号的绝对值。

图 1-17 中的公差值为 | 30.01 - 29.99 | = 0.02 或 | 0.01 - (-0.01) | = 0.02。

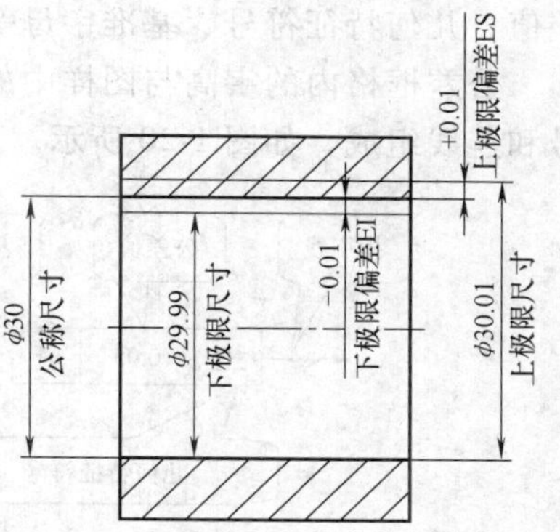

（6）标准公差　国标中规定的确定公差带大小的任一公差。标准公差等级分为 18 级，即 IT1 ~ IT18，尺寸精度依次降低。

图 1-17　孔尺寸公差示意图

（7）基本偏差　用以确定公差带相对零线位置的那个极限偏差。基本偏差代号用拉丁字母表示，大写字母表示孔，小写字母表示轴，各有 28 个。

（8）配合　公称尺寸相同、相互结合的孔和轴公差带之间的关系。根据相互结合的孔、轴公差带相对位置关系的不同，配合可分为间隙配合、过盈配合、过渡配合三种。

二、极限与配合在零件图上的标注

极限与配合有三种标注形式。图 1-18a 所示标注形式标注出了基本偏差代号和公差等级，用于成批生产的零件图上；图 1-18b 所示标注形式用于中小批量生产的零件图，一般可只标注极限偏差，上极限偏差注在右上方，下极限偏差应与公称尺寸注在同一底线上；图 1-18c 所示标注形式用于生产批量不定的零件图，基本偏差代号和极限偏差值同时标注，极限偏差值加上括号。

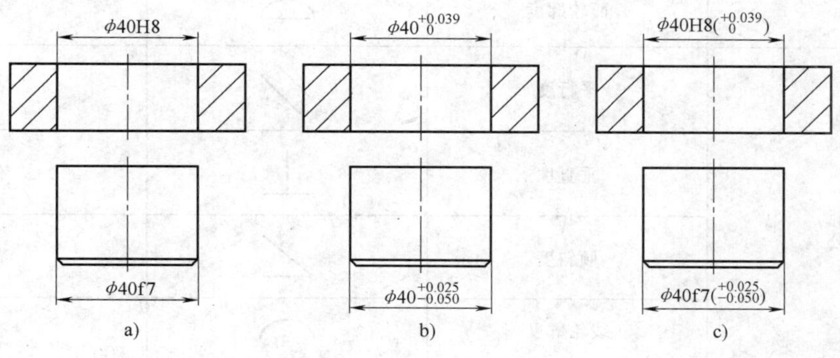

图 1-18　极限与配合的三种标注形式

第三节　常见零件图几何公差的标注

一、几何公差的标注及代号

零件图几何公差是以几何公差代号来表达的。它主要包括：公差框格、指引线、几何公差值、几何特征符号、基准字母等，如图 1-19 所示。

公差框格内的字高与图样中的尺寸数字等高。基准符号由基准字母、方格、等边黑三角号和连线组成，如图 1-20 所示。几何特征符号见表 1-2。

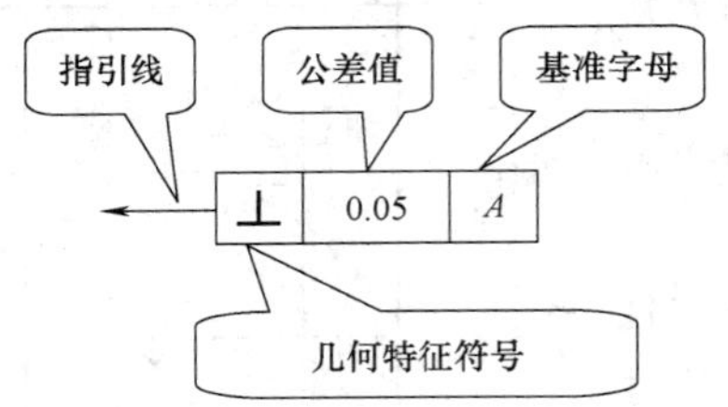

图 1-19　几何公差代号

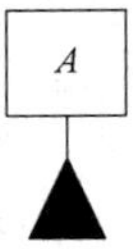

A

图 1-20　基准符号

表 1-2　几何特征符号

公差类型	几何特征	符　号	有无基准
形状公差	直线度	—	无
	平面度	⏥	无
	圆度	○	无
	圆柱度	⌭	无
	线轮廓度	⌒	无
	面轮廓度	⌓	无
方向公差	平行度	//	有
	垂直度	⊥	有
	倾斜度	∠	有
	线轮廓度	⌒	有
	面轮廓度	⌓	有

（续）

公差类型	几何特征	符　号	有无基准
位置公差	位置度	⌖	有或无
	同心度（用于中心点）	◎	有
	同轴度（用于轴线）	◎	有
	对称度	⌯	有
	线轮廓度	⌒	有
	面轮廓度	⌓	有
跳动公差	圆跳动	↗	有
	全跳动	⌰	有

二、几何公差代号在零件图上的标注

1）当公差涉及轮廓或表面时，将箭头置于要素的轮廓线或轮廓线的延长线上，如图 1-21 所示。

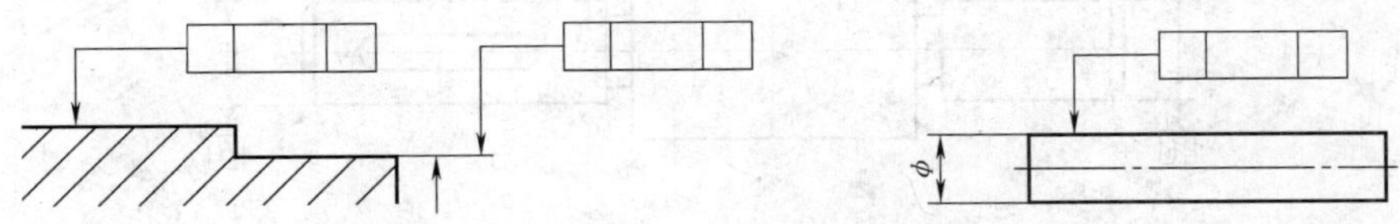

图 1-21　当公差涉及轮廓或表面时几何公差代号的标注

2）被测要素是轴线、对称中心平面或球心时，指引箭头应与尺寸线对齐，如图 1-22 所示。

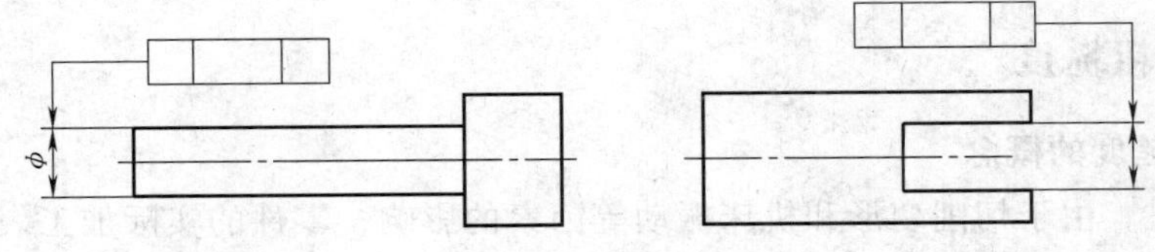

图 1-22　被测要素是轴线、对称平面或球心时几何公差代号的标注

3）当基准要素是轮廓线或表面时，放在基准要素的外轮廓或它的延长线上（应与尺寸线明显错开），如图 1-23 所示。

4）当被测要素为圆锥体轴线时，指引箭头应与圆锥体直径尺寸线（大端或小端）对齐，如图 1-24 所示。

5）当基准要素是轴线或中心平面或中心点时，则基准符号中的线与尺寸线一致，如图 1-25 所示。如尺寸线间安排不下两个箭头，则另一个箭头可用基准三角形替代。

6）对于由两个或两个以上要素组成的公共基准，如公共轴线、公共中心平面，其基准字母应用横线连起来，并写在公差框格的同一格内，如图 1-26 所示。

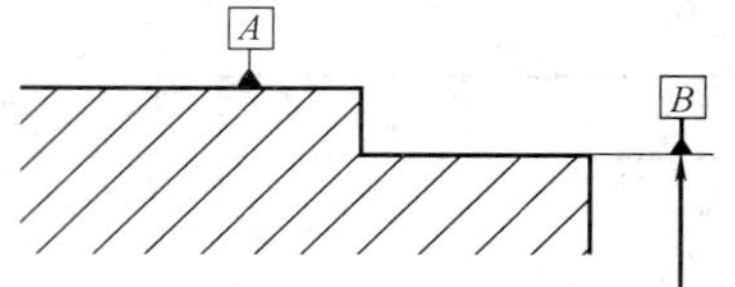

图 1-23　基准要素的图样标注

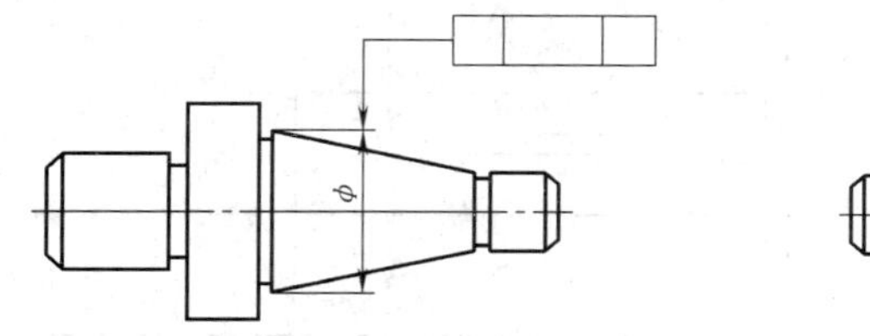

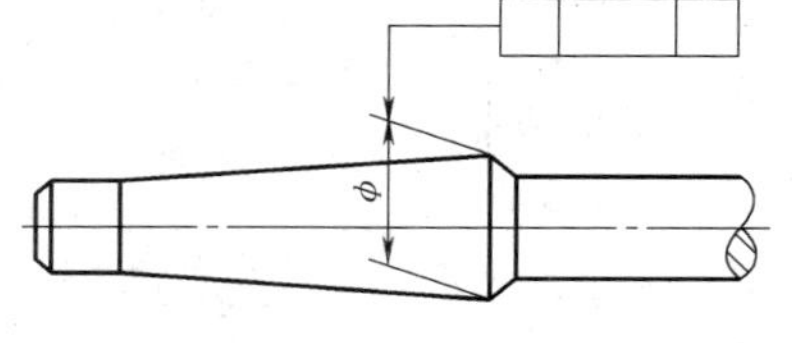

图 1-24　被测要素为圆锥体轴线时几何公差代号的标注

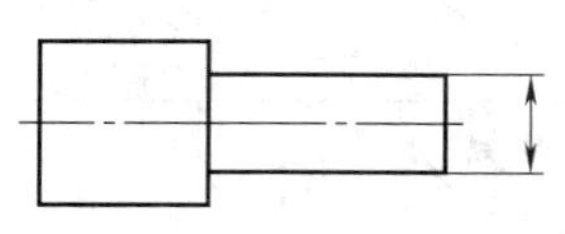

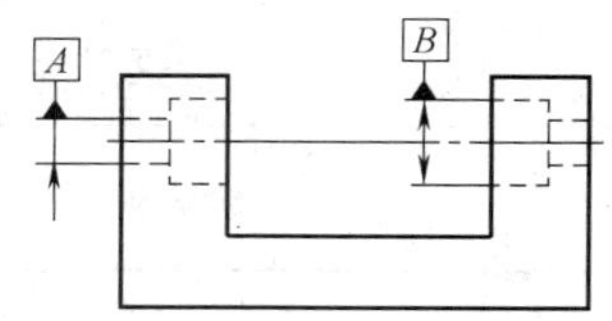

图 1-25　基准要素的图样标注

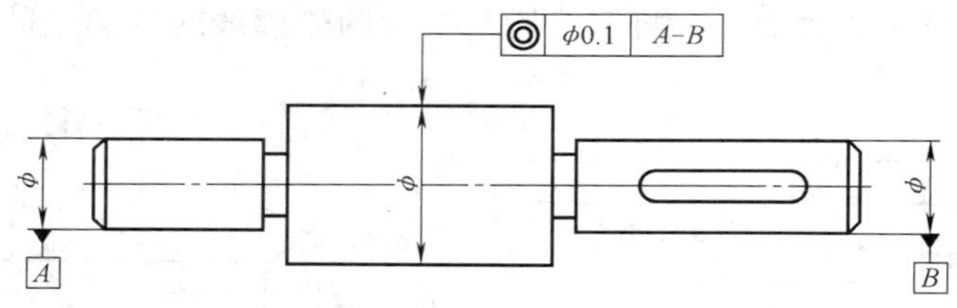

图 1-26　基准要素的图样标注

第四节　常见零件图表面粗糙度的标注

一、表面粗糙度

1. 表面粗糙度的概念

零件加工时，由于切削变形和机床振动等因素的影响，零件的实际加工表面上存在着微观的高低不平。表面粗糙度是指零件加工表面具有较小间距的峰和谷的微观几何形状特征。

表面粗糙度对零件的配合性质、疲劳强度、抗腐蚀性、密封性等影响较大。

2. 表面粗糙度的评定参数

零件图上表面粗糙度的评定参数常采用轮廓的算术平均偏差 Ra 来表示。Ra 值越大，表面越粗糙；Ra 值越小，表面越光滑。

3. 表面粗糙度的标注方法

表面粗糙度的图形符号及意义见表 1-3。

表 1-3　表面粗糙度的图形符号及意义

符　　号	说　　明
	基本符号，表示工件表面可用任何方法获得。当不加注粗糙度参数值或有关说明时，仅适用于简化代号标注
	基本符号上加一短线，表示表面是用去除材料的方法获得，例如车、铣、钻、磨、剪切、抛光、腐蚀、电火花加工、气割等
	基本符号上加一小圆，表示表面是用不去除材料的方法获得，例如铸、锻、冲压变形、热轧、冷轧、粉末冶金等
	在上述三个符号的长边上均可加一横线，用于标注有关参数和说明
	在上述三个符号上均可加一个小圆，用以表示所有表面具有相同的表面粗糙度要求

4. 表面粗糙度的图形代号及画法

GB/T 131—2006《产品几何技术规范（GPS）　技术产品文件中表面结构的表示法》规定，表面粗糙度的完整图形符号是由规定的图形符号和有关的参数值所组成。

表面粗糙度图形符号的画法如图 1-27 所示。图形符号和附加标注的尺寸见表 1-4。

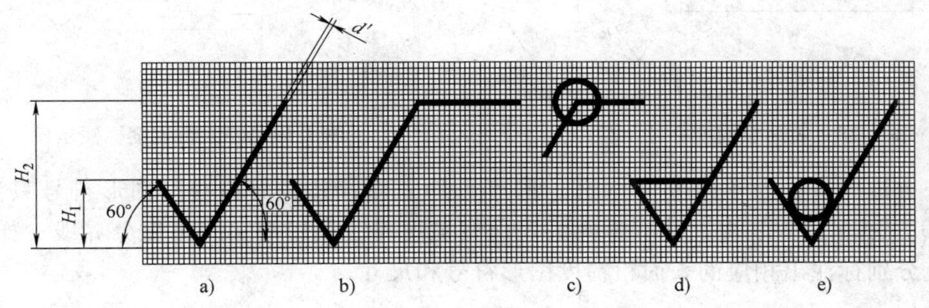

图 1-27　表面粗糙度符号

表 1-4　图形符号的尺寸　　（单位：mm）

数字和字母高度 h(见 GB/T 14690)	2.5	3.5	5	7	10	14	20
符号线宽 d' 字母线宽 d	0.25	0.35	0.5	0.7	1	1.4	2
高度 H_1	3.5	5	7	10	14	20	28
高度 H_2（最小值）①	7.5	10.5	15	21	30	42	60

①　H_2 取决于标注内容。

5. 表面粗糙度的选择

选择表面粗糙度时一般应遵从以下原则。

1）同一零件上，工作表面比非工作表面的参数值小。

2）有相对运动的摩擦表面要比非摩擦表面的参数值小。

3）配合精度越高，参数值越小。

4）配合性质相同时，零件尺寸越小，参数值越小。

5）要求密封、耐蚀或具有装饰性的表面，参数值要小。

二、表面粗糙度图形符号及其参数值的标注方法

如图 1-28 和图 1-29 所示，在同一图样上，每个表面一般只标注一次图形符号，并应尽可能靠近有关的尺寸线。表面粗糙度图形符号应注在可见轮廓线、尺寸界线、引出线或它们的延长线上。图形符号的尖端必须从材料外指向材料表面。当零件的大部分表面具有相同的表面粗糙度时，使用最多的图形符号可在图样右下角统一标注。

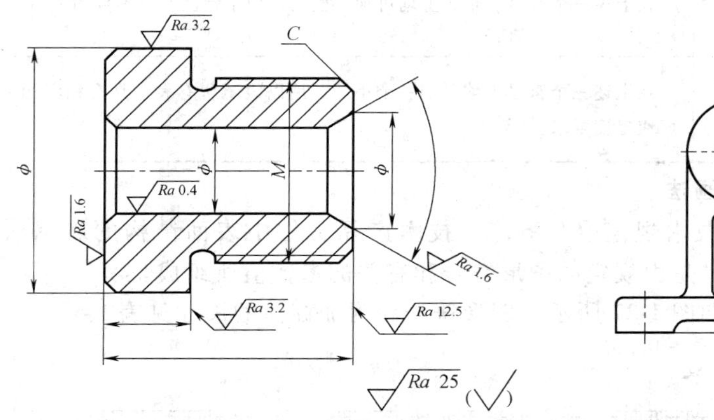

图 1-28　表面粗糙度标注示例

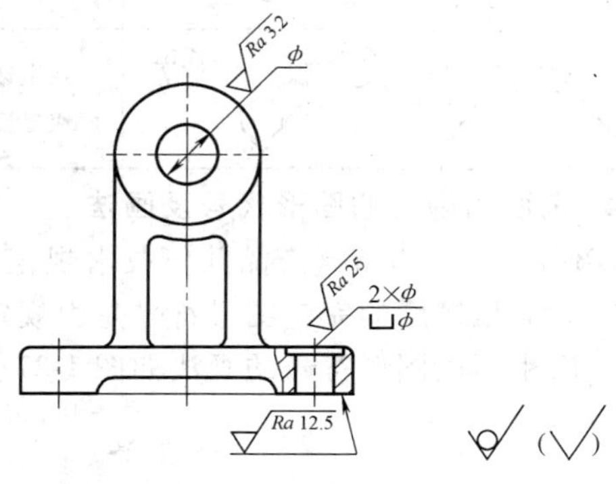

图 1-29　表面粗糙度标注示例

零件上连续表面及重复要素（孔、槽等）的表面，其表面粗糙度图形符号只注一次，如图 1-30 所示。同一表面上具有不同的表面粗糙度时，须用细实线画出分界线，如图 1-31 所示，应分别标注出相应的表面粗糙度图形符号和尺寸。

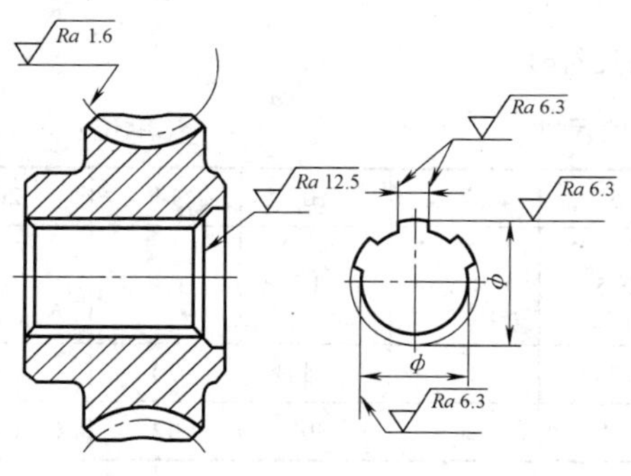

图 1-30　表面粗糙度标注示例

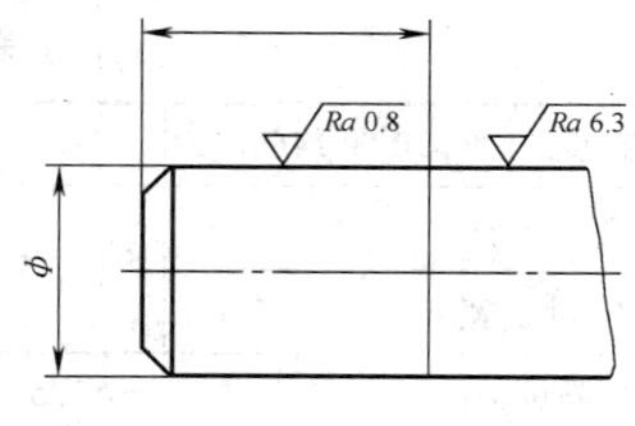

图 1-31　表面粗糙度标注示例

第五节　零件图识读基础

一、断面图

对于轴套类零件，经常会采用断面图、局部剖视图等来表达。假想用剖切面将物体的某处切断，仅画出该剖切面与物体接触部分的图形，称为断面图。断面图可分为移出断面图和重合断面图。

1. 移出断面图

画在视图轮廓之外的断面图称为移出断面图。当剖切平面通过由回转面形成的圆孔、圆锥坑等结构的轴线时，这些结构应画成移出断面图。移出断面图的轮廓线用粗实线绘制，配置在剖切线的延长线上或其他适当的位置，如图 1-32 所示。

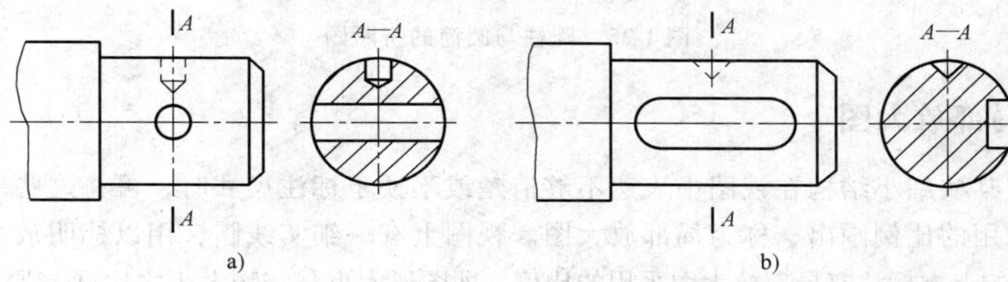

图 1-32　移出断面图

2. 重合断面图

画在视图轮廓之内的断面图称为重合断面图。其断面即为重合断面。重合断面的轮廓线用细实线画出。当重合断面的轮廓线与视图的轮廓线重合时，仍按视图的轮廓线画出，不应中断，如图 1-33 所示。

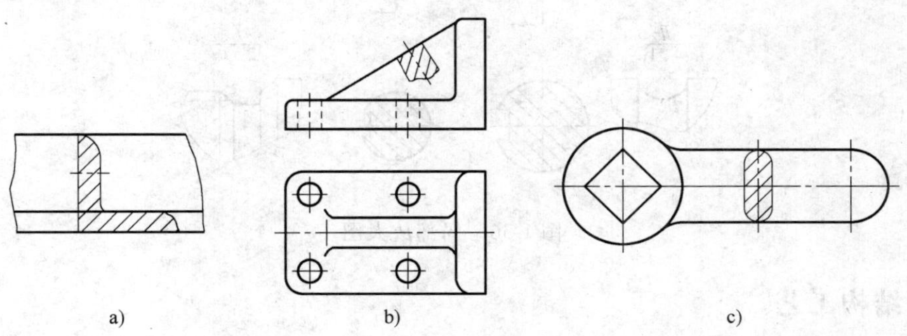

图 1-33　重合断面图

二、长件折断图

较长的机件（轴、杆、型材等）沿长度方向的形状一致或按一定规律变化时，可断开或缩短绘制，但必须按实长标注尺寸，机件断裂边缘常用细波浪线画出，如图 1-34、图 1-35 所示。

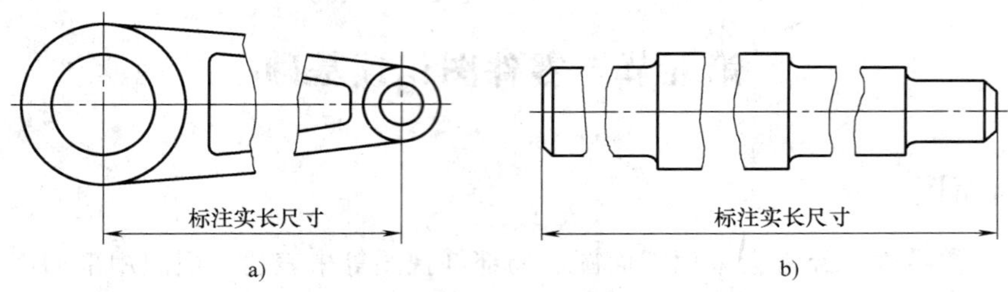

图 1-34　型材与轴杆机件折断图

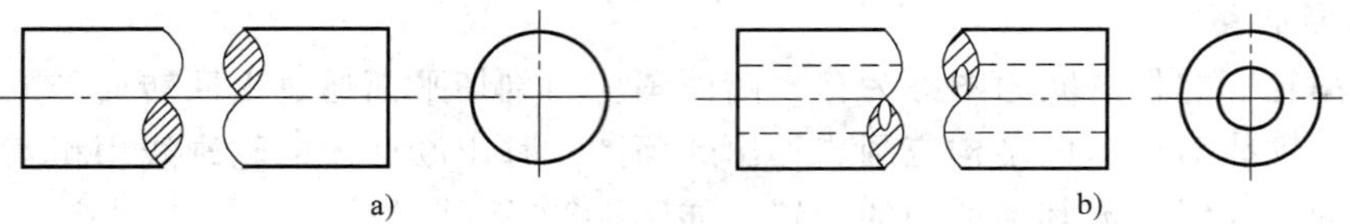

图 1-35　圆柱与圆筒的折断图

三、局部放大图

机件上某些细小结构在视图中表达不够清楚或不便于标注尺寸时，可将这些部分用大于原图形所采用的比例画出，称为局部放大图。视图上有一细实线圆，用以标明放大部位。在局部放大图的上方标注有局部放大图采用的比例，即图形大小与实物大小之比（与原图上的绘图比例无关）。如果局部放大图不止一个，要用罗马数字编号以示区别，如图 1-36 所示。

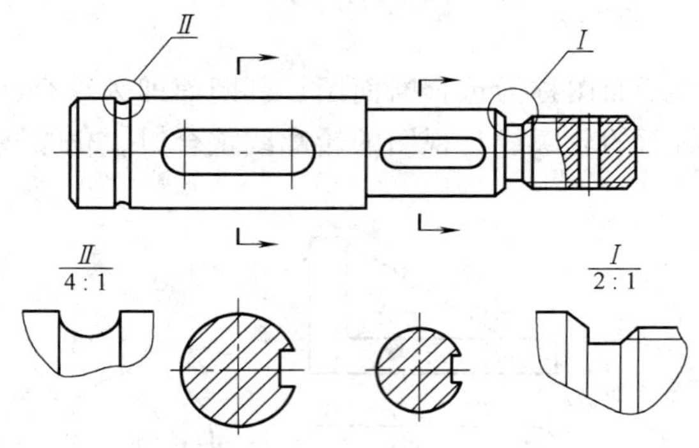

图 1-36　局部放大图

四、结构工艺

机械加工工艺结构主要有：倒角与倒圆、退刀槽与砂轮越程槽、凸台与凹坑、中心孔等。

1. 倒角与倒圆

常见标注方式如图 1-37 所示。

2. 退刀槽与砂轮越程槽

常见标注方式如图 1-38 所示。

3. 凸台与凹坑

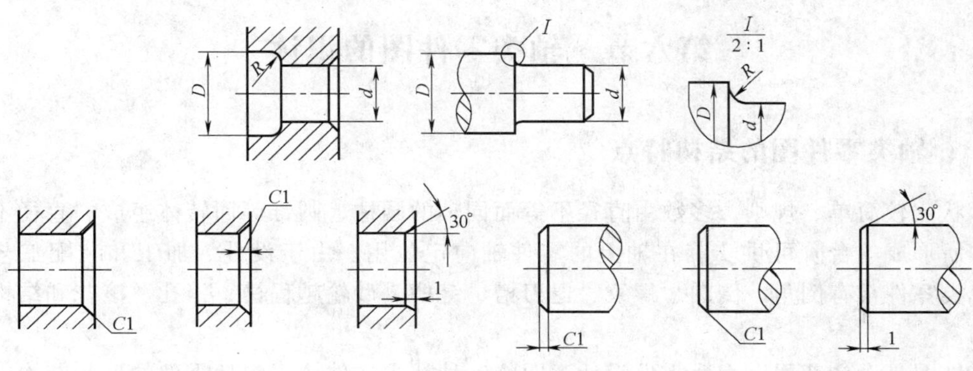

图 1-37　倒角与倒圆

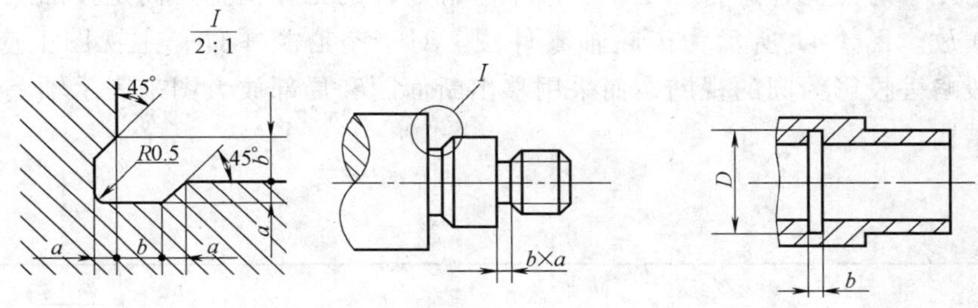

图 1-38　退刀槽与砂轮越程槽

常见标注方式如图 1-39 所示。

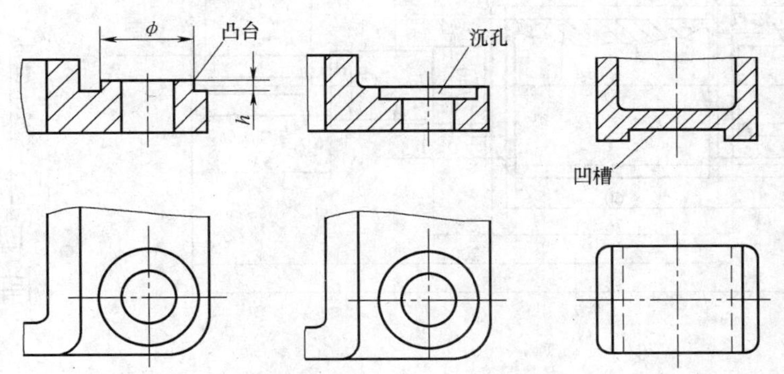

图 1-39　凸台和凹坑等结构

4. 中心孔

常见标注方式如图 1-40 所示。

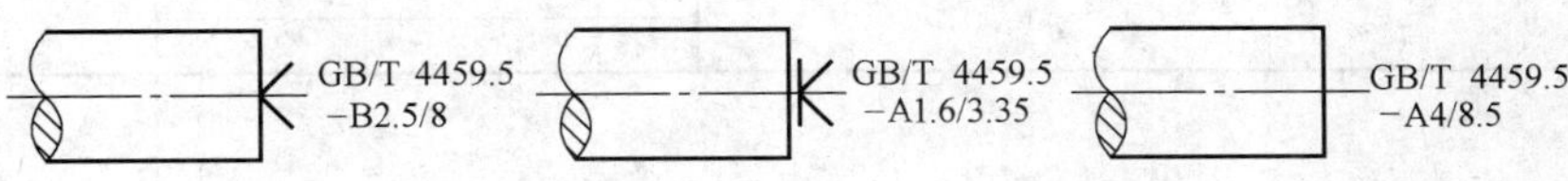

图 1-40　中心孔的标注

第六节　轴类零件图的识读

一、轴类零件图的结构特点

形状比较简单、规则，多数由直径不等而同轴的圆柱、圆锥等回转体组成。直径不等的回转体所形成的台阶可供安装在轴上的零件轴向定位用。由于设计、加工和装配工艺的需要，此类零件常有倒角、倒圆、螺纹、退刀槽、键槽、砂轮越程槽、销孔、滚花和结构平面等结构。

零件图是设计者用以表达零件设计意图的一种技术文件。它包括零件的形状结构、尺寸和公差、技术要求以及标题栏等。一般只用一个基本视图——主视图来表达各段轴径大小及轴向尺寸。为便于对照图样进行加工，一般不考虑零件的工作位置，而是按加工位置在主视图上将轴线横放。图 1-41 所示为齿轮轴零件图。对于空心类零件，主视图上应采用剖视。这类零件一般略去投影为圆的视图，而采用移出断面图和局部放大图来表示轴上键槽、销孔及退刀槽等结构。

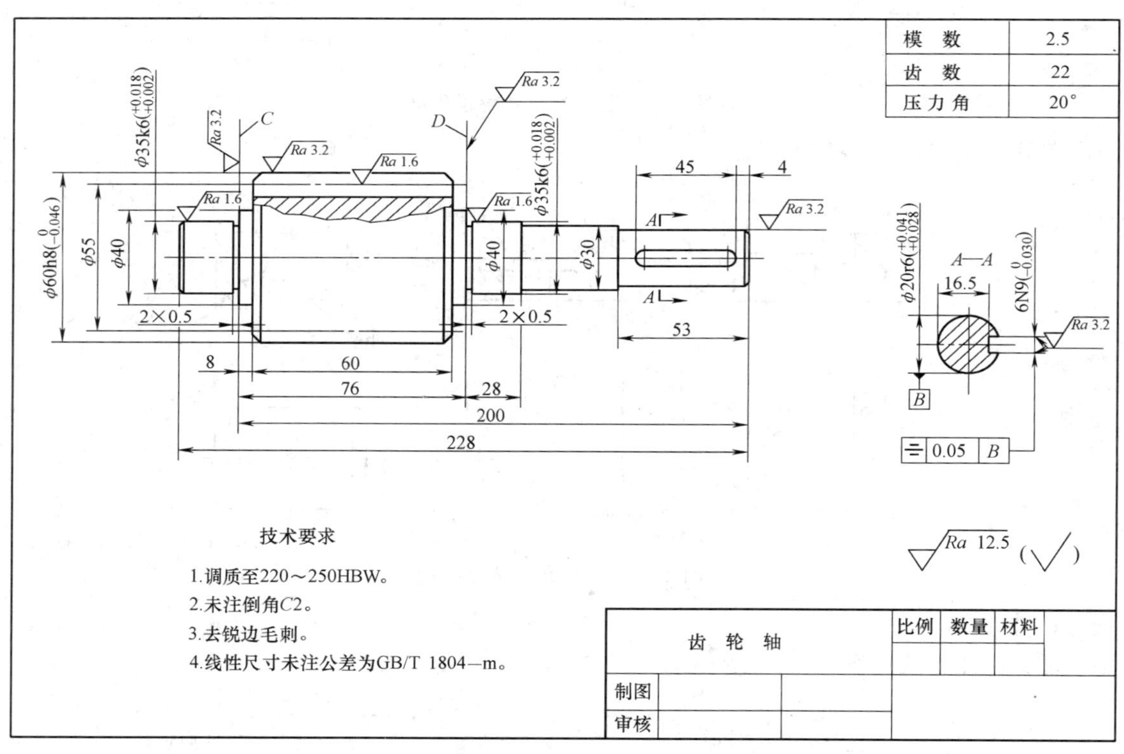

图 1-41　齿轮轴零件图

二、识读零件图的内容

零件图是生产中指导制造和检验该零件的主要图样。它不仅应把零件的内、外结构形状和大小表达清楚，还需要对零件的材料、加工、检验、测量提出必要的技术要求。零件图中必须包含制造和检验该零件的全部技术资料。因此，一张完整的零件图一般应包括以下内容。

（1）一组图形　用于正确、完整、清晰和简便地表达出零件的内外形状，其中包括机件的各种表达方法，如视图、剖视图、断面图、局部放大图和简化画法等。

（2）完整的尺寸　零件图中应正确、完整、清晰、合理地标注出制造零件所需的全部尺寸。

（3）技术要求　零件图中必须用规定的代号、数字、字母和文字注解说明制造和检验该零件时在技术指标上应达到的要求，如表面粗糙度、尺寸公差、几何公差、材料及热处理、检验方法以及其他特殊要求等。技术要求一般标注在标题栏左侧或上方图纸空白处。

（4）标题栏　标题栏应配置在图框的右下角。填写的内容主要有图样名称、材料、数量、比例、图样代号以及制图、审核者的姓名、日期等。标题栏的尺寸和格式已经标准化，可参见有关标准。

三、识读零件图的步骤与方法

1. 初步了解零件外形

由标题栏可知，该零件为齿轮轴。齿轮轴是用来传递动力和运动的，其材料为45钢，属于轴类零件。最大直径 ϕ60mm，总长228mm，属于较小的零件。

2. 详细分析零件的构成

（1）分析想象零件的外形结构　齿轮轴的表达方案由主视图和移出断面图组成，轮齿部分作了局部剖。主视图（结合尺寸）已将齿轮轴的主要结构表达清楚了，其由几段不同直径的回转体组成，最大圆柱上制有轮齿，最右端圆柱上有一键槽，零件两端及轮齿两端有倒角，*C*、*D* 两端面处有砂轮越程槽。移出断面图用于表达键槽深度和进行有关标注。齿轮轴实物图如图1-42所示。

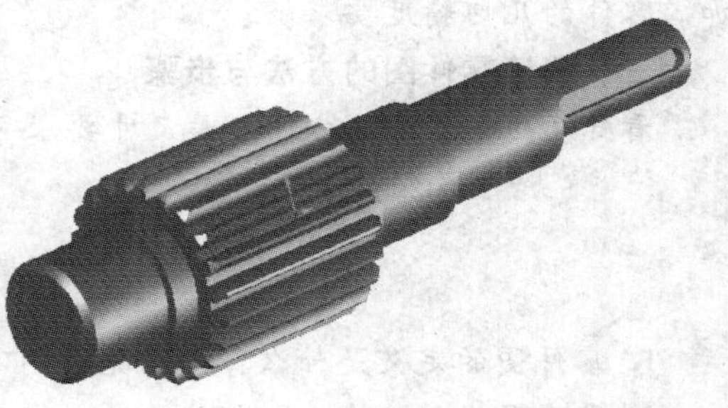

图1-42　齿轮轴实物图

（2）分析零件尺寸及公差　齿轮轴中两个 ϕ35k6mm 轴段及 ϕ20r6mm 轴段用于安装滚动轴承及联轴器，径向尺寸基准为齿轮轴的轴线。端面 *C* 用于安装挡油环及轴向定位，所以端面 *C* 为长度方向的主要尺寸基准，注出了尺寸2mm、8mm、76mm、200mm。端面 *D* 为长度方向的第一辅助尺寸基准，注出了尺寸2mm、28mm。齿轮轴的右端面为长度方向尺寸的另一辅助基准，注出了尺寸4mm、53mm等。键槽长度45mm、齿轮宽度60mm等为轴向的重要尺寸，已直接标出。

（3）分析零件技术要求　两个 ϕ35mm 及 ϕ20mm 的轴颈处有配合要求，尺寸精度较高，均为 6 级公差，相应的表面粗糙度要求也较高，分别为 $Ra1.6\mu m$ 和 $Ra3.2\mu m$。对键槽提出了对称度要求。对热处理、倒角、未注尺寸公差等提出了四项文字说明要求。

3. 归纳总结

通过上述分析，我们对齿轮轴的作用、结构形状、尺寸大小、主要加工方法及加工中的主要技术要求就有了较清晰的认识。综合起来即可得出齿轮轴的总体印象。

本单元小结

一、零件图的尺寸标注

尺寸基准指标注尺寸的起点，是指确定零件上几何元素位置的一些点、线、面。在零件设计和生产实践中，尺寸基准按作用可以分成设计基准和工艺基准。

1）设计基准——根据零件的设计要求所选定的基准。

2）工艺基准——根据零件的加工、测量要求所选定的基准。

每个零件都有长、宽、高三个方向的尺寸，每个方向都应有一个主要基准。标注尺寸时，既要考虑设计要求，又要考虑工艺要求。

二、合理标注尺寸的原则

1）主要尺寸应从设计基准出发直接标注。

2）一般尺寸应从工艺基准出发标注。

3）不重要的尺寸作为尺寸链的封闭环，不注尺寸。

总之，在生产中，零件各部分的大小是根据零件图上标注的尺寸进行加工和测量的。如果标注的尺寸不完整、不合理、不正确，就会给生产带来困难，甚至产生废品。

零件图尺寸标注的要求：尺寸是图样中很重要的一部分，标注尺寸时要做到清晰、正确、完整、合理，严格按照国家标准的规定来标注尺寸。公差与配合、几何公差的标注都是为读零件图打下基础。加工零件的时候，我们既要满足加工零件的尺寸精度要求，又要满足加工零件的几何精度要求。

三、识读零件图的方法与步骤

看标题栏→看表达方法→看尺寸要求→看公差要求→了解技术要求。

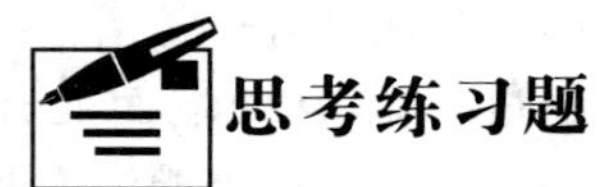

1. 零件图的定义是什么？一张完整的零件图包括哪些内容？识读零件图的步骤有哪些？

2. 什么是设计基准、工艺基准？

3. 什么是表面粗糙度？表面粗糙度 Ra 值越大，表面越粗糙还是越光滑？如何改善工件表面质量？

4. 识读如图 1-43、图 1-44 所示零件图。

5. 识读图 1-45 所示轴类配合零件图。

6. 识读图 1-46 所示轴类配合零件。

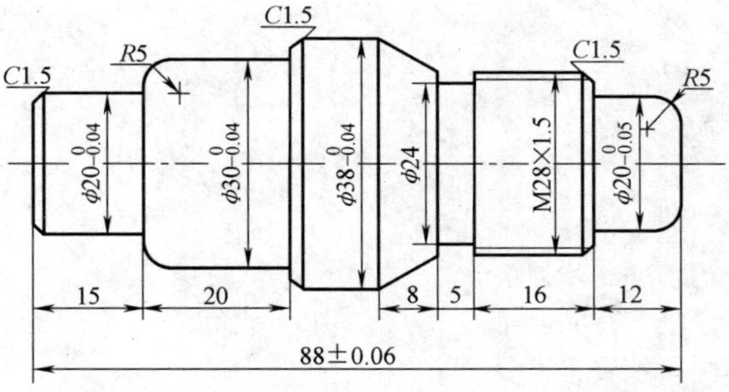

图 1-43　销轴零件

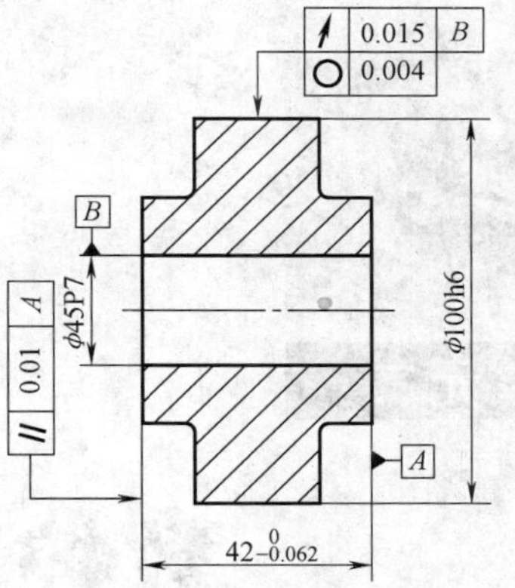

图 1-44　盘类连接件

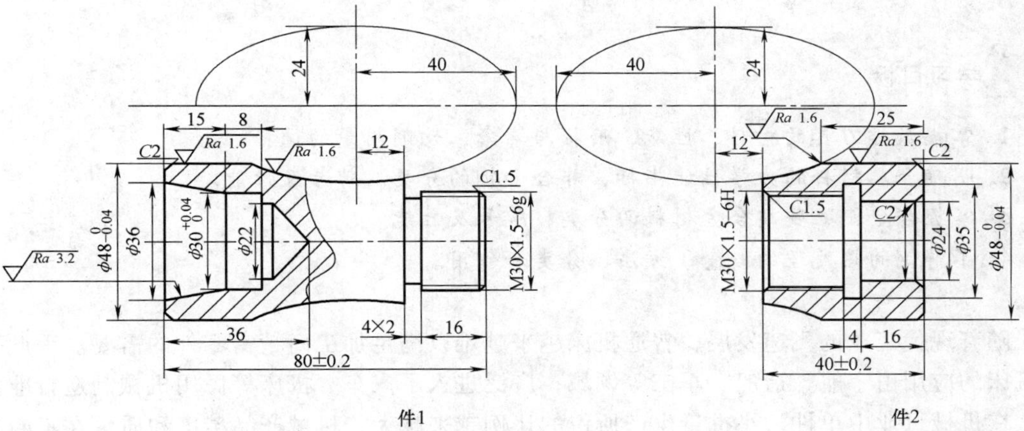

件1

件2

图 1-45　轴类配合零件

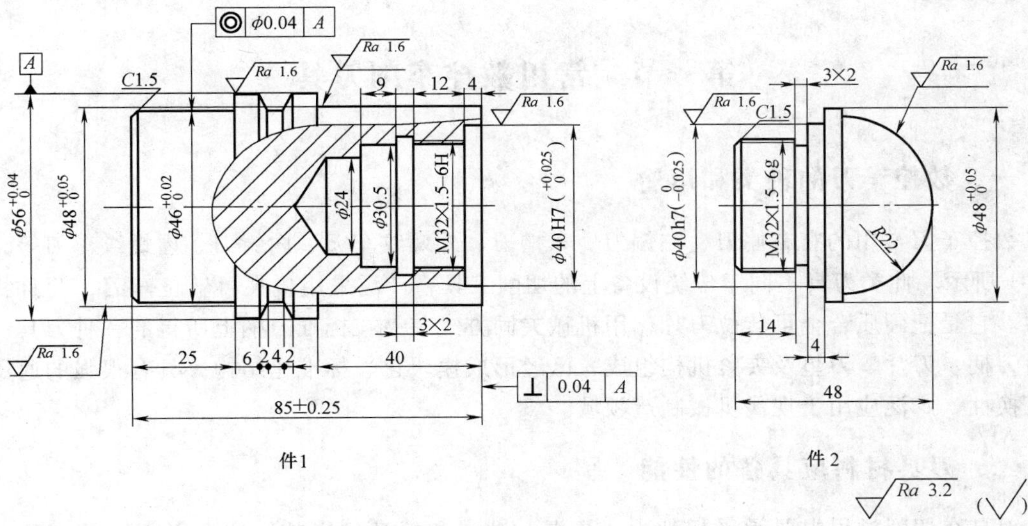

图 1-46　轴类配合零件

单元二

数控车削加工基础

学习目标

1. 掌握数控刀具的材料、性能、磨损与寿命，切削用量的选择。
2. 明确金属材料的力学性能指标，非合金钢的分类、牌号及性能。
3. 掌握合金钢、硬质合金材料的分类、牌号及性能。
4. 了解钢的热处理的概念、方法、分类和作用。

随着现代工业的飞速发展，普通机床越来越难以满足加工高精密零件的需要。因此，数控机床的应用由宇航、造船、军工等领域，广泛进入了汽车、机床等民用机械制造行业。目前，在机械行业中单件、小批量生产所占的比例越来越大，机械产品精度和质量在不断地提高。在生产水平提高的同时，数控机床的价格在不断下降，因此数控机床在机械行业中的应用已很普遍。

第一节　常用数控车削刀具

一、数控车刀的种类和用途

数控车刀常用的有右偏刀、左偏刀、车槽刀、外螺纹车刀、内镗刀、内螺纹车刀等，如图 2-1 所示。此类刀具不同于传统设备上的切削工具，广泛采用机夹可转位车刀，简称机夹车刀。它是把硬质合金可转位刀片，用机械夹固方式装夹在标准刀柄上所得的一种刀具。刀具由刀柄、刀片、刀垫及夹紧机构组成，已经形成模块化、标准化结构，具有很强的通用性和互换性，广泛应用于现代机械制造领域。

二、刀具材料应具备的性能

刀具在切削过程中要承受切削力、高温、冲击和振动的影响，这会引起刀具磨损。因此，刀具材料必须具备以下几方面的性能。

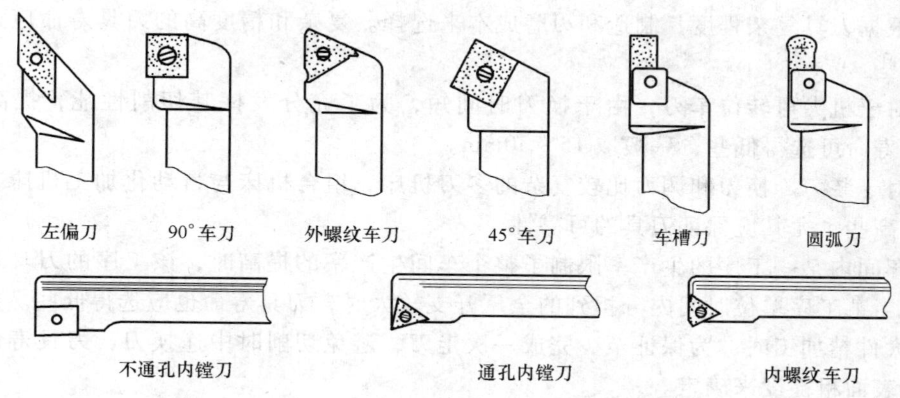

图 2-1 常用车刀及其应用

(1) 足够的强度与韧性 切削时刀具要承受较大的切削力、冲击和振动，为避免破损，刀具应具有足够的强度和韧性。

(2) 足够的硬度和耐磨性 刀具硬度应高于工件材料硬度，常温硬度一般需在 60HRC 以上。耐磨性是指刀具材料抵抗磨损的能力，它与刀具材料的硬度、强度和组织结构有关。刀具材料硬度越高，耐磨性越好。刀具材料组织中的碳化物、氮化物等硬度高、颗粒小、数量多且分布均匀，因此其耐磨性好。

(3) 较好的耐热性 耐热性是指刀具材料在高温下保持其力学性能（即保持足够的硬度、耐磨性和韧性）的程度。耐热性好的材料允许用高速度进行切削。

(4) 较好的传热性 刀具材料的传热系数越高，越有利于切削热的传出，越有利于降低切削温度。

(5) 良好的工艺性 为便于刀具的制造，刀具材料要具有良好的热轧、锻造、焊接、热处理、切削和磨削等工艺性能。

(6) 经济性 刀具材料的选择应立足于本国资源，并注意经济效益，力求价格低廉。

三、刀具磨损的形态及刀具的寿命

切削金属时，刀具一方面切下切屑，另一方面自身发生损坏。刀具损坏的形式主要有磨损和破损两类。前者是连续的逐渐损坏，属正常损坏；后者包括脆性破损（如崩刃、碎断、剥落、裂纹破损等）和塑性破损两种，属非正常损坏。刀具磨损后，加工精度降低，工件的表面粗糙度值增大，并导致切削力加大、切削温度升高，甚至产生振动，不能继续正常切削。因此，刀具磨损直接影响加工效率、加工质量和成本。

从对温度的依赖程度来看，刀具磨损主要可分为机械磨损和热、化学磨损。机械磨损是由工件材料中硬质点的刻划作用引起的，热、化学磨损则是由粘结（刀具与工件材料接触到原子间距离时产生的结合现象）、扩散（刀具与工件两摩擦面的化学元素互相向对方扩散、腐蚀）等引起的。

一把新刀（或重新刃磨过的刀具）从开始切削至磨损量达到磨钝标准为止所经历的实际切削时间，称为刀具的寿命，用 T 表示。

选择刀具寿命时可考虑如下几点。

1）根据刀具复杂程度、制造和刃磨成本来选择。复杂和精度高的刀具寿命应选得比单刃刀具高些。

2）对于机夹可转位车刀，由于换刀时间短，为了充分发挥其切削性能，提高生产效率，刀具寿命可选得低些，一般取15～30min。

3）对于装刀、换刀和调刀比较复杂的多刀机床、组合机床与自动化加工机床，刀具寿命应选得高些，尤其应保证刀具的可靠性。

4）车间内某一工序的生产率限制了整个车间生产率的提高时，该工序的刀具寿命要选得低些；当某工序单位时间内分担到的全厂开支较大时，刀具寿命也应选得低些。

5）大件精加工时，为保证至少完成一次走刀，避免切削时中途换刀，刀具寿命应按零件精度和表面粗糙度来确定。

四、切削用量的选择原则

数控机床加工的切削用量包括切削速度 v_c、背吃刀量 a_p 和进给量 f，其选用原则与普通机床基本相似。选择合理切削用量的原则如下：

粗加工时，一般以提高生产效率为主，但也应考虑经济性和加工成本。选择切削用量时，首先应选取尽可能大的背吃刀量，其次选取尽可能大的进给量，最后确定最佳的切削速度。

半精加工和精加工时，应在保证加工质量的前提下，首先根据粗加工后留下的半精加工或精加工余量来确定背吃刀量，其次根据表面粗糙度要求选取较小的进给量，最后在保证刀具寿命的前提下，尽量选取较高的切削速度。

1. 背吃刀量 a_p 的确定

根据机床、夹具、刀具和零件的刚度及机床功率来确定。在工艺系统刚性允许的条件下，应尽可能选取较大的背吃刀量，以减少走刀次数，提高效率。影响背吃刀量的因素还有零件的加工工艺、刀具的强度、零件的材料及表面粗糙度等。

粗加工时，在留下半精加工和精加工余量后，在工艺系统刚性允许的条件下，应尽可能用较少的走刀次数将粗加工量切除。一般来说，首次切削 a_p 应尽可能大些，以使刀尖避开工件不平表面及铸锻件表层的硬氧化皮。

精加工时，a_p 应根据粗加工留下的加工余量来确定，a_p 值依次减小。半精加工 a_p 取1.0～3.0mm，精加工 a_p 取0.05～0.8mm，以提高加工精度和表面质量。

2. 进给量 f 的确定

进给量是指工件旋转一周刀具沿进给方向移动的距离。粗加工时进给量应较大，以减少走刀次数，缩短切削时间；精车时进给量应较小，以降低表面粗糙度值，但还要考虑到刀尖角度、刀尖圆弧半径对工件表面粗糙度的影响。一般情况下，粗车时进给量取0.3～0.8mm/r为宜，精车时取0.1～0.3mm/r为宜，切断时取0.05～0.2mm/r为宜。另外，当工件材料较软时，可适当增大进给量；反之，可适当减小进给量。

3. 主轴转速 n（或切削速度 v_c）的确定

主轴转速应根据被加工部位的直径，并依据零件和刀具的材料及加工性质等条件来确定。

切削速度的大小直接影响切削效率、切削温度、刀具寿命及表面粗糙度，所以在确定切削速度时要考虑刀具材料、工件材料、背吃刀量、进给量、刀具几何形状、切削液、机床性能等综合因素的影响，一般可通过计算、查表或凭经验选取。

常见切削用量见表 2-1。

表 2-1　常见切削用量

零件材料	热处理状态	不同金属材料切削用量对照		
		$a_p = 0.3 \sim 2$mm	$a_p = 2 \sim 6$mm	$a_p = 6 \sim 10$mm
		$f = 0.08 \sim 0.3$mm/r	$f = 0.3 \sim 0.6$mm/r	$f = 0.6 \sim 1$mm/r
		v_c/m · min^{-1}	v_c/m · min^{-1}	v_c/m · min^{-1}
低碳钢	热轧	140 ~ 180	100 ~ 120	70 ~ 90
中碳钢	热轧/调质	130 ~ 160/100 ~ 130	90 ~ 110/70 ~ 90	60 ~ 80/50 ~ 70
合金结构钢	热轧/调质	100 ~ 130/80 ~ 110	70 ~ 90/50 ~ 70	50 ~ 70/40 ~ 60
工具钢	退火	90 ~ 120	60 ~ 80	50 ~ 70
灰铸铁	硬度 < 190HBW	90 ~ 120	60 ~ 80	50 ~ 70
	190HBW < 硬度 < 225HBW	80 ~ 110	50 ~ 70	40 ~ 60
高锰钢（$W_{Mn} = 13\%$）			10 ~ 20	
铜及铜合金		200 ~ 250	120 ~ 180	90 ~ 120
铝及铝合金		300 ~ 600	200 ~ 400	150 ~ 200
铸铝合金		100 ~ 180	80 ~ 150	60 ~ 100

第二节　机械工程材料

一、金属材料的性能

金属材料的性能一般分为工艺性能和使用性能两类。工艺性能是指机械零件在加工制造过程中金属材料在规定的冷、热加工条件下表现出来的性能。金属材料工艺性能的好坏，决定了在制造过程中其加工成形的适应能力。加工条件不同，要求的工艺性能也就不同，如铸造性能、焊接性能、锻造性能、热处理性能、切削加工性能等。使用性能是指机械零件在使用条件下金属材料表现出来的性能，它包括力学性能、物理性能、化学性能等。金属材料使用性能的好坏，决定了它的使用范围与使用寿命。

金属材料的力学性能是指金属在外力作用下所表现出来的抵抗能力，主要包括：强度、硬度、塑性、冲击韧性、疲劳强度等。在设计与制造机械设备、选用金属材料时，是以力学性能为主要依据的。

1. 强度

强度指金属材料在静载荷作用下，抵抗塑性变形或断裂破坏的能力。强度分为抗拉强度、抗扭强度、抗压强度、抗弯强度和抗剪强度五种。各种强度间常有一定的联系，使用中一般以抗拉强度作为最基本的判别强度指标。

2. 塑性

塑性是指金属材料在载荷作用下，产生塑性变形（永久变形）而不破坏的能力。塑性有断后伸长率与断面收缩率两个评价指标，反映了金属材料塑性变形能力的大小。两者值越大，材料塑性越好；反之越差。塑性好的材料，在受力过大时首先产生塑性变形而不致突然断裂。因此大多数机械零件除了要求具有足够的强度外，还应具有一定的塑性。

3. 硬度

硬度是指金属材料抵抗局部变形，特别是塑性变形、压痕或划痕的能力，是衡量金属材料软硬程度的指标。目前生产中测定硬度的方法中最常用的是压入硬度法，它是将一定几何形状的压头用一定载荷压入被测试的金属材料表面，根据压入程度来测定其硬度值。常用的硬度试验方法如下。

（1）布氏硬度　布氏硬度主要用于钢铁及有色金属原材料的检验，也可用于退火、正火钢硬度性能的检验。布氏硬度值不用计算，是用专用刻度放大镜量出压痕直径 d，通过查阅布氏硬度值表即可得到相应布氏硬度值，如 255HBW 等。

（2）洛氏硬度　洛氏硬度主要用于金属材料热处理后性能的检验，可分为 HRA、HRB、HRC 三种，生产中 HRC 用得最多，适用于检验淬火材料和硬材料及成品件的硬度，如 45HRC 等。

（3）维氏硬度　维氏硬度主要用于薄板材或金属表层硬度性能的检验，如各种渗碳、渗铬、氮化层等，用 HV 来表示，如 458HV 等。

4. 冲击韧性

冲击韧性是指金属材料在冲击载荷作用下抵抗变形和断裂的能力。如压力机曲轴杆、内燃机连杆、气锤等零件在工作中主要承受的是冲击力，零件在受到瞬时冲击时引起的应力和变形要比受到静载荷作用时大得多。因此，对这些零件选材时，必须考虑所选材料抵抗冲击载荷作用的能力，即考虑材料的冲击韧性。

5. 疲劳强度

金属材料在抗拉强度以下长期承受交变负荷（即大小、方向反复变化的载荷）的作用时，在不发生显著塑性变形的情况下而突然断裂的现象，称为疲劳。为了防止机械零件的疲劳断裂，在成批生产之前，对重要零件，如汽车上的各种连杆、板弹簧、齿轮等，需作疲劳试验，从而保证使用上的可靠性。

二、常用金属材料的种类、性能与牌号

1. 非合金钢

非合金钢具有良好的力学性能和工艺性能，可分为碳素结构钢和碳素工具钢两类。

（1）碳素结构钢　因价格便宜、产量较大，碳素结构钢大量用于金属结构和一般机械零件。根据质量，碳素结构钢可分为普通碳素结构钢和优质碳素结构钢。

1）普通碳素结构钢是建筑及工程用结构钢，价格低廉，工艺性能（焊接性、冷加工成形性）优良，用于制造一般工程结构、普通机械零件以及日用品等。通常将其热轧成扁平成品或各种型材（圆钢、方钢、工字钢、钢筋等），一般不经热处理，在热轧状态直接使用，如 Q215、Q235AF 等。

2）优质碳素结构钢的牌号用两位数字及字母表示，数字表示该钢中碳的质量分数的万分数，例如 45 表示碳的质量分数为 0.45% 的优质碳素结构钢。08 钢 ~ 25 钢含碳量低，属

低碳钢，硬度低，塑性、韧性良好；30 钢～55 钢属中碳钢，具有较高的强度和硬度，用于制造连杆、曲轴等；60 钢及以上属高碳钢，具有较高的强度和弹性，切削性差，用于制造弹簧垫圈、板弹簧等。

（2）碳素工具钢　碳素工具钢指碳的质量分数为 0.65%～1.35% 的优质高碳钢，淬火后常温硬度达 60～64HRC，但工艺性能较差，具有高硬度和高耐磨性，其牌号以“碳”的汉语拼音首字母“T”与其后的阿拉伯数字及字母表示，数字表示钢中碳的质量分数的千分数。如 T8 表示碳的质量分数为 0.80%。由于碳素工具钢在 200～250℃时开始变硬，因此只能用于制造低速的手工工具，如锉刀、刮刀等。常用的牌号有 T8A、T10A、T12A 等。

2. 铸钢

铸钢用于制造形状复杂，力学性能好的机械零件，其碳的质量分数为 0.20%～0.60%。其牌号是用“铸钢”的汉语拼音首字母“ZG”及两组数字组成。第一组数字表示屈服强度值，第二组数字表示抗拉强度值，如 ZG 270-500 表示屈服强度为 270MPa，抗拉强度为 500MPa 的铸钢。

3. 合金钢

为了改善钢的性能，在其中加入一种或数种合金元素所获得的钢。按用途分类，合金钢可分为合金结构钢、合金工具钢和特殊性能钢三类。

（1）合金结构钢　按用途又可分为压力加工用钢和切削加工用钢两大类。它是合金钢中用途最广、用量最大的一类钢。切削加工用钢主要用于制造各种机械零件，是用途广、产量大、牌号多的一类钢，大多数需经热处理才能使用。合金结构钢的牌号采用两位数字（碳的质量分数的万分数）与元素符号及其质量分数表示。合金元素的平均质量分数小于 1.5% 时，不标含量；合金元素的平均质量分数为 1.5%～2.49%、2.5%～3.49%、3.5%～4.49%、4.50%～5.49%、……时，在合金元素后相应写成 2、3、4、5……如 40Cr 为合金结构钢，平均碳的质量分数为 0.4%，主要合金元素为铬，其质量分数在 1.5% 以下。

（2）合金工具钢　在碳素工具钢中加入一定量的 Cr、W、Mn 等金属元素组成的钢，用于制造各种加工工具的钢。淬火后其常温硬度可达 60～65HRC，耐热性提高到 350～400℃，工艺性能也有所提高，尤其表现为淬火后变形小。按用途，合金工具钢可分为量具刀具用钢、耐冲击工具用钢、冷作模具用钢、热作模具用钢等。

（3）特殊性能钢　特殊性能钢指具有某种特殊物理、化学性能的钢，如不锈钢、耐热钢、耐磨钢。

4. 高速工具钢

高速工具钢是一种复杂的钢种，一般碳的质量分数为 0.70%～1.65%，含有 W、Cr、V 等多种元素，且 Cr 和 W 等金属元素含量达到 10%～25%。高速工具钢是用于制造较高速度切削工具的钢，其常温硬度可达 62～65HRC，热硬性可提高到 500～600℃，允许切削速度可达到 25～30m/min。其淬火后变形小，不仅可用于制造钻头、铣刀，还可用于制造齿轮刀具。其典型钢种如 W18Cr4V 等。

5. 铸铁

铸铁指碳的质量分数大于 2.11% 的铁碳合金，并且含有硅、锰、硫、磷等。

（1）灰铸铁　其牌号由“HT”两个字母及一组数字组成。数字表示抗拉强度。例如 HT150 等。

（2）可锻铸铁　其牌号由“KTH”、“KTZ”或“KTB”三个字母及两组数字组成，两组数字分别表示抗拉强度和断后伸长率，例如 KTH300-06 等。

（3）球墨铸铁　其牌号表示方法见 GB/T 5612—2008《铸铁牌号表示方法》，例如 QT400-18 等。

（4）蠕墨铸铁　它是在高碳，低硫、磷的铁液中加入蠕化剂后获得的一种新型材料，例如 RuT420 等。

6. 常见铜及铜合金

（1）纯铜　纯铜具有良好的导电性和导热性，用于制造电线、电缆、铜管等。

（2）铜合金　纯铜强度低，虽然冷加工变形可以提高其强度，但塑性会显著下降，不能用于制造受力构件，因此工业上广泛采用铜合金。按添加元素的不同，铜合金可分为黄铜、青铜和白铜三种。

1）黄铜。黄铜指以锌为主加元素的铜合金，具有良好的力学性能，易于加工成形。其用于制造冲压件、散热器及波纹管等。

2）青铜。青铜指以锡为主加元素的铜合金，是人类金属冶铸史上最早的合金。后来开发出一些无锡青铜，如铝青铜、铍青铜等，主要用于制造轴承、蜗轮、齿轮等。

3）白铜。白铜指以镍为主加元素的铜合金，具有良好的冷加工性能，不能热处理强化。白铜主要用于制造精密仪器仪表、化工机械、医疗器械及工艺品等。

7. 常见铝及铝合金

铝为银白色的金属，具有较好的加工工艺性能，塑性好，可冷、热加工，广泛用于电气工程、航天部门和汽车等机械制造部门。其牌号由四位数字组成，即四位字符体系牌号：第一位是数字，用于区分组别；第二位表示铝合金的改型情况；第三、四位没有特殊意义，仅用来区分同一组中不同的铝合金。“1”表示工业纯铝，“2～8”表示铝合金（其中“2”表示 Al-Cn 系，“3”表示 Al-Mn 系，“4”表示 Al-Si 系，“5”表示 Al-Mg 系，“6”表示 Al-Mg-Si 系，“7”表示 Al-Zn-Mg 系，“8”表示 Al-其他元素系，“9”表示备用合金组）。

1000 系列代表牌号：1050、1060、1100。其纯度可以达到 99.00% 以上，广泛用于电气工程行业。

2000 系列代表牌号：2011、2014。其用于飞机重型、锻件、厚板和挤压材料等。

3000 系列代表牌号：3003 其以锰元素为主要成分，防锈功能较好。

4000 系列铝板属于建筑用材料、机械零件用材、锻造用材，具有耐热、耐磨的特性。

5000 系列代表牌号：5022、5005、5083，用于制造飞机油箱导管、防弹衣等。

6000 系列代表牌号：6063、6061，是一种冷处理铝锻造产品，用于制造汽车行李架、门窗、车身、散热片等。

7000 系列代表牌号：7075，主要含有锌元素，用于制造航空系列如飞机起落架、螺旋桨等。

8000 系列代表牌号：8011，主要应用于铝箔等。

三、硬质合金材料的种类、性能与牌号

硬质合金是由硬度和熔点都很高的碳化物 WC、TiC、TaC、NbC 等，用 Co、Mo、Ni 作

粘结剂制成的粉末冶金产品。其常温硬度可达74～82HRC，能耐800～1000℃高温。其刀具的切削速度是高速工具钢的4～10倍。一般将硬质合金刀片用焊接或机械夹固的方式固定在刀体上。

常用切削工具用硬质合金牌号按使用领域的不同分成P、M、K、N、S、H六类。各个类别为满足不同的使用要求，以及根据切削工具用硬质合金材料的耐磨性和韧性，又分成若干组。用01、10、20等两位数字表示组号，必要时可在两个组号之间插入一个补充组号，用05、15、25等来表示。

切削工具用硬质合金的牌号由类别代号、分组号、细分号（需要时使用）组成。

如“P201”中“P”为类别代号，“20”为使用领域细分组号，“1”为细分号。

1）P01、P10类硬质合金：常用来加工钢、铸钢等。

2）P20、P30类硬质合金：常用来加工钢、铸钢，常用于切削可锻铸铁。

3）P40类硬质合金：常用来加工钢、含砂眼和气泡的铸钢件。

4）M01类硬质合金：常用来加工不锈钢、铁素体钢、铸钢。

5）M10类硬质合金：常用来加工不锈钢、铸钢、锰钢、合金钢、合金铸铁、可锻铸铁。

四、其他刀具材料

1. 陶瓷

陶瓷的主要成分是Al_2O_3，刀片硬度可达78HRC以上，能耐1200～1450℃高温，故能承受较高的切削速度。陶瓷材料性脆，抗弯强度低，怕冲击，易崩刃，价格低廉。

2. 金刚石

金刚石分人造和天然两种。作为切削刀具材料者，大多数是人造金刚石。其硬度极高，可达1000HV，能耐700～800℃高温，有较高的耐磨性；不足之处是韧性差，对铁族材料亲和力大。金刚石大多用作有色金属及其合金的精车刀具，其加工工件的表面粗糙度 *Ra* 值可达0.025～0.16μm，还可用来制作砂轮及修整工具。

3. 立方氮化硼（CBN）

这是人工合成的一种高硬度材料。其硬度可达7300～9000HV，耐热性及化学稳定性都大大高于金刚石，可耐1300～1500℃高温，与铁族元素亲和力小，适用于铁族材料的加工。立方氮化硼刀具脆性大，适用于在刚性较好的机床上使用且应避免断续切削引起的冲击和振动。

第三节 钢的热处理

热处理是将固态金属或合金采用适当的方式进行加热、保温和冷却，以获得所需要的组织结构与性能的工艺。钢经热处理其力学性能将会发生显著的变化，从而可满足零件的使用要求和延长寿命，还可以改善钢的加工性，提高加工质量，减少刀具磨损。因此，热处理是机械制造业中的重要工艺之一。

一、钢的热处理方法

钢的热处理可分为普通热处理、表面热处理和其他热处理。普通热处理包括退火、正火、淬火，回火四种，表面热处理包括表面淬火（如火焰淬火和感应加热淬火）、化学热处理（如渗碳、渗氮和碳氮共渗等），其他热处理包括真空热处理、可控气氛热处理及形变热处理。热处理方法虽然很多，但任何一种热处理工艺都是由加热、保温和冷却三个阶段组成的。因此，热处理工艺过程可用“温度—时间”为坐标的曲线图来表示，如图 2-2 所示，称之为热处理工艺曲线。

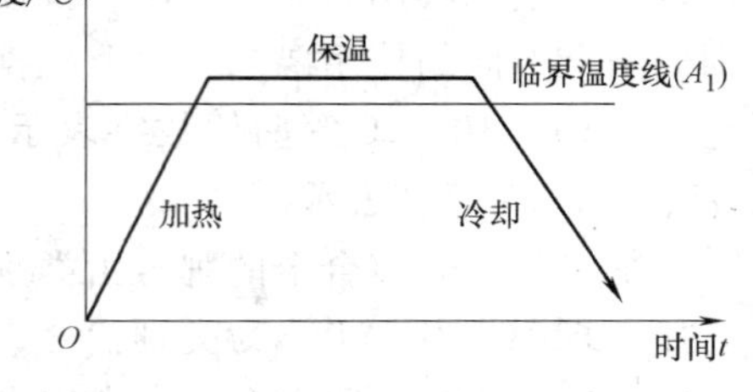

图 2-2　热处理工艺曲线

1. 钢的退火

钢的退火是将工件加热到适当温度，保持一定时间，然后缓慢冷却（一般是随炉冷却）而获得接近平衡组织的热处理工艺。退火后的组织一般为珠光体组织。

退火的目的如下。

1）降低硬度，提高塑性，改善切削加工性和压力加工性能。

2）细化晶粒，均匀钢的内部组织及成分，以改善钢的性能或为最终的热处理作准备。

3）消除钢中的残余内应力，以防止变形和开裂。

根据钢的成分和退火目的的不同，退火可分为完全退火、等温退火、球化退火、均匀化退火和去应力退火等。

2. 钢的正火

钢的正火是将工件加热到临界温度线以上 30～50℃，保温适当的时间，在空气中冷却的热处理工艺。

正火的目的与退火基本相同。正火与退火的区别是正火冷却速度快，得到的钢的硬度和强度较退火的高，操作方便，生产周期短，成本较低。对性能要求不高及一些大型或形状复杂、淬火容易开裂的零件，可用正火作为最终热处理。

退火与正火的选择可从以下三个方面考虑。

（1）从切削加工性考虑　作为预备热处理，低碳钢正火优于退火，而高碳钢退火优于正火。

（2）从使用性能上考虑　对于亚共析钢零件来说，正火处理后比退火后具有较高的力学性能。

（3）从经济上考虑　正火比退火的生产周期短，成本低，操作方便，故在可能的条件下应优先采用正火。

3. 钢的淬火

钢的淬火是将工件加热保温后，在水、油或其他无机盐、有机水溶液等淬火冷却介质中快速冷却以使钢件变硬的过程。淬火的目的是为了强化金属，提高钢的强度、硬度和耐磨性。

4. 钢的回火

钢经过淬火在硬化的同时变脆。为了降低钢件的脆性，将淬火后的钢件在高于室温而低于710℃的某一适当温度进行长时间保温，再进行冷却，这种工艺称为回火。其目的如下。

1）消除残余应力，防止变形和开裂。

2）调整工件硬度、强度、塑性和韧性，达到使用性能要求。

3）稳定组织与尺寸，保证精度。

4）改善和提高加工性能。

按回火温度，钢的回火可分为低温回火、中温回火和高温回火三种。为了获得一定的强度和韧性，常把淬火和高温回火工艺结合起来，称之为调质。

退火、正火、淬火、回火是整体热处理的“四把火”。其中淬火与回火关系密切，要配合使用，缺一不可。“四把火”因加热温度和冷却方式的不同而不同。某些合金淬火经过固溶处理（即将合金加热到高温单相区恒温保持，使过剩相充分溶解到固溶体中后快速冷却，以得到过饱和固溶体的热处理工艺），冷塑性变形或铸造、锻造后，将其置于室温或稍高的适当温度下保持较长时间，以提高合金的硬度、强度等。这样的热处理工艺称为时效处理。把压力加工形变与热处理有效而紧密地结合起来进行，可使工件获得很好的强度、韧性的方法称为形变热处理；在负压气氛或真空中进行的热处理称为真空热处理，它不仅能使工件不氧化，不脱碳，保持处理后工件表面光洁，提高工件的性能，还可以通入渗剂进行化学热处理。

表面热处理是只加热工件表层，以改变其表层力学性能的热处理工艺。为了只加热工件表层而不使过多的热量传入工件内部，使用的热源需具有高的能量密度，即在单位面积的工件上给予较大的热能，使工件表层或局部能短时或瞬时达到高温。表面淬火的主要方法有火焰加热表面淬火和感应加热表面淬火。常用的热源有氧乙炔或氧丙烷等火焰、感应电流、激光和电子束等。

化学热处理是通过改变工件表层的化学成分、组织和性能的金属热处理工艺。化学热处理与表面淬火的不同之处是后者改变了工件表层的化学成分。化学热处理是将工件放在含碳、氮或其他合金元素的介质（气体、液体、固体）中加热，保温较长时间，从而使工件表层渗入碳、氮、硼和铬等元素。渗入元素后，有时还要进行其他热处理工艺如淬火及回火。化学热处理的主要方法有渗碳、渗氮、渗金属、复合渗等。

热处理是机械零件和工模具制造过程中的重要工序之一。大体来说，它可以保证和提高工件的各种性能，如耐磨、耐蚀等，还可以改善毛坯的组织和应力状态，以利于各种冷、热加工。

本单元小结

一、数控切削刀具

车刀是车削加工必备的工具。了解车刀的材料、性能和用途，可以在生产中合理选择刀具。加工质量还和切削用量有关，合理选择切削用量的原则是：粗加工时，以提高劳动生产率为主，选用较大的切削用量；半精加工和精加工时，选用较小的切削用量，以保证工件的加工质量。

二、金属材料及热处理

机械行业中，作为机械制造业的技术工人，无论从事机械制造还是维修工作，都会遇到

金属材料的选用及热处理问题。在生产中，如果选材不当，或者零件的热处理工艺选得不合理，将使零件不能满足使用，造成经济损失。为此，我们必须掌握常用金属材料的成分、加工方法、性能、用途的基本知识，并运用这些知识去解决生产中遇到的问题。本单元中我们介绍了金属材料的基本知识，介绍了非合金钢、合金钢、铸铁等金属材料的牌号、性能及热处理的方法。

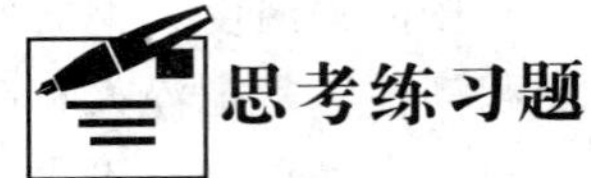

思考练习题

1. 刀具切削部分的常用材料有哪些？常用车刀有哪些？能用来车削工件外圆的车刀有哪几种？
2. 刀具切削部分的材料必须具备哪些基本性能？
3. 什么是背吃刀量、进给量和切削速度？
4. 什么是表面粗糙度？*Ra* 值越大表面越粗糙还是越光滑？如何改善工件表面质量？
5. 什么是退火、正火、淬火和回火四种热处理工艺？

单元三

零件尺寸精度检测

学习目标

1. 熟练掌握常用基本量具游标卡尺、千分尺的使用。

2. 掌握游标卡尺、千分尺的结构及原理，掌握游标万能角度尺、内径百分表、塞规和环规的使用。

第一节　游标卡尺的结构、读法及使用

一、游标卡尺的结构

游标卡尺是利用游标原理对两测量面间距离进行测量的器具。游标卡尺属于万能量具，其特点是使用方便、用途广泛、测量范围大、结构简单和价格低廉，是工厂里最常用的量具之一。利用游标卡尺可测量工件的内、外尺寸（如长度、宽度、厚度、内径和外径），孔距，高度和深度等。按其分度值，游标卡尺可分为 0.1mm、0.05mm、0.02mm 三种，常用的是 0.02mm。其测量范围一般有 0～150mm、0～200mm、0～300mm、0～500mm、0～1000mm 等。

游标卡尺的形式如图 3-1～图 3-5 所示。

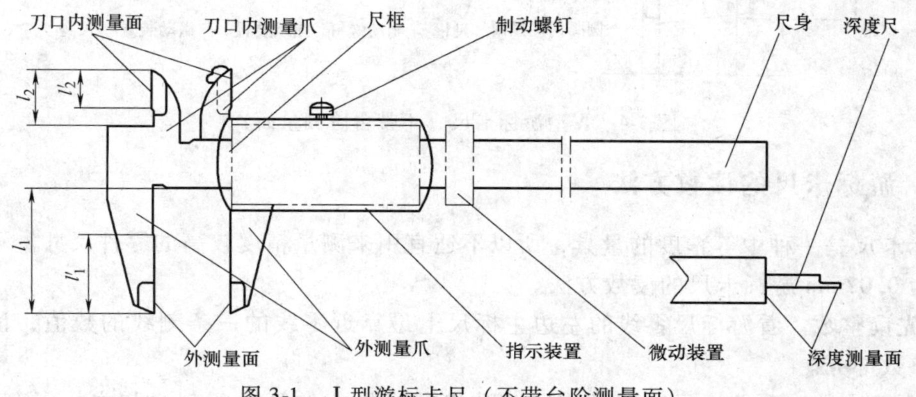

图 3-1　Ⅰ型游标卡尺（不带台阶测量面）

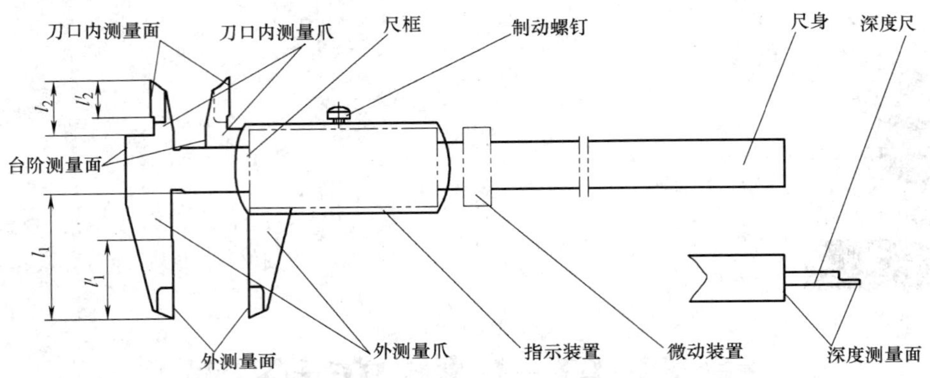

图 3-2　Ⅱ型游标卡尺（带台阶测量面）

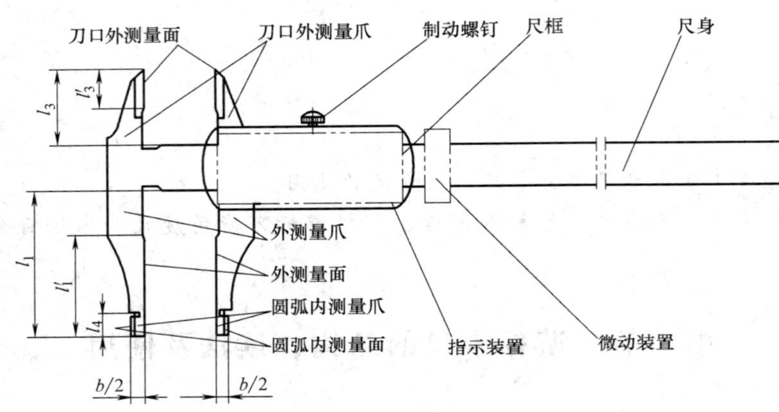

图 3-3　Ⅲ型游标卡尺

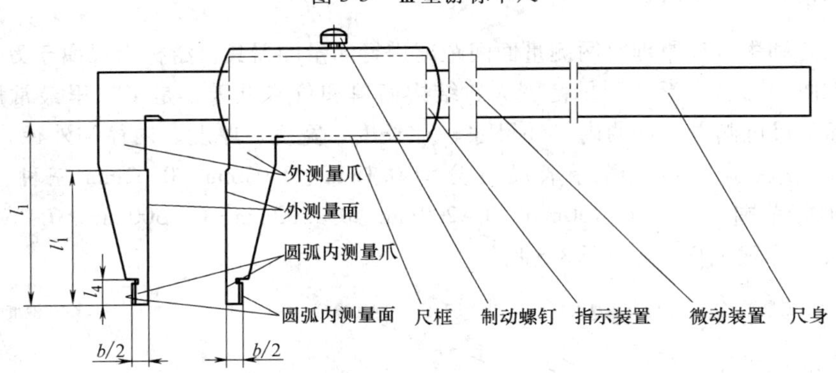

图 3-4　Ⅳ型游标卡尺（不带台阶测量面）

二、游标卡尺的读数方法

游标卡尺是一种中等精度的量具，所以不适宜用来测量精度较高的零件尺寸。下面介绍分度值为 0.02mm 游标卡尺的读数方法。

1）先读整数。看游标尺零线的左边主标尺上最靠近零线的一条刻线的数值，读出被测尺寸的整数部分。

2）再读小数。看游标尺零线的右边，数出游标尺上的第几条刻线与主标尺刻线对齐，

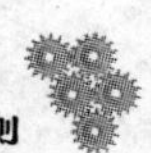

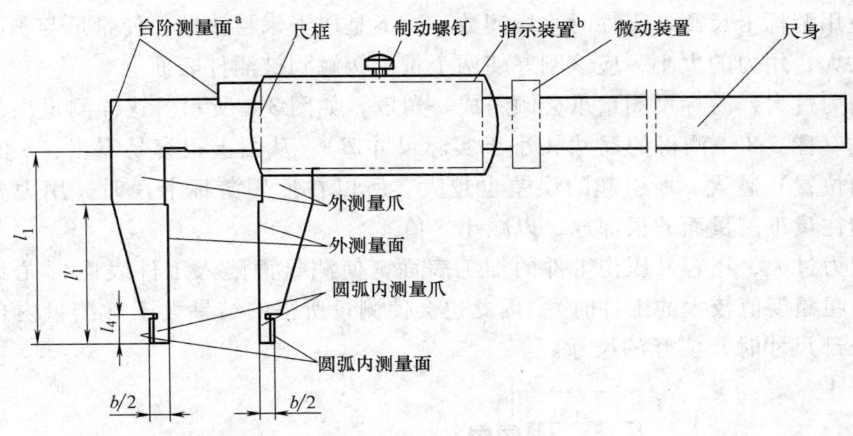

图 3-5　V 型游标卡尺（带台阶测量面）

读出被测尺寸的小数部分（即游标分度值乘以对齐刻线的顺序数）。

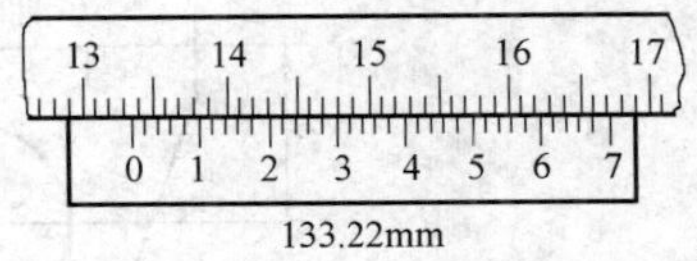

图 3-6　游标卡尺读数示例

3）得出被测尺寸。把上面两次读数的整数部分和小数部分相加，就是游标卡尺所测尺寸。游标卡尺读数示例如图 3-6 所示。读数的整数部分是 133mm，游标尺的第 11 条刻线与主标尺上的刻线对齐，所以读数的小数部分是 0. 02mm × 11 = 0. 22mm，故被测工件尺寸为（133 + 0. 22）mm = 133. 22mm。

三、游标卡尺的使用

测量外尺寸时，应先把量爪张开得比被测尺寸稍大；测量内尺寸时，应先把量爪张开得比被测尺寸小一些。然后慢慢推或拉量爪，使它轻轻地接触被测件表面。测量外尺寸时，不允许把游标卡尺两个量爪间的距离调节到相近甚至小于所需要测量的尺寸，或是把游标卡尺强制地卡到工件上去。这样会使量爪弯曲变形，引起测量面过早地磨损，失去应有的精度，如图 3-7 所示。

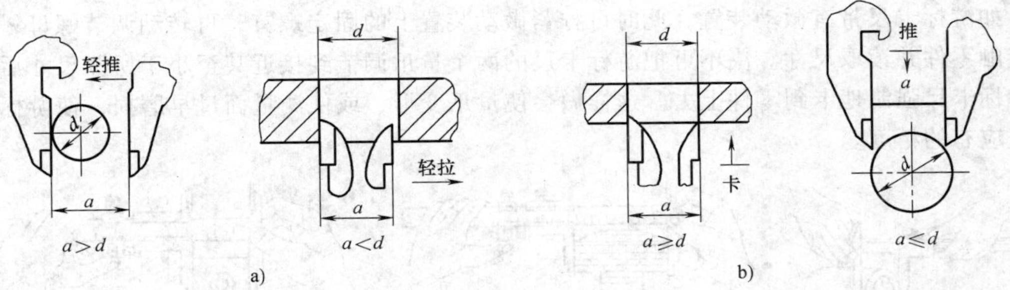

图 3-7　测量外径和内径时游标卡尺的使用方法

a）正确用法　b）错误用法

测量内尺寸时，不要使劲转动卡尺，可以轻轻摆动，以便找出最大值。取出内测量爪时，用力要均匀，并将游标卡尺沿着被测量的孔的轴线方向拉出，不可歪斜，否则会将内测量爪扭伤、使其变形或使已固定了的尺框发生移位，影响读数的准确度。为了减少读数误差，一般应用游标卡尺测量零件时直接读数，而不是取下来再读数。使量爪与被测件接触时不要用力太大，用力的大小，应该刚好使两个量爪接触到被测件表面。

如果用力过大，游标尺测量爪会倾斜成一角度，如图3-8所示。这样测量出的尺寸会比实际尺寸小（图3-8中测得的尺寸A小于实际尺寸B）。从图上很容易看出，S值（被测件在量爪上的位置）越大，所引起的误差也越大。所以在使用游标卡尺时，用力要适当，被测件要尽量往量爪测量面的根部放，以减小S值。

如果用力过大，还容易压伤工件的加工表面，使测量面陷入工件表面（尤其测量软质金属和表面粗糙度值较大的工件时），因此也会使测量所得的结果大于（测量内孔时）或小于（测量外部尺寸时）实际的尺寸。

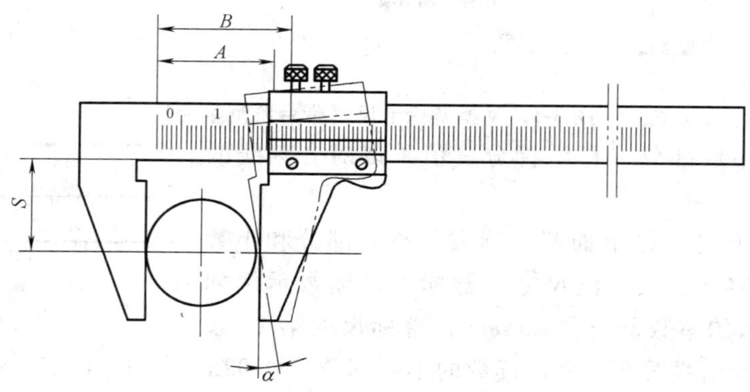

图3-8　用力太大引起测量误差

在测量尺寸和读取尺寸以后，最好先把活动量爪移开，再从工件上取下游标卡尺，切不可从工件上猛力抽下游标卡尺。

1. 测量外轮廓时外测量爪的位置

当测量零件的外尺寸时，游标卡尺两测量面的连线应垂直于被测量表面，不能歪斜。测量时，可以轻轻摇动游标卡尺，放正垂直位置，如图3-9所示。否则，量爪若在图3-10所示的错误位置上，将使测量结果比实际尺寸大。先把游标卡尺的活动量爪张开，使量爪能自由地卡进工件，把零件贴靠在固定量爪上，然后移动尺框，用轻微的压力使活动量爪接触零件。如游标卡尺带有微动装置，此时可拧紧微动装置上的固定螺钉，再转动调节螺母，使量爪接触零件并读取尺寸。决不可把游标卡尺的两个量爪调节到接近甚至小于所测尺寸后，再把游标卡尺强制地卡到零件上去。这样做会使量爪变形，或使测量面过早磨损，使游标卡尺失去应有的精度。

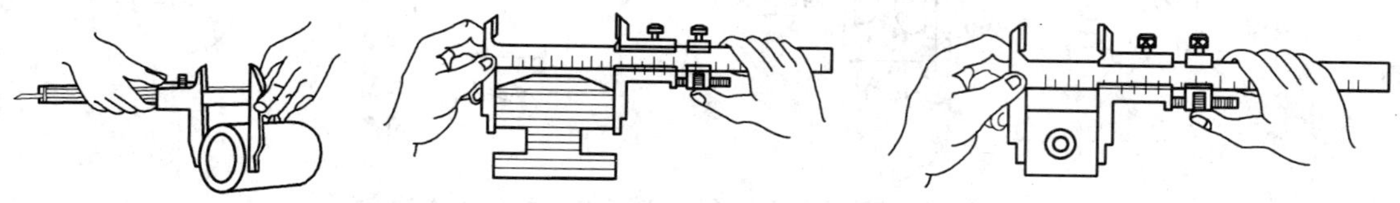

图3-9　测量外尺寸时游标卡尺的正确位置

2. 测量外沟槽时外测量爪的位置

测量外沟槽时，应当用量爪的测量面进行测量而对于圆弧形沟槽尺寸，则应当用刃口形量爪进行测量，不应当用平面形测量刃进行测量，如图3-11所示。

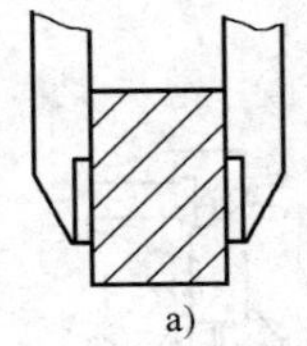
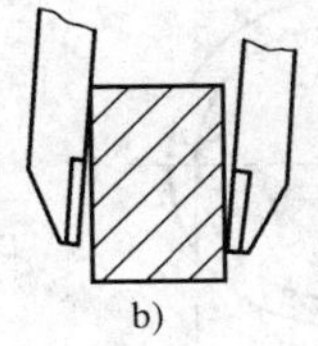

图 3-10　测量外尺寸时外测量爪的位置

a）正确　b）错误

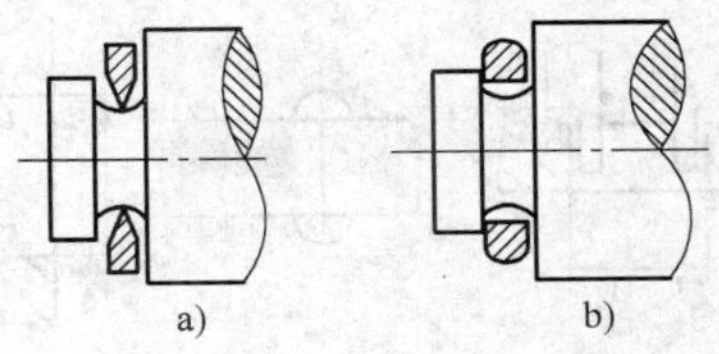

图 3-11　测量沟槽时的正确与错误位置

a）正确　b）错误

测量沟槽宽度时，也要放正游标卡尺的位置，应使卡尺两测量刃的连线垂直于沟槽，不能歪斜。否则，量爪若在图 3-12 所示的错误的位置上，也将使测量结果不准确（可能大也可能小）。

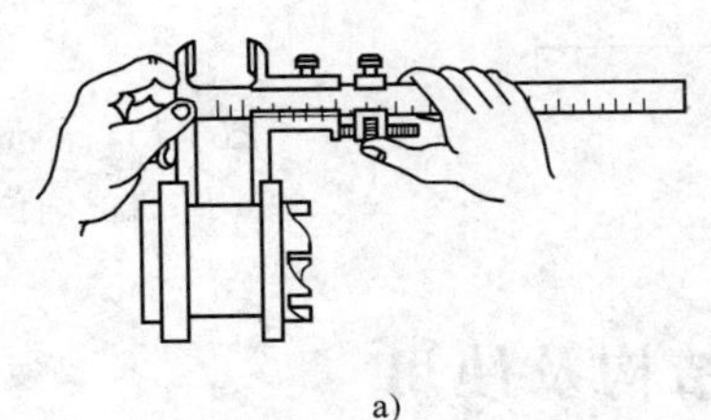
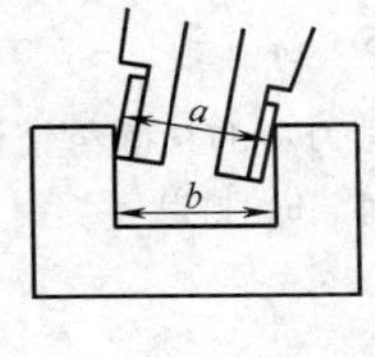

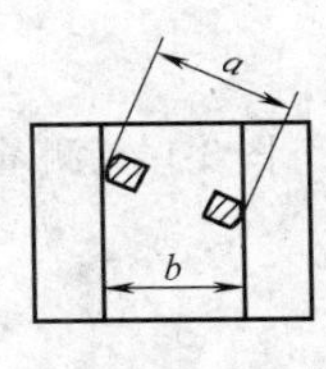

图 3-12　测量沟槽宽度时的正确与错误位置

a）正确　b）错误

3. 测量内孔时内测量爪的位置

测量零件的内尺寸如图 3-13 所示。要先使量爪分开的距离小于所测内尺寸，量爪进入零件内孔后，再慢慢张开并轻轻接触零件内表面。用固定螺钉固定尺框后，轻轻取出游标卡尺读数。取出量爪时，用力要均匀，并使游标卡尺沿着孔的轴线方向滑出，不可歪斜，以免扭伤量爪、使量爪变形和受到不必要的磨损，同时会使尺框走动，影响测量精度。

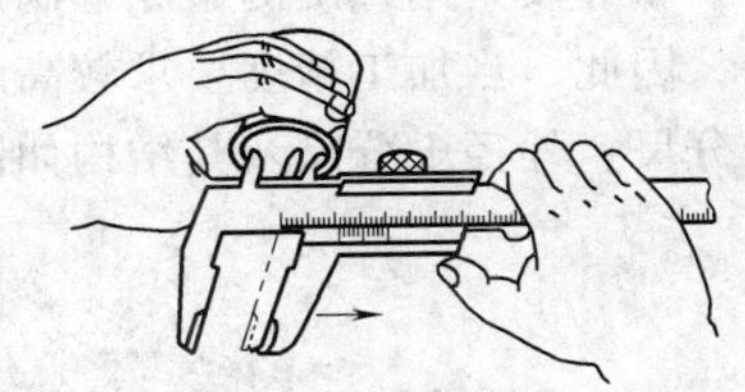

图 3-13　测量零件的内尺寸

游标卡尺两测量面应在孔的直径上，不能偏歪。图 3-14 所示为测量内孔时卡尺刃口的正确和错误位置。当量爪在错误位置时，其测量结果将比实际孔径 D 要小。

用游标卡尺测量零件时，不允许过分地施加压力，所用压力应使两个量爪刚好接触零件表面。如果测量压力过大，不但量爪会弯曲或磨损，而且量爪在压力作用下会产生弹性变形，使测量得的尺寸不准确（外尺寸小于实际尺寸，内尺寸大于实际尺寸）。

为了获得准确的测量结果，可以多测量几次，即在零件同一截面上的不同方向进行测量。对于较长零件，则应当在全长的各个部位进行测量，务必获得一个比较准确的测量结果。

4. 深度测量时深度尺的位置

用深度尺测量工件深度时，尺体的尾端要垂直地压向工件孔（或槽）的顶平面然后下降活动量爪，使深度尺和孔（或槽）底轻轻接触。这时将量爪和深度尺固定，取出游标卡尺进行读数，如图 3-15 所示。

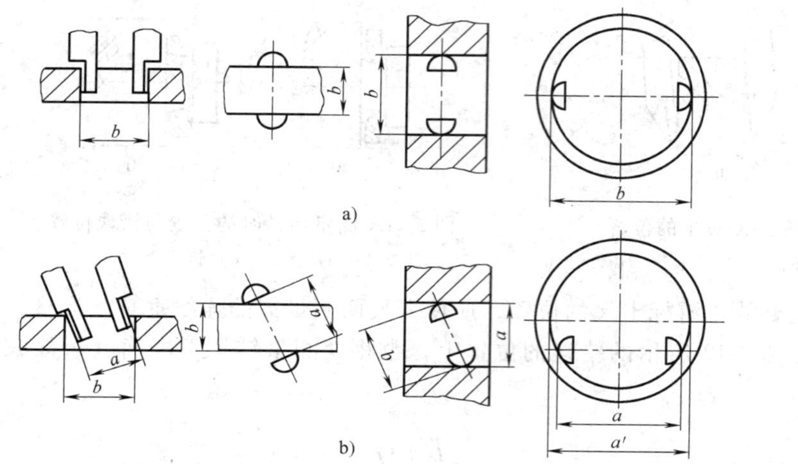

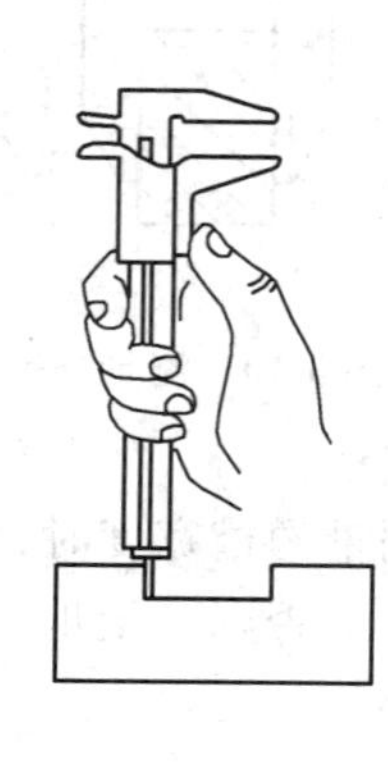

图 3-14　测量内径时刀口的正确与错误位置
a）正确　b）错误

图 3-15　测量深度时的正确位置

第二节　千分尺的结构及使用

一、外径千分尺的结构

千分尺是用螺旋测微原理制成的量具。它们的测量精度比游标卡尺高，并且测量比较灵活，因此，当加工精度要求较高时被广泛使用。目前车间里大量用的是分度值为 0.01mm 的千分尺。外径千分尺及其结构如图 3-16 所示。

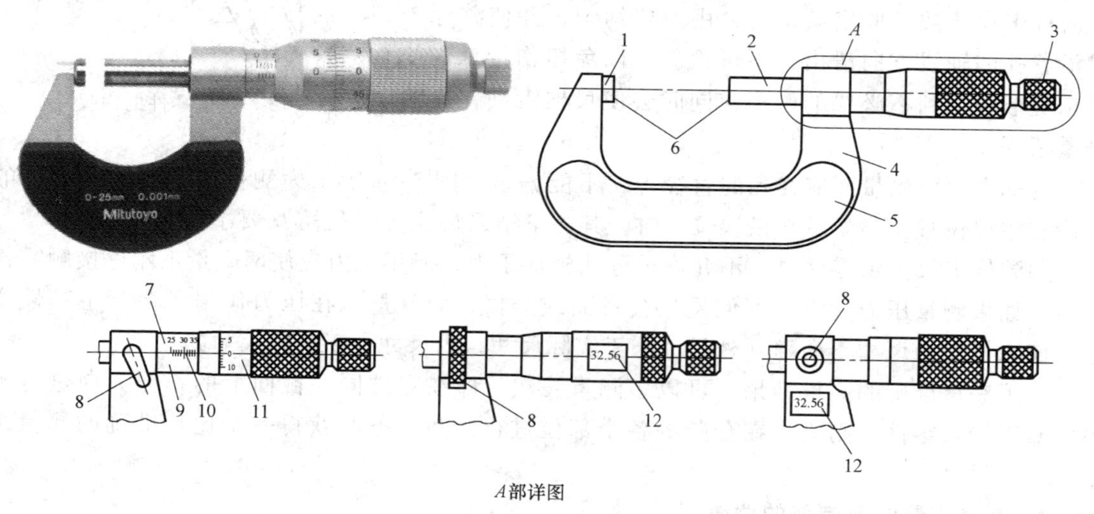

图 3-16　0～25mm 外径千分尺及其结构
1—测砧　2—测微螺杆　3—棘轮　4—尺架　5—隔热装置　6—测量面　7—模拟显示
8—测微螺杆锁紧装置　9—固定套管　10—基准线　11—微分筒　12—数值显示

用千分尺测量零件的尺寸时，把被测零件置于千分尺的两个测量面之间。两测砧面之间的距离，就是零件的测量尺寸。当测微螺杆在螺纹轴套中旋转时，由于螺旋线的作用，测微螺杆就有轴向移动，使两测砧面之间的距离发生变化。如测微螺杆顺时针旋转一周，则两测砧面之间的距离就会缩小一个螺距。微分筒转过它自身圆周刻度的一小格时，两测砧面之间转动的距离为 0.5mm/50 = 0.01mm。由此可知，千分尺上的螺旋读数机构，可以正确读出 0.01mm，也就是该千分尺的分度值为 0.01mm。

二、分度值为 0.01mm 外径千分尺的读数方法

在千分尺的固定套管上刻有轴向中线，作为微分筒读数的基准线。另外，为了计算测微螺杆旋转的整数转，在固定套筒轴向中线的两侧，刻有两排刻线，刻线间距均为 1mm，上下两排相互错开 0.5mm。

千分尺的具体读数方法可分为三步：①读出固定套管上露出的刻线尺寸，一定要注意不能遗漏应读出的 0.5mm 的刻线值；②读出微分筒上的尺寸，要看清微分筒圆周上的哪一格与固定套管的中线基准对齐，将格数乘 0.01mm 即得微分筒上的尺寸；③将上面两个数值相加，即为千分尺测得尺寸。

如图 3-17a 所示，在固定套管上读出的尺寸为 5mm，微分筒上读出的尺寸为 0.01mm × 46 = 0.46mm，两数相加即得被测零件的尺寸 5.46mm；如图 3-17b 所示，在固定套管上读出的尺寸为 5.5mm，在微分筒上读出的尺寸为 0.01mm × 46 = 0.46mm，两数相加即得被测零件的尺寸为 5.96mm。外径千分尺的使用方法如图 3-18 所示。

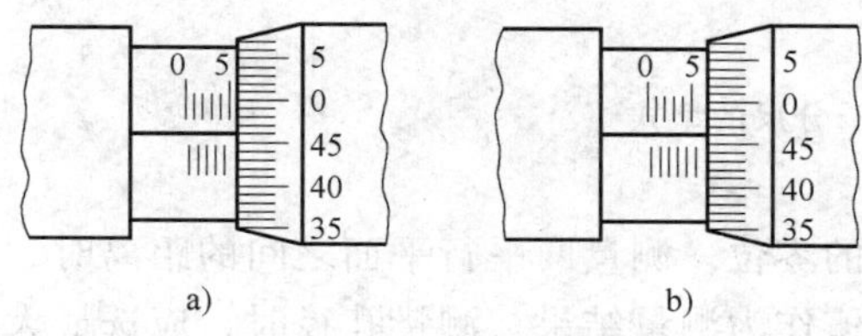

图 3-17　千分尺的读数
a）读数结果 5.46mm　b）读数结果 5.96mm

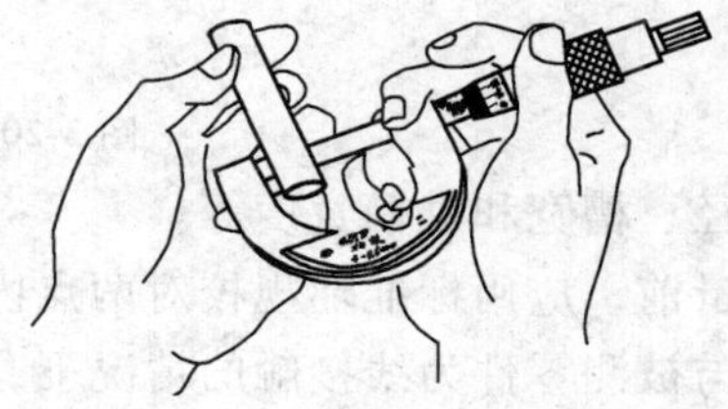

图 3-18　外径千分尺的使用方法

三、其他常见千分尺及其使用

1. 螺纹千分尺

螺纹千分尺及用其测量螺纹中径如图 3-19 所示。螺纹千分尺的结构与外径千分尺相似，不同之处在于测砧是可调节的，有调零装置。测砧和测微螺杆端部各有一个小孔，用于插入不同的测头。螺纹千分尺的 V 形测头和锥形测头应按测头上的标志配对使用。螺纹千分尺用来测量外螺纹的中径尺寸，被测螺纹的螺距为 0.5 ~ 7.5mm。螺纹千分尺的分度值有 0.01mm、0.001mm 等。它的测量范围为 0 ~ 25mm、25 ~ 50mm、50 ~ 75mm、75 ~ 100mm、100 ~ 125mm 和 125 ~ 150mm。

2. 两点内径千分尺

两点内径千分尺的型式如图 3-20 所示。其读数方法与外径千分尺相同，读数方向与外径千分尺相反，应注意不要读错。其分度值为 0.01mm 等。两点内径千分尺用来测量中小尺

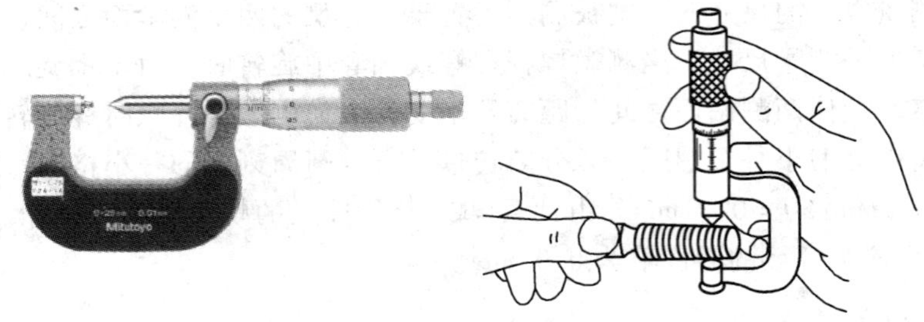

图 3-19 螺纹千分尺及用其测量螺纹中径

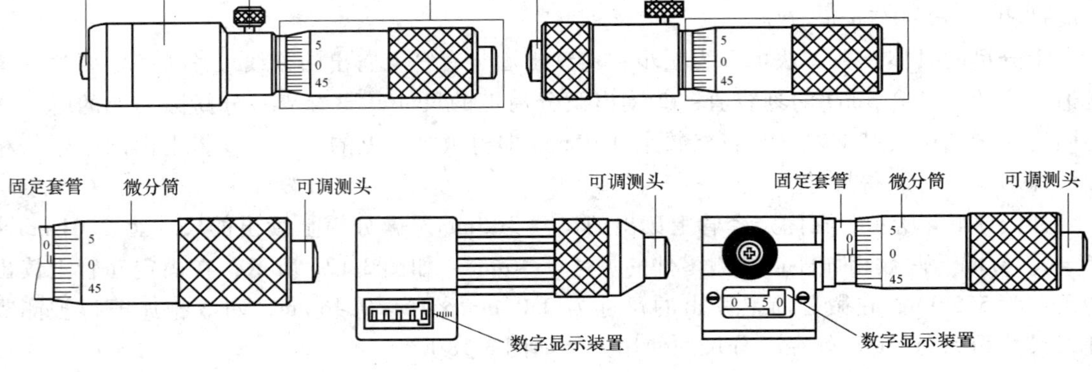

图 3-20 两点内径千分尺的型式

寸的孔径、槽宽和键槽宽度等。

测量前，应用标准环规校对两点内径千分尺的零位。测量两平行平面之间的距离时，应在量爪与被测零件为线接触的情况下，选取最小值作为测量结果。测量孔径时，应选最大值作为测量结果。

3. 深度千分尺

深度千分尺的外形及使用如图 3-21 所示。深度千分尺用来测量工件的通孔、不通孔、槽和阶梯孔的孔深，其结构与外径千分尺相似，只是用底板代替尺架和测砧。其分度值有 0.01mm 等，测微头的量程为 25mm，使用可换式测量杆，测量范围为 25 ~ 50mm、50 ~ 75mm、75 ~ 100mm。测量时应保证测量杆的轴线与被测面保持垂直。另外，用测力装置（棘轮）来使测量杆与另一被测量面相接触，以保持恒定的测量力。

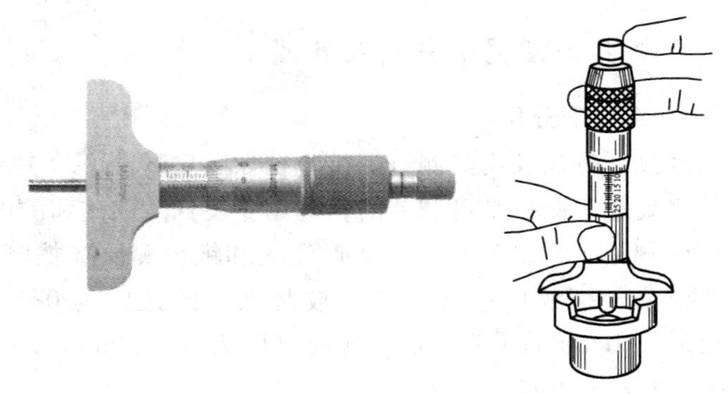

图 3-21 深度千分尺的外形及使用

四、千分尺使用注意事项

1）测量时要先旋转微分筒，调整千分尺测量面。当测量面快要接触被测表面时，要旋转棘轮。这样既节约时间，又可防止棘轮过早磨损。退尺时应使用微分筒，不要旋转棘轮，以防其松动影响零位。

2）测量时不要很快旋转微分筒，以防测量杆的测量面与被测件发生猛撞，损坏千分尺或产生测微螺杆咬死的现象。

3）当转动棘轮发出“咔咔”的响声后，进行读数。如果需要把千分尺拿下工件读数，应先扳锁紧装置，固定活动测杆，再将千分尺取下来读数。这种读数方法容易磨损测量面，应尽量少用。

4）测量时要使整个测量面与被测表面接触，不要只用测量面的边缘测量。同时可以轻轻摆动千分尺或被测件，使测量面与被测面接触好。

5）为消除测量误差、得到正确的测量结果，可在同一位置多测几次取平均值或多测量几个位置。

第三节　百分表与游标万能角度尺的使用

一、百分表的使用

百分表和千分表都是用来找正零件或夹具的安装位置、检验零件的形状精度或相互位置精度的。它们的结构原理基本相同，但千分表的测量精度比较高，即千分表的分度值为0.001mm，而百分表的分度值为0.01mm。车间里经常使用的是百分表。

百分表用来检验机床精度和测量工件的尺寸、形状和位置误差。其分度值为0.01mm，表头如图3-22所示。按制造精度不同，百分表可分为0级（IT6～IT4）、1级（IT6～IT16）和2级（IT7～IT16）。

使用时将内径百分表表头装在表架上，再将表架吸附在机床床身或工作台上进行测量，如图3-23所示。

图3-22　百分表表头

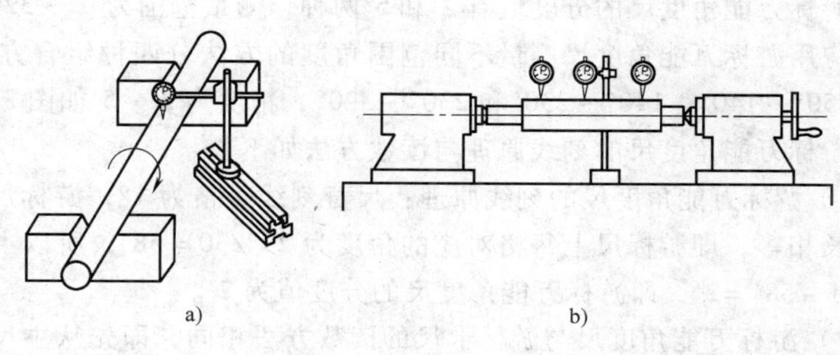

图3-23　轴类零件圆度、圆柱度及圆跳动的测量

a）吸附在工作台上　b）吸附在专用检验台上

内径百分表是用来测量孔径及孔的形状误差的测量工具，如图 3-24 所示。内径百分表的测量范围有 6 ~ 10mm、10 ~ 18mm、18 ~ 35mm、35 ~ 50mm、50 ~ 100mm、100 ~ 160mm、160 ~ 250mm 等。内径百分表示值误差较大，一般为 ±0.015mm。具体测量孔径时如图 3-25 所示。先在外径千分尺上取孔径的整数值，如图 3-25a 所示，再用手轻按定位装置，将活动测头放入被测孔内，最后放入可换测头，使内径百分表在孔的轴向截面内充分地摆动，如图 3-25b 所示。观察指针读数，以最小值作为读数值。若读数为零，说明被测孔径与标准的直径相等；若指针顺时针方向离开零位，说明被测孔径小于标准孔径；若指针逆时针方向离开零位，说明被测孔径大于标准孔径。

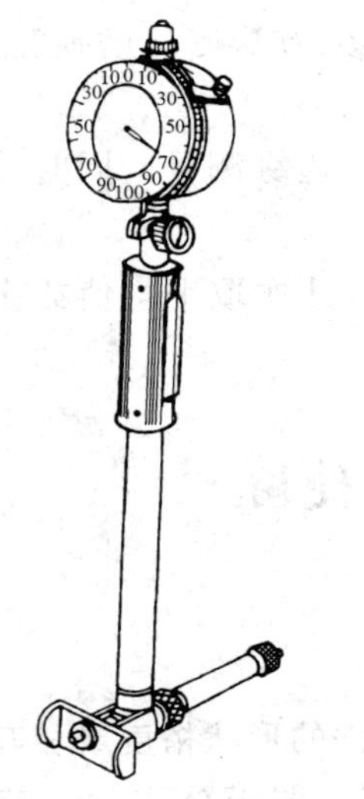

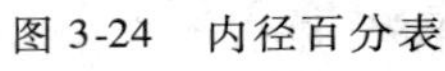
图 3-24　内径百分表

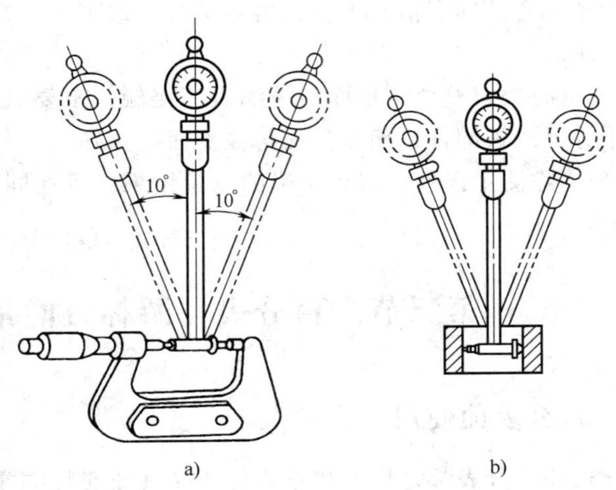

图 3-25　百分表测量工件
a）内径百分表在外径千分尺上对值　b）内径表摆动测量孔径

二、游标万能角度尺的使用

游标万能角度尺是用来测量精密零件内外角度或进行角度划线的角度量具。游标万能角度尺的使用方法比较简单，使固定尺和直尺的测量面都与被测量面表面接触好，即能得到角度数值。

游标万能角度尺的分度值有 2′和 5′两种，测量范围为 0° ~ 320°，如图 3-26 所示。

应用游标万能角度尺测量不同范围角度的方法分四种组合方式，测量角度分别是 0° ~ 50°、50° ~ 140°、140° ~ 230°和 230° ~ 320°，精度为 2′ ~ 5′如图 3-27 所示。

游标万能角度尺的刻线原理与读数方法如下。

1）游标万能角度尺的刻线原理：尺身刻线每格为 1°，游标尺上的 30 格与主尺上 29 格的弧长相等，即游标尺上每格对应的角度为 29°/30 = 58′，所以主尺上的 1 格与游标尺 1 格相差 1 − 58′ = 2′，即游标万能角度尺的分度值为 2′。

2）游标万能角度尺与游标卡尺的读数方法相同，即先从主尺上读出与游标尺零线左边最近的刻度线数值，该数值即为被测角度的整数值；再从游标尺上读出与主尺刻度线对齐的那一刻度线的数值，该数值即为被测角度的“分”数值；最后将两数值相加得到被测角度的读数值。

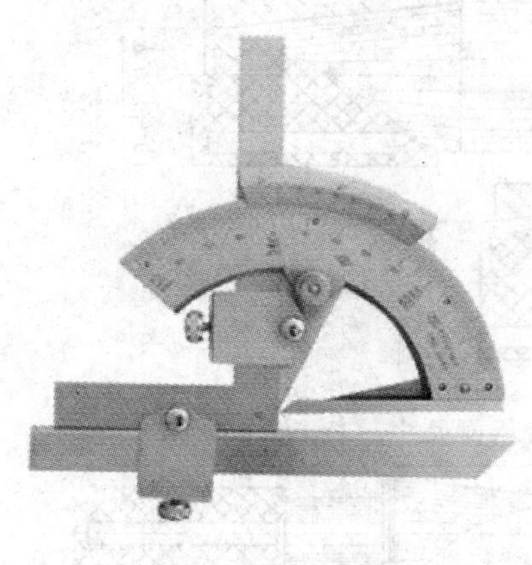

图 3-26　游标万能角度尺

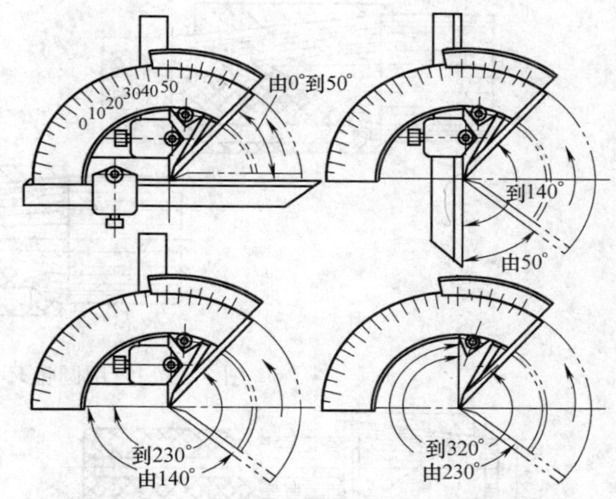

图 3-27　游标万能角度尺不同角度组合示意图

第四节　圆锥环规与圆锥塞规的使用

应用游标万能角度尺测量圆锥角度时检测范围大，其属于通用量具。但测量时比较麻烦，因此对成批生产的零件进行检验一般采用圆锥环规与圆锥塞规进行检验。

一、圆锥环规与圆锥塞规

1. 圆锥环规

用于测量外锥面，如图 3-28 所示。

2. 圆锥塞规

用于测量内锥面，如图 3-29 所示。

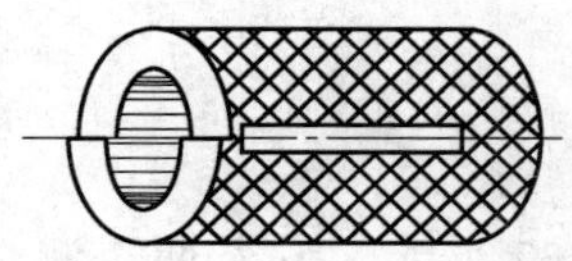

图 3-28　圆锥环规

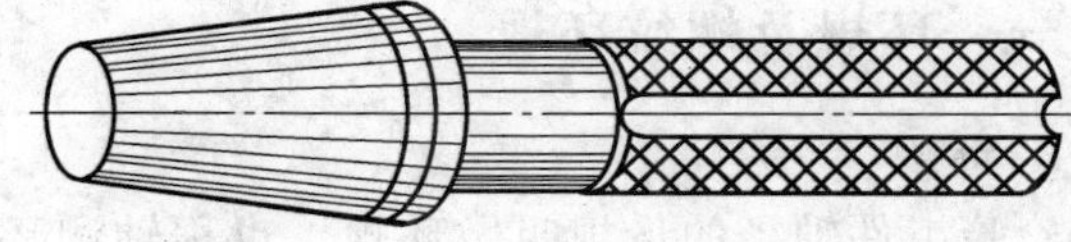

图 3-29　圆锥塞规

二、锥角及锥面的测量

1. 锥角的测量

无论是圆锥环规还是圆锥塞规，测量时必须先在工件锥面上涂显示剂，再与被测锥面配合，转动圆锥量规后抽出观察显示剂的变化。若显示剂摩擦均匀，说明圆锥接触良好，锥角正确；若圆锥环规小端擦着，大端没有擦着，说明圆锥角小了（圆锥塞规的情况与此相反）。

2. 锥面的测量

使用圆锥环规测量外锥面尺寸如图 3-30 所示，使用圆锥塞规测量内锥面尺寸如图 3-31 所示。

另外，还可以配合游标卡尺测量锥面的大端或小端的直径来控制锥体的长度。

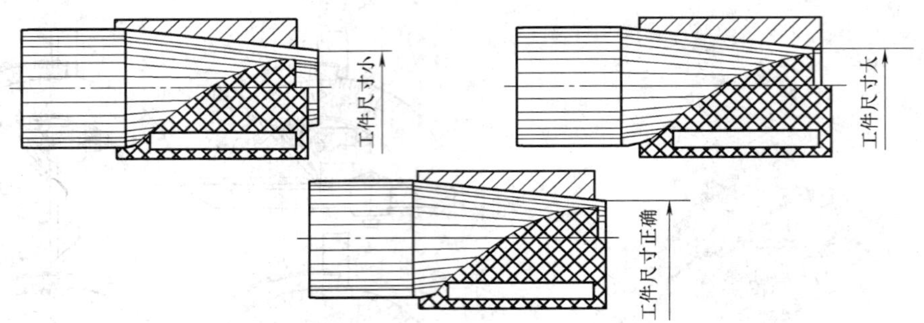

图 3-30　使用圆锥环规测量外锥面尺寸

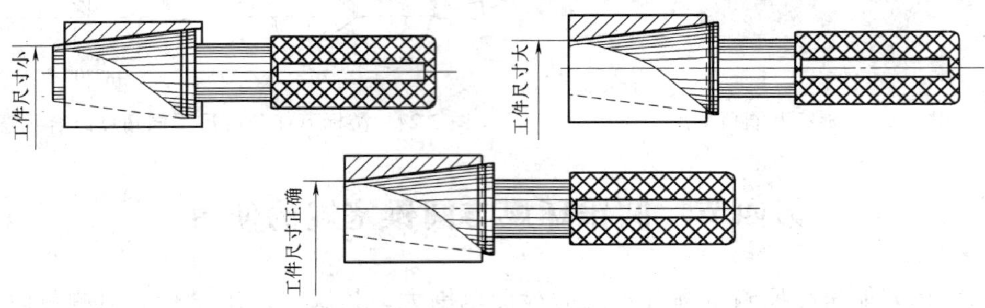

图 3-31　使用圆锥塞规测量内锥面尺寸

第五节　环规和塞规的使用

在批量加工中，为了提高轴类零件的检验效率和减少精密量具的磨损，一般使用界限量规进行检验。界限量规根据用途不同分为环规和塞规两种。环规用来测量轴径或其他外表面，塞规用来测量孔径和其他内表面。

一、环规及螺纹环规

1. 环规

检验工件轴径的量规叫做环规，也称轴测环规，如图 3-32 所示。它有两个测量面，尺寸大的一端在测量时应通过轴颈，叫做通端，它的尺寸等于轴或外表面的上极限尺寸；尺寸小的一端在测量时不应通过轴颈，叫做止端，它的尺寸等于轴或外表面的下极限尺寸。用环规检验工件时，如果通端能通过，止端不能通过，说明该工件的尺寸偏差在允许的公差范围之内，是合格品；否则，是不合格品。

2. 螺纹环规

螺纹环规是检验外螺纹尺寸的量具，如图 3-33 所示。常用米制螺纹环规分为粗牙、细

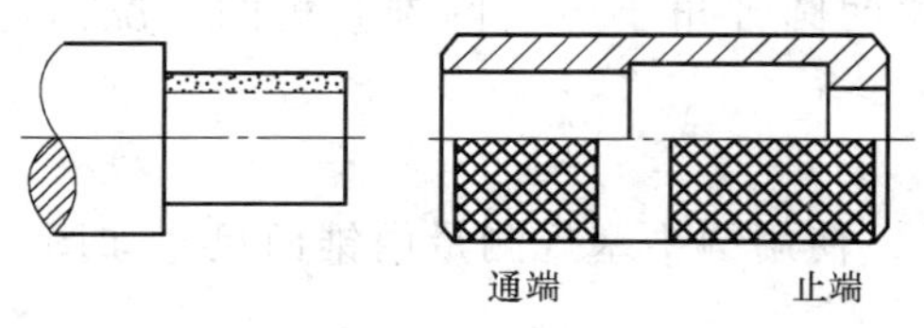

图 3-32　环规

图 3-33　螺纹环规

牙两种，是对外螺纹进行综合测量的量具。其中，厚度薄的为止端，在螺纹环规上标有“Z”字样；厚度厚些的为通端，在螺纹环规上标有“T”字样。而且，在螺纹环规的通端和止端上标有螺纹的公称直径、螺距和公差等级，如标有“M30 ×1. 5-6g”。使用时，通端能通过，而止端不能通过，表示螺纹合格。

二、塞规及螺纹塞规

1. 塞规

检验孔径的量规也称孔测塞规，如图 3-34 所示。塞规要通端和止端同时使用。由于塞规是无刻度的专用量具。检验时，如果通端能通过，止端不能通过，则被检验孔的直径尺寸合格；反之，通端能通过，止端也能通过，或通端和止端都不能通过，则说明被检验孔的直径尺寸不合格。

通端和止端都能塞入孔内，说明孔的实际尺寸比其允许的上极限尺寸还要大，被测孔的直径尺寸不合格，而且不能修复。

通端和止端都塞不进孔内（通端进不去，当然止端也进不去），说明孔的实际尺寸比其允许的下极限尺寸还要小，被测孔的直径尺寸不合格，但是可以修到尺寸合格，即可修复。

2. 螺纹塞规

螺纹塞规是检验内螺纹的量具，如图 3-35 所示。常用米制螺纹塞规同样分为粗牙、细牙两种，是对内螺纹进行综合测量的量具。其中，厚度薄的为止端，在螺纹塞规上标有“Z”字样；厚度厚些的为通端，在螺纹塞规上标有“T”字样。而且，在螺纹塞规的通端和止端标有螺纹的公称直径、螺距和公差等级，如标有“M16 ×2 －6G”。使用时，通端能过去，而止端过不去，表示螺纹合格。

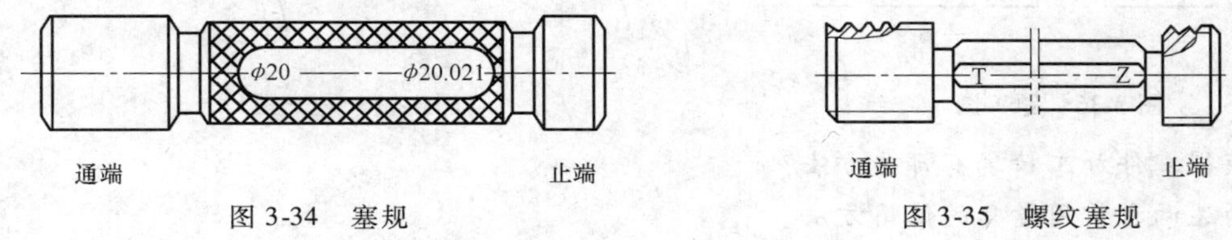

图 3-34　塞规　　　图 3-35　螺纹塞规

本单元小结

常用测量量具一览表

量具名称	分类		适用范围
游标卡尺			用于零件外径、内径、长度、宽度、厚度、深度和孔距的测量
千分尺	外径千分尺		多用于加工精度要求较高时的测量，并且测量比较灵活
	其他千分尺	①　螺纹千分尺	测量外螺纹的中径尺寸
		②　两点内径千分尺	测量中小尺寸的孔径、槽宽和键槽宽度
		③　深度千分尺	测量通孔、不通孔、槽和阶梯孔的孔深
百分表			用于检验机床精度和测量工件的尺寸、几何误差
游标万能角度尺			用于测量精密零件内外角度或进行角度划线的角度量具

（续）

量具名称	分　　类	适用范围
圆锥环规		用于测量外锥面
圆锥塞规		用于测量内锥面
环规	①轴测环规	用于检验工件的轴径，若通端能通过，止端不能通过，则工件合格
	②螺纹环规	用于检验工件外螺纹尺寸，若通端能通过，止端不能通过，则工件合格
塞规	①孔测塞规	用于检验工件的孔径，若通端能通过，止端不能通过，则工件合格
	②螺纹塞规	用于检验工件内螺纹尺寸，若通端能通过，止端不能通过，则工件合格

思考练习题

1. 分度值为 0.02mm 的游标卡尺读数如图 3-36a、b 所示，读数各为多少？
2. 精度为 0.01mm 的千分尺读数如图 3-37a、b 所示，读数各为多少？

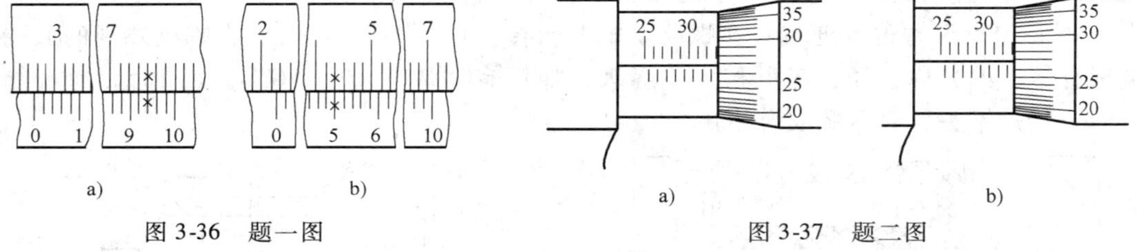

图 3-36　题一图　　　　图 3-37　题二图

3. 获得零件加工精度有哪些方法？
4. 简述两种常用量具的使用方法。
5. 简述圆锥环规和圆锥塞规的使用方法。

单元四

数控车床及加工工艺

学习目标

1. 掌握数控车床的分类、基本结构及特点。
2. 明确数控车床的主要加工对象。
3. 了解数控加工工艺及工艺文件所包含的内容。
4. 编程前能正确对零件加工工艺进行分析并制订加工工艺路线，能够填写一般零件的加工工序卡、加工刀具卡。

数控车床又称为 CNC 车床，即计算机数字控制车床。它是当今国内外使用量较大、覆盖面较广的一种数控机床，主要用于回转体工件的加工。数控车床一般能自动完成内外圆柱面、圆锥面，复杂回转内外曲面，圆柱、圆锥上螺纹等的切削加工，并能进行车槽、钻孔、车孔、扩孔、铰孔、攻螺纹等工作。

第一节　数控车床基本知识

一、数控车床的分类

1. 按主轴位置分类

（1）卧式数控车床　卧式数控车床是指其主轴轴线平行于水平面的数控车床，如图 4-1 所示，按导轨布局形式，卧式数控车床可分为水平导轨卧式数控车床和倾斜导轨卧式数控车床。

（2）立式数控车床　立式数控车床是指其主轴轴线垂直于水平面的数控车床，如图 4-2 所示。立式数控车床有一个直径很大的圆形工作台，供装夹工件使用。这类数控车床主要用于加工径向尺寸较大、轴向尺寸较小的大型复杂零件。

2. 按可控轴数分类

（1）两轴控制数控车床　常见的数控机床上一般只有一个回转刀架，也称单刀架数控机床。其可以实现两坐标轴控制。这类数控车床一般为卧式结构。

图 4-1　卧式数控车床

图 4-2　立式数控车床

（2）四轴控制数控车床　机床上有两个独立回转刀架，也称双刀架数控车床。其可以实现四坐标轴控制。它可分为平行交错双刀架（两刀架轴线平行，如图 4-3a 所示）和垂直交错双刀架（两刀架轴线垂直，如图 4-3b 所示）。这类车床一般为卧式结构，加工时两个刀架可同时加工零件，从而提高加工效率，在加工细长轴时还可以减少零件的变形。

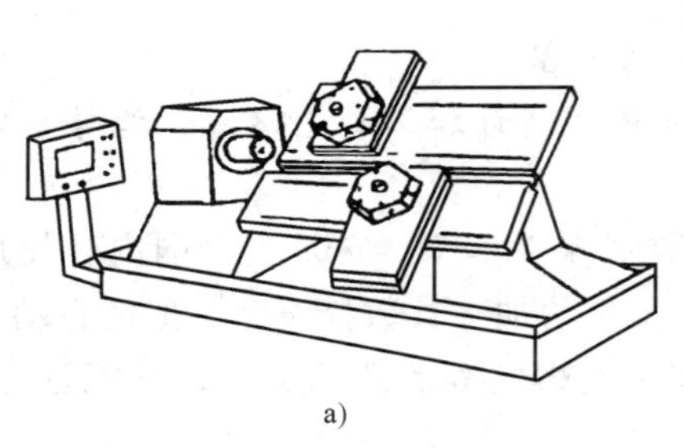
a)

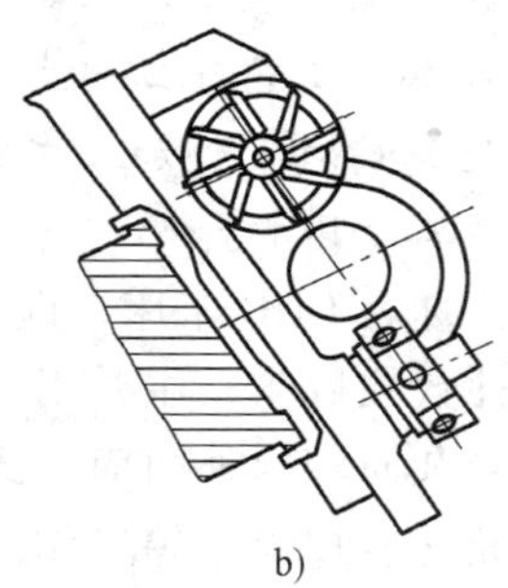
b)

图 4-3　双刀架数控车床
a）平行交错双刀架　b）垂直交错双刀架

3. 按控制功能分类

（1）经济型数控车床　其属于低中档数控车床，多采用步进电动机驱动的开环伺服系统控制，一般以普通卧式车床机械结构为基础，经过数控化改造而成，加工精度低。

（2）全功能型数控车床　其属于高档数控车床，多采用直流调速或交流主轴控制单元驱动的伺服电动机进行半闭环或全闭环伺服系统控制，可进行多个坐标轴的控制，具有高刚度、高精度、高效率特点及自动除屑等功能，如图 4-4 所示。

（3）数控车削加工中心　其属于复合加工机床，即配备刀库、自动换刀装置、分度装置、铣削动力装置等部件。除具有一般两轴联动数控车床的各种车削功能外，由于其增加了连续精确分度的 C 轴功能和能使刀具旋转的动力头，可控制 X 、Z 轴和 C 轴，故其联动轴数为（X、Z）、（X、C）和（Z、C），从而使其加工功能大大增强。因此，其不仅可以加工外轮廓，还可进行端面和圆周任意部位的钻削、攻螺纹、平面及曲面的铣削等加工，如图 4-5 所示。

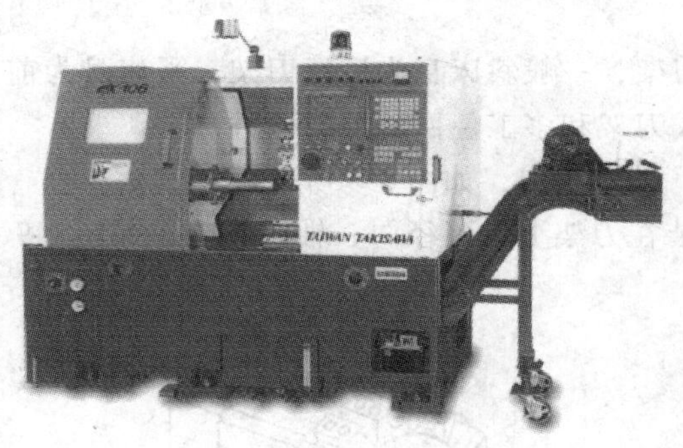

图 4-4　全功能型卧式数控车床

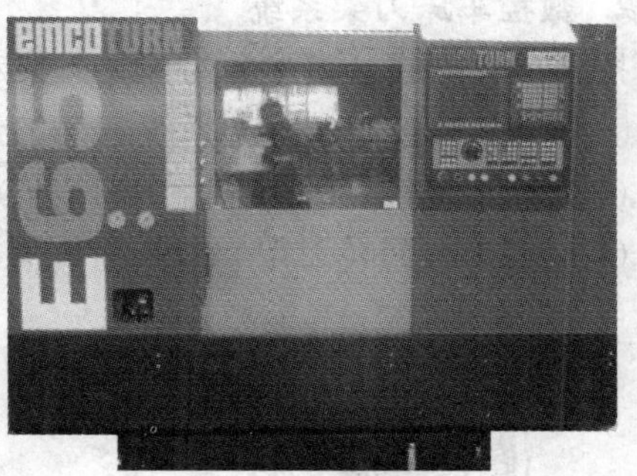

图 4-5　数控车削加工中心

二、数控车床的基本结构

1. 数控车床床身布局形式

数控车床的主轴、尾座等部件的布局形式与普通卧式车床基本一致，但刀架和床身导轨的布局形式与普通卧式车床相比发生了根本性的变化。这不仅影响机床的结构和外观，还直接影响数控车床的使用性能，如刀具和工件的装夹、切屑的清理以及相对位置等。数控车床床身有四种布局形式。

（1）水平床身　水平床身的工艺性好，便于导轨面的加工。水平床身配上水平放置的刀架可提高刀架的运动精度，被中小型普通数控车床广泛采用。但水平刀架增加了机床宽度方面的结构尺寸，并且床身下部排屑空间小，排屑困难。

（2）水平床身斜刀架　这种床身布局形式是在水平床身上配上倾斜放置的刀架滑板，如图 4-6 所示。这种床身布局形式的床身工艺性好，机床宽度方向的尺寸也较水平配置滑板的要小，且排屑方便。

（3）斜床身　斜床身的导轨倾斜角度有 30°、45°、75°，如图 4-7 所示。它和水平床身斜刀架都因具有排屑容易、操作方便、机床占地面积小、外观美观等优点，被中小型数控车床普遍采用。

图 4-6　水平床身斜刀架

图 4-7　斜床身

（4）立床身　其床身平面与水平面呈垂直状态，刀架位于工件上侧。从排屑的角度考虑，立床身最好，切屑可以自由落下，不易损伤导轨面，导轨的维护与防护也较简单，但机床的精度差，故运用较少。

2. 数控车床刀架系统

按照位置形式，刀架分为前置刀架和后置刀架，一般斜床身为后置刀架，平床身为前置刀架。常见的数控车床刀架系统有四工位转动式刀架和多工位回转刀架两种。

(1) 四工位转动式刀架　其可以安装径向、轴向车刀，如图4-8所示。

(2) 多工位回转刀架　刀具沿圆周方向安装在刀架上，可径向、轴向装刀，如图4-9所示。

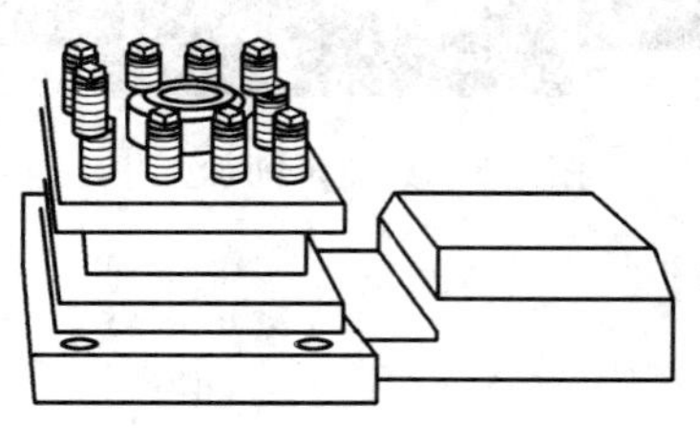

图4-8　四工位转动式刀架

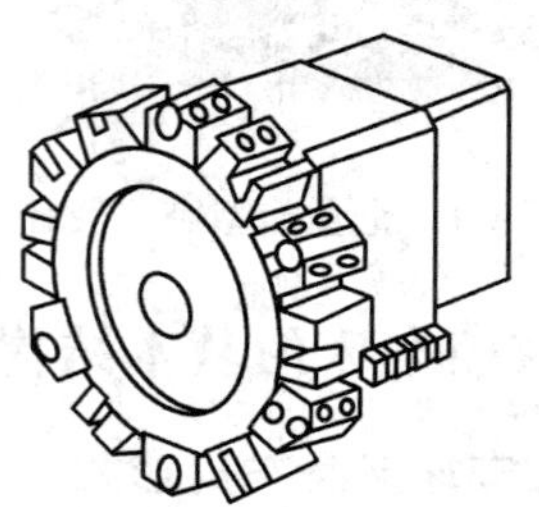

图4-9　多工位回转刀架

三、数控车床的特点

(1) 适应性强　数控车床适合加工单件或小批量复杂工件，在更换产品（生产对象）时，只需要改变数控装置内的加工程序、调整有关的数据就能满足新产品的生产需要，不需要改变机械部分和控制部分的硬件。

(2) 床身高刚度化、传动结构简化、主轴转速高速化　数控车床的床身与立柱等均采用静刚度、动刚度、热刚度等较好的支承构件；主轴采用变频调速，没有中间齿轮传动环节，其速度调节范围大、转速高，由主轴伺服驱动系统直接控制与调节，取代了传统卧式车床的多级齿轮传动系统，简化了机械传动结构。

(3) 传动元件精度高　采用效率、刚度和精度等各方面都高的传动元件，如滚珠丝杠螺旋副、静压蜗杆副及静压导轨等。

(4) 加工精度高，产品质量稳定　数控机床加工精度一般可达0.005~0.01mm。数控机床是按数字信号形式实现控制的，数控装置每输出一个脉冲信号，则机床移动部件移动一个脉冲当量（一般为0.001mm），而且机床进给传动链的反向间隙与丝杠螺距平均误差可由数控装置进行补偿，因此，数控机床定位精度比较高。

(5) 生产率高　工件加工所需时间包括机动时间和辅助时间。数控机床能有效地减少这两部分时间。数控机床主轴转速和进给量的调节范围比普通机床的大，机床刚性好，快速移动和停止采用了加速、减速措施，因而既能提高空行程运动速度，又能保证定位精度，从而有效地降低了加工时间。在数控机床上更换工件时，不需要调整机床，同一批工件加工质量稳定，无须停机检验，故辅助时间大大缩短。

(6) 减轻劳动强度、改善劳动条件　数控机床加工前将其调整好后，输入程序并起动，机床就能自动连续地进行加工，直至加工结束。操作者的工作主要是程序的输入、编辑，装卸工件，刀具准备，加工状态的观测，零件的检验等，劳动强度极大降低，机床操作者的劳动趋于智力型工作。另外，机床一般是封闭式加工，既清洁，又安全。

（7）对操作维修人员的技术水平要求高　数控车床的维修人员应有较高的、较全面的数控理论知识和维修技术。维修人员只有有比较宽泛的机、电、液专业知识，才能综合分析、判断故障根源，缩短因故障停机时间，实现高效维修。

（8）有利于生产管理现代化　数控机床的加工，可预先估计加工时间，所使用的刀具、夹具可进行规范化、现代化管理。数控机床使用数字信号与标准代码作为控制信息，易于实现加工信息的标准化，目前已与计算机辅助设计与制造（CAD/CAM）有机结合起来，是现代集成制造技术的基础。

四、数控车床主要加工对象

（1）表面精度要求高的回转体零件　由于数控车床的刚性好、制造和对刀精度高以及能方便和精确地进行人工补偿及自动补偿，所以它能够加工尺寸精度要求高的零件。另外，数控车削对提高位置精度特别有效，车削零件位置精度的高低主要取决于零件的装夹次数和机床的制造精度。而且，在数控车床上加工零件时如果发现位置精度较低，可以通过修改程序的方法来找正，以提高零件的位置精度。

（2）表面粗糙度值要求小的回转体零件　由于数控机床的刚性和制造精度高、具有恒线速度切削功能，因此能加工出表面粗糙度值小的零件。

（3）表面形状特别复杂的回转体零件　由于数控车床具有直线和圆弧插补功能，部分车床数控装置还有某些非圆曲线插补功能，如椭圆、抛物线、双曲线等，因此可以车削由任意直线与曲线、曲线与曲线等组成的外形复杂的回转体及具有复杂封闭内成形面的零件。

（4）带有横向加工的回转体零件　由于数控车削加工中心能够实现车、铣两种模式的加工，因此带有键槽、径向孔或端面分布的孔系及有曲面的盘套或轴类零件，可以选择数控车削加工中心来完成对该类零件的加工。

（5）超精密、超低表面粗糙度值的零件　超精加工的轮廓精度可达0.1μm，表面粗糙度Ra值可达0.02μm。超精加工所用数控系统的最小设定单位应达到0.01μm。超精车削零件的材质以前主要是金属，现已扩大到塑料和陶瓷。这些都适合在高精度、高功能的数控车床上加工。

（6）带有特殊螺纹的回转体零件　数控车床不但能车削等导程的圆柱面、圆锥面和端面螺纹，也能车削变导程的螺纹零件，车削螺纹的效率还很高，这是卧式车床所不能完成的。

第二节　数控车削加工工艺

一、数控车削加工工艺分析

1. 对零件图进行分析

对零件图进行分析是制订数控车削工艺的基础，主要包括以下几方面内容。

（1）尺寸标注方法分析　首先应进行零件图样分析，看零件尺寸是否完整，零件尺寸精度、表面粗糙度、材料硬度、热处理及技术要求等是否符合数控车削加工的特点。

（2）轮廓几何要素分析　零件图中几何要素条件应准确，因为在自动编程过程中，要对构成零件轮廓的所有几何要素进行定义，手工编程时要计算出每个基点或节点的坐标等。

（3）对定位基准的可靠性进行分析　在数控车削加工中，加工工序较集中。当对零件两端加工时，调头后应以加工好的外圆或最好外圆、台阶在自定心卡盘上作为定位基准，否则很难保证两次装夹加工后各台阶面位置尺寸的正确性。数控加工尤其强调定位加工，如一个零件需两端加工，其工艺基准的统一是十分重要的，否则很难保证两次安装加工后两个面上的轮廓位置及尺寸的协调。如果零件上没有合适的基准，可以考虑在零件上增设工艺凸台或工艺孔，在零件加工完成以后再将其去掉。

（4）精度及技术要求分析　对被加工零件的精度及技术要求进行分析，是零件工艺性分析的重要内容。只有在分析零件尺寸精度和表面粗糙度的基础上，才能正确合理地选择加工方法、装夹方法、刀具及切削用量等，如：粗车能保证精度的不用精车，精车能保证精度的不用磨削。另外，对于表面粗糙度要求较高的不同直径表面、端面，应用恒线速度车削。

2. 对零件结构工艺性进行分析

零件的结构工艺性是指在满足使用要求的前提下，零件对加工方法的适应性、可行性和经济性。它取决于产品零件的结构形状、尺寸和技术要求，即所设计的零件结构应便于加工成形，且成本低、效率高。因此，对零件结构的局部形状调整，有利于提高零件的加工精度、尺寸公差、表面粗糙度及经济成本。如：零件的内腔与外形应尽量统一几何类型和尺寸；同一销轴零件上出现两个不同公称直径的螺纹时，在可能满足要求的前提下，应采用同一尺寸螺距，以避免使用两把螺纹车刀；在零件上车槽时，需将不同宽度的车槽刀进行统一，这可减少刀具的数量，少占刀位，经济合理。

3. 数据计算分析

编程前要进行工件坐标系的确定及基点或节点的数据计算，分配数控加工工序的公差及数控加工中的公差，保证零件加工后尺寸精度合格。另外，编程时要将刀具补偿指令编在程序中，加工时还要将刀具补偿值设置到数控系统中。

二、数控车削加工工艺特点

（1）预先设计好加工方案　为了使数控车床发挥高效加工性，在掌握机床特性的同时，应对加工零件的刀具配置及使用顺序、加工部位、加工顺序、刀具轨迹、切削参数等方面进行正确合理的选择。

（2）零件加工工序应集中　在数控车床上加工工件时工序必须集中，在一次装夹中尽可能完成所有的工序，因此要划分好工序。一般情况下采用“先内后外、先粗后精”的原则。为了减少换刀次数，缩短空行程以减少不必要的定位误差，还应采用“刀具集中”的原则，就是将零件上用同一把刀具加工的部位全部加工完成后，再换另一把刀具来加工。要选择最合理、最经济、最完善的加工方案，即走刀路线最短、走刀次数和换刀次数尽量少。

（3）编程时计算应准确　在数控编程过程中，对零件图进行数学计算，要求准确无误。否则，可能会出现重大的机械事故和质量问题。所以，编程人员除了必须具有丰富的工艺知识和实际经验外，还必须具有耐心、细致、谨慎的工作态度及高度的责任感。

（4）加工路线要合理　在数控车削加工中，刀具刀位点相对于零件运动的轨迹称为加工路线。加工路线应保证零件的加工精度和表面粗糙度，应以最短为原则，这样既可以减少程序段的数量，又可以减少空刀时间。

对于复杂的零件表面、特殊曲线表面或有特殊要求的表面，在零件的一次装夹中要尽量完成多个表面的加工，从而缩短加工工艺路线和生产周期。

（5）采用先进工艺装备　为了满足数控加工中高质量、高效率和高柔性的要求，在数控加工中一般广泛采用先进的数控刀具、组合夹具等工艺装备。

三、数控车削加工工序的划分

数控车削加工工序的划分，要根据数控加工的特点以及零件的结构与工艺性、机床的功能及零件数控加工内容的多少、安装的次数等进行综合考虑，主要包括以下内容。

（1）根据安装次数划分工序　如：加工外形时，以内腔进行一次夹紧为一道工序；加工内腔时，再以外形夹紧为另一道工序。

（2）根据所用的刀具划分工序　如：将在一次装夹中用一把刀具可以完成加工的全部部位作为一道工序，然后换另一把刀具加工其他部位再将其作为一道工序。

（3）根据粗、精加工划分工序　对于易变形的零件，考虑到工件加工精度、变形等因素，可按粗、精加工分开的原则来划分工序，即先粗后精，将粗加工作为第一道工序、精加工作为第二道工序。

（4）按加工部位划分　以完成相同型面加工的那部分工艺作为第一道工序。有些零件加工表面多而复杂，构成零件轮廓的表面结构差异大，可按照其结构特点划分多道工序。

总之，数控车削加工工序的划分要根据零件的结构要求、零件的安装方式、零件的加工工艺性、数控机床的性能以及加工的实际情况等因素灵活掌握，并不千篇一律，力求合理即可。

四、数控车削加工工序的设计

数控车削加工工序设计的基础是工艺路线，它将直接影响零件的加工质量和生产效率。工序设计前要对零件图进行认真分析，把本工序的加工内容、切削用量、工艺装备、定位夹紧方式及刀具轨迹都确定下来，为编制加工程序做好充分准备。

1. 确定走刀路线和安装工步顺序

1）加工路线应保证被加工工件的精度和表面粗糙度。

2）设计最短的走刀路线以减少空行程时间、提高加工效率。

3）简化数值计算和减少程序段，减少编程工作量。

4）根据零件的实际情况，如刚度、形状、加工余量和机床系统刚度，确定循环加工次数。

5）合理设计刀具的切入与切出的方向，避免由传动系统反向间隙而产生的定位误差。

2. 确定定位基准与夹紧方案

1）尽量做到设计、工艺与编程计算的统一。

2）应工序集中、减少装夹次数，尽量做到在一次装夹后就能加工出全部待加工表面。

3）尽量避免采用占机人工装夹方案。

3. 确定夹具与刀具

1）当零件加工批量较小时，尽量采用组合夹具、可调夹具及其他通用夹具。

2）当大批量生产时，要考虑使用专用夹具。

3）夹具应设计成开敞形式，不仅应使装卸零件方便可靠，还要使其夹紧机构元件不影响刀具走刀。

4）批量生产时，应采用气动或液压夹具，以缩短装夹时间、提高效率。

5）刀具应具有良好的切削性能、较高的精度、采用先进的刀具材料。

4. 确定刀具与工件的相对位置

1）所选刀具的对刀点应使程序编制简单。

2）对刀点应选择在容易找正、便于确定零件加工原点的位置。

3）对刀点的位置应选择在加工时检查方便、可靠的位置。

4）确定刀具与工件的相对位置时，应有利于提高加工精度。

5. 确定切削用量的原则

切削用量包括切削速度、背吃刀量、进给量，通常称为切削用量三要素。数控加工中选择切削用量时，就是在保证加工质量和刀具寿命的前提下，充分发挥机床性能和刀具切削性能，提高效率、降低成本。一般粗、精加工时切削用量的选择原则如下。

1）粗加工时，一般以提高生产效率为主，但也应考虑经济性和加工成本。选择切削用量时，首先选取尽可能大的背吃刀量，其次选取尽可能大的进给量，最后确定最佳的切削速度。

2）半精加工和精加工时，应在保证加工质量的前提下，首先根据粗加工后留下的半精加工或精加工余量来确定背吃刀量；其次根据表面粗糙度要求，选取较小的进给量；最后在保证刀具寿命的前提下，尽量选取较高的切削速度。

五、工件在数控车床上的定位

工件在机床上或夹具上的定位与夹紧正确与否，直接影响到工件的加工质量。在零件的机械加工工艺过程中，合理地选择定位基准对保证工件的尺寸精度和相互位置精度有重要的作用。毛坯在开始加工时，都是以未加工的表面定位，这种基准面称为粗基准；用已加工的表面作为定位基准面，这种基准面称为精基准。

1. 粗基准的选择

选择粗基准时，必须要达到以下两个基本要求：首先应保证所有加工表面都有足够的加工余量，其次要保证工件加工表面与不加工表面之间具有一定的位置精度。

1）选择重要表面作为粗基准。为保证工件上重要表面的加工余量小而均匀，应选择加工精度及表面质量要求较高的表面为粗基准。

2）选择不加工的表面作为粗基准。对于同时有加工表面与不加工表面的工件，为保证不加工表面之间的位置要求，应选择不加工表面作为粗基准，图 4-10 所示带轮粗基准的选择。

如图 4-10a 所示，由于铸造时有一定的几何误差，因此第一次装夹车削时，应选择带轮内缘的不加工表面作为粗基准，加工后就能保证轮缘厚度基本相等，如图 4-10b 所示。如果选择带轮外圆加工表面作为粗基准，加工后因铸造误差不能消除，轮缘厚度会不均匀，如图 4-10c 所示。

3）合理分配加工余量。对于所有表面都需加工的工件，在选择粗基准时，应考虑合理分配各加工表面的余量，选择毛坯余量最小、精度高的表面作为粗基准。这样不会因位置的偏移而造成余量太少的部位加工不出来。如图 4-11 所示，阶梯轴为铸件毛坯，A 侧余量最小，B 侧余量最大。粗车找正时应以 A 侧为基准，适当兼顾 B 侧加工余量。

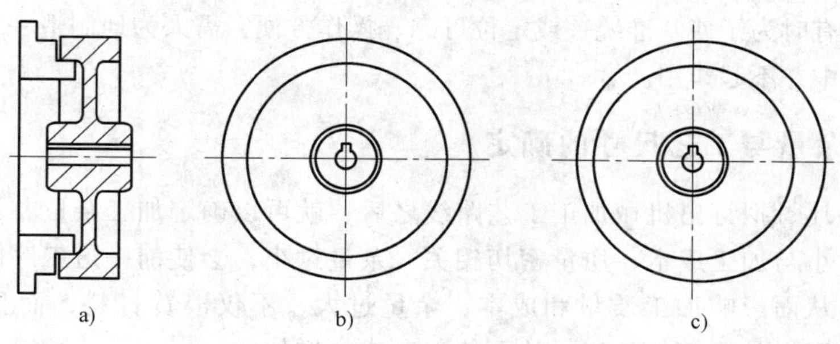

图 4-10 带轮粗基准的选择

a）正确装夹方式 b）轮缘厚度一致 c）轮缘厚度不均匀

4）粗基准应选择平整光滑的表面，铸件装夹时应让开浇、冒口部分。

5）应选用工件上强度、刚性好的表面作为粗基准，以防止将毛坯夹坏或产生松动。

6）粗基准应避免重复使用。在同一尺寸方向上，粗基准只允许使用一次，以避免产生较大的定位误差。

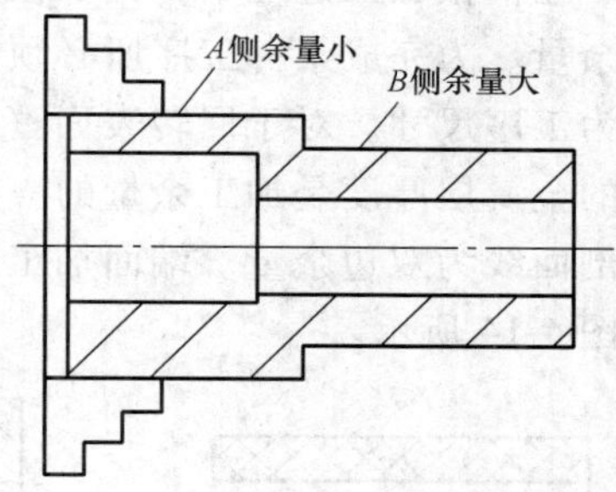

图 4-11 以加工余量小的表面作为粗基准

2. 精基准的选择原则

选择精基准时，主要应保证加工精度及装夹方便，使夹具结构简单。精基准选择原则如下。

（1）基准重合原则 即选择设计基准或装配基准作为定位基准，以避免产生基准不重合误差。这种基准重合的情况能使某个工序所允许出现的误差加大，使加工更容易达到精度要求，经济性更好。但是，这样往往会使夹具结构复杂，增加操作困难。例如：轴套、齿轮坯和带轮，在精加工时利用心轴以孔作为定位基准来加工外圆等，如图 4-12 所示。在车床的自定心卡盘上加工法兰盘时，一般先车好法兰盘的内孔和螺纹，然后将它安装在专用的心轴上再加工凸肩、外圆和端面，即使定位基准和装配基准重合，达到装配精度要求。

（2）基准统一原则 当工件上有许多表面需要进行多道工序加工时，应尽可能在多个工序中采用同一组基准定位，这就是基准统一原则。例如：加工轴类零件时，采用两中心孔定位加工各外圆表面；齿轮坯和齿形加工时多采用齿轮的内孔及一端面作为定位基准，均属于基准统一原则。

（3）自为基准原则 有些精加工工序为了保证加工质量，要求加工余量小而均匀，采用加工表面本身作为定位基准，这就是自为基准原则。

（4）互为基准原则 为了使加工面获得均匀的加工余量和较高的位置精度，可采用加工面互为基准、反复加工的原则。

（5）便于装夹的原则 工件定位要稳定，夹紧可靠，操作方便，夹具结构简单。

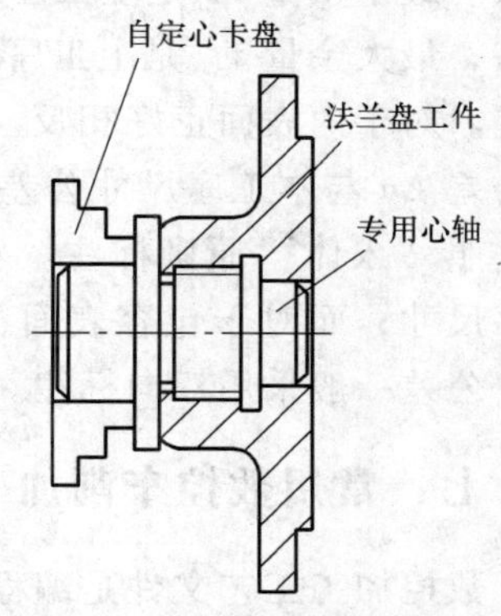

图 4-12 法兰盘利用心轴加工

工件上的定位精基准，一般是工件上具有较高精度要求的重要表面，但有时为了使基准统一或定位可靠、操作方便，需人为地制造一类基准面，这些表面在零件使用中并不起作用。

六、加工余量与工艺尺寸的确定

在选择好毛坯、拟订出机械加工工艺路线之后，就可以确定加工余量并计算各工序的工序尺寸。余量大小与加工成本、质量密切相关。余量过小，会使前一道工序的缺陷得不到修正，造成废品，从而影响加工质量和成本；余量过大，不仅浪费材料，而且要增加切削工时，增大刀具的磨损与机床的负荷，从而使加工成本增加。

1. 工序余量和总加工余量

在机械加工过程中，为了使毛坯变为成品而从毛坯表面上切去的金属层总厚度称为总加工余量。为完成某一工序所必须切除的一层金属厚度称为工序余量。工序完成后的工件尺寸称为工序尺寸。对于回转表面（外圆和内孔）而言，加工余量是在直径上考虑的，即所切除的金属层厚度是加工余量的一半，称这种余量为双边余量，如图 4-13 所示。图 4-13 中网状剖面线为双边余量。端面加工时所切除的金属层厚度和余量是相等的，称之为单边余量，如图 4-14 所示。

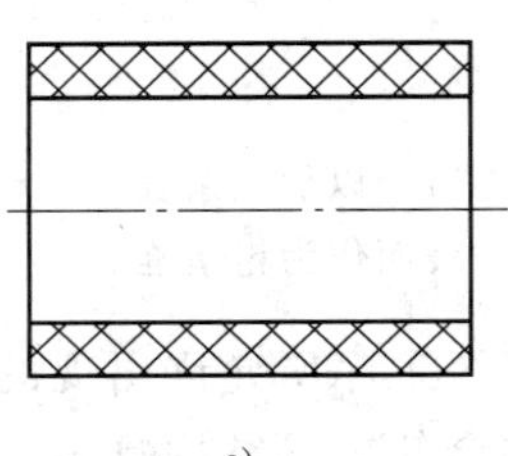

a)　　b)

图 4-13　双边余量

a）外圆双边余量　b）内孔双边余量

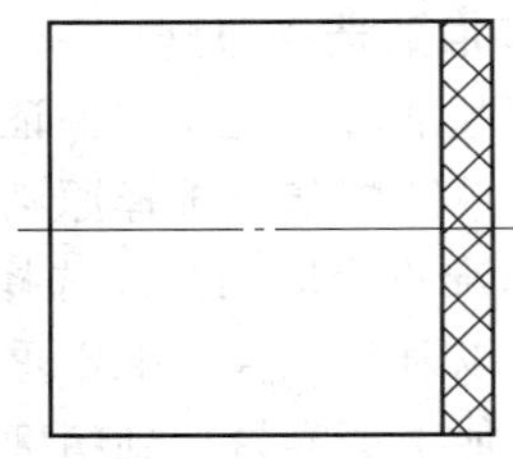

图 4-14　单边余量

2. 工序尺寸公差

由于在毛坯制造和各工序加工中都不可避免地存在误差，因而实际的加工余量为一个变值，如图 4-15 所示。对于外表面来说，公称余量 z 是上工序和本工序公称尺寸之差。由手册中查出的加工余量，一般都是指公称余量。最小余量 z_{min}是上工序最小工序尺寸和本工序最大工序尺寸之差，最大余量 z_{max}是上工序最大工序尺寸和本工序最小工序尺寸之差。对于内表面正好相反。工序余量的变化范围等于上工序尺寸公差 Δa 与本工序尺寸公差 Δb 之和。工序尺寸的公差，一般规定按照“入体”原则标注。对于被包容表面，公称尺寸即是最大工序尺寸；而对于包容表面，公称尺寸即是最小工序尺寸。毛坯尺寸公差一般采用双向标注。

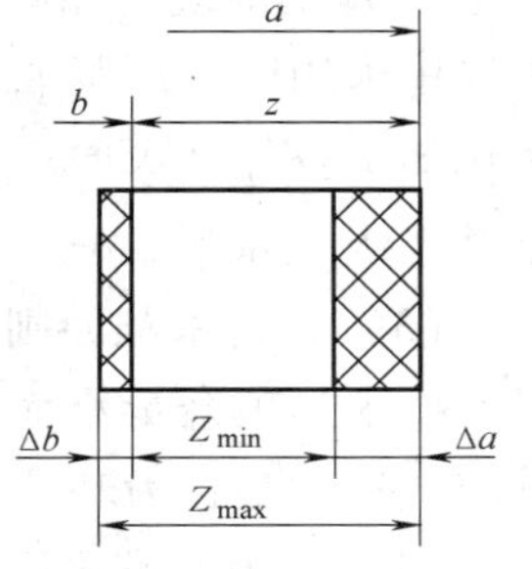

图 4-15　工序尺寸公差

七、常用数控车削加工工艺文件

数控加工工艺文件是编程员在编制加工程序单时，作出的与程序单相关的技术文件。它的种类与形式是多种多样的，主要包括数控加工刀具卡、数控加工工序卡、数控加工进给路

线图、零件加工程序单等。它是数控零件加工、产品验收的依据，也是操作人员遵守执行的规程。目前这些文件尚无国家统一标准格式，但在各个行业内部已有一定的规范可循。对于不同的企业、不同的数控设备，加工工艺文件的格式和内容也有所不同。

1. 数控加工刀具调整卡

数控加工刀具调整卡主要包括数控加工刀具卡片和数控加工刀具明细表两部分。数控加工刀具卡片反映了刀具的编号、结构、加工的部位、刀片型号及材料等。数控加工刀具明细表是调刀人员调整刀具输入的主要依据。常见数控加工刀具卡片格式见表 4-1。

表 4-1　数控加工刀具卡片

产品名称或代号			零件名称		零件图号	
序号	刀具号	刀具规格名称	数量	加工表面	刀尖圆弧半径/mm	备 注
1						
2						
3						
4						
编制		审核	批准		共　页	第　页

2. 数控加工工序卡片

数控加工工序卡片与普通加工工序卡片有许多相似之处，主要反映的是使用的辅具、刀具、切削参数、切削液等。它是操作者配合数控程序进行加工的主要指导性工艺文件，也是编程工作的原始资料。在工序加工内容比较简单时，可在卡片中附工序简图，并在图中注明编程原点及对刀点。常见数控加工工序卡片格式见表 4-2。

表 4-2　数控加工工序卡片

单位名称		产品名称或代号		零件名称		零件图号	
工序号	程序编号	夹具名称		使用设备		车间	
工步	工步内容	刀具号	刀具规格	主轴转速 /r · min^{-1}	进给量 /mm · r^{-1}	背吃刀量 /mm	备注
1							
2							
3							
4							
5							
编制		审核		批准		共　页	第　页

3. 数控加工程序说明卡片

由于某种原因编程人员在不能到达现场时，对加工程序进行的必要详细说明是必不可少的，特别是对于那些需要长期保存和使用的程序尤其重要。

一般对加工程序做出说明的内容主要如下：所用数控设备型号及控制器型号、程序原点、对刀点及允许的对刀误差、工件相对于机床的坐标方向及位置、所用刀具的规格、图号及在程序中对应的刀具号、对整个程序加工内容顺序安排的说明，还有对其他需要作特殊说明的问题，如计划停车程序段号、中间测量用的程序段号、允许的最大刀具半径补偿等。常见数控加工程序说明卡片格式见表 4-3。

表 4-3　数控加工程序说明卡片

<table>
<tr><td rowspan="2">单位名称</td><td rowspan="2"></td><td colspan="2">产品名称或代号</td><td>零件名称</td><td>材料</td><td colspan="2">零件图号</td></tr>
<tr><td colspan="2"></td><td></td><td></td><td colspan="2"></td></tr>
<tr><td>工序号</td><td>程序编号</td><td colspan="2">夹具编号</td><td colspan="2">使用设备及控制系统</td><td colspan="2">车间</td></tr>
<tr><td></td><td></td><td colspan="2"></td><td colspan="2"></td><td colspan="2"></td></tr>
<tr><td>工步</td><td>程序原点</td><td>对 刀 点</td><td>装夹方位</td><td>刀号及换刀点</td><td>工步顺序</td><td>子程序说明</td><td>备 注</td></tr>
<tr><td>1</td><td></td><td></td><td></td><td></td><td></td><td></td><td></td></tr>
<tr><td>2</td><td></td><td></td><td></td><td></td><td></td><td></td><td></td></tr>
<tr><td>3</td><td></td><td></td><td></td><td></td><td></td><td></td><td></td></tr>
<tr><td>4</td><td></td><td></td><td></td><td></td><td></td><td></td><td></td></tr>
<tr><td>编制</td><td></td><td>审核</td><td></td><td>批准</td><td></td><td>共　　页</td><td>第　　页</td></tr>
</table>

4. 数控加工刀具运动轨迹图

数控加工刀具运动轨迹图是为了防止在数控加工过程中刀具与工件、尾座、夹具等发生碰撞，在工艺文件里无法用语言描述刀具轨迹路线，因此用刀具的运动轨迹图来说明。走刀路线图可以用约定符号来表示，如虚线表示快速进给、实线表示工进等。常见数控加工刀具运动轨迹图见表 4-4。

表 4-4　常见数控加工刀具运动轨迹图

<table>
<tr><td colspan="3">数控加工刀具运动轨迹图</td><td>产品型号</td><td></td><td>零件图号</td><td></td><td>合同号</td><td>共　页</td></tr>
<tr><td>单位</td><td colspan="2"></td><td>产品名称</td><td></td><td>零件名称</td><td></td><td></td><td>第　页</td></tr>
<tr><td>程序编号</td><td></td><td>轨迹起始句</td><td colspan="2"></td><td>轨迹终止句</td><td colspan="3"></td></tr>
<tr><td>刀具号</td><td></td><td>工步号</td><td></td><td>作业内容</td><td colspan="4"></td></tr>
<tr><td colspan="9"></td></tr>
<tr><td>绘制</td><td colspan="2"></td><td>审核</td><td></td><td>批准</td><td></td><td>共　　页</td><td>第　　页</td></tr>
</table>

5. 数控加工程序单

数控加工程序单是编程员根据工艺分析、数值计算，按照机床系统特点的指令代码编制的。它是记录数控加工工艺过程、工艺参数、位移数据的清单，是数控加工程序的具体体现。常见数控加工程序单见表 4-5。

表 4-5　数控加工程序单

<table>
<tr><td colspan="4">数控加工程序单</td><td>产品型号</td><td></td><td>零件图号</td><td></td><td>合同号</td><td>共　页</td></tr>
<tr><td>单位</td><td colspan="3"></td><td>产品名称</td><td></td><td>零件名称</td><td></td><td></td><td>第　页</td></tr>
<tr><td>机床型号</td><td></td><td>设备名称</td><td></td><td>夹具编号</td><td></td><td>夹具名称</td><td></td><td>切削液</td><td></td></tr>
<tr><td>工 序 号</td><td></td><td>工序名称</td><td colspan="7"></td></tr>
<tr><td>程序编号</td><td colspan="2"></td><td colspan="2">存盘路径及名称</td><td colspan="5"></td></tr>
<tr><td>语句编号</td><td colspan="7">语 句 内 容</td><td colspan="2">备注</td></tr>
<tr><td></td><td colspan="7"></td><td colspan="2"></td></tr>
<tr><td></td><td colspan="7"></td><td colspan="2"></td></tr>
<tr><td></td><td colspan="7"></td><td colspan="2"></td></tr>
<tr><td></td><td colspan="7"></td><td colspan="2"></td></tr>
<tr><td>编 制</td><td></td><td>审核</td><td></td><td>批准</td><td colspan="3"></td><td>共 页</td><td>第 页</td></tr>
</table>

第三节　数控车削工艺分析实例

【实例一】　图4-16所示为销轴类零件。该零件材料为45钢，毛坯为ϕ40mm×100mm，无热处理和硬度要求，试对该零件进行数控车削工艺分析。

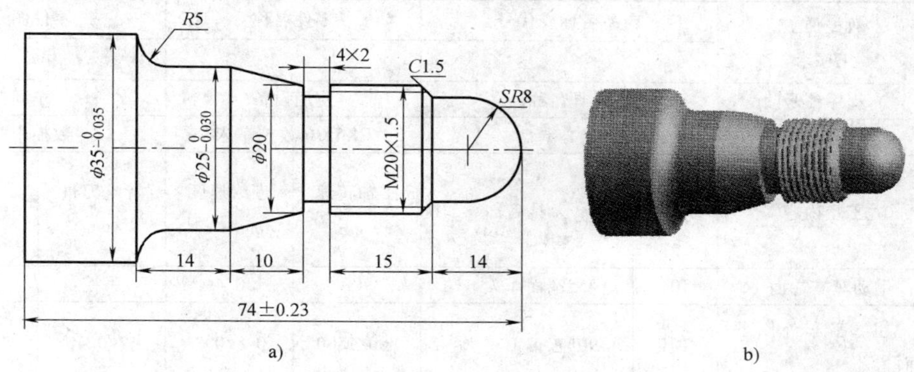

图4-16　销轴零件

1. 零件图工艺分析

该零件是由圆球面、倒角、圆柱面、圆锥面、凹圆弧及螺纹等表面组成的轴类零件，加工完毕后在距离轴向右端长度74mm处切断。

2. 选择设备

根据零件外形和材料等，选用CK6136数控车床。

3. 确定零件的定位基准和装夹方式

（1）定位基准　确定坯料轴线和左端外圆面为定位基准。

（2）装夹方式　采用自定心卡盘装夹。

4. 确定加工顺序及进给路线

先车端面，遵循由粗到精、由近到远（由右到左）的原则。即先从右到左粗车各面（留0.5mm精车余量），然后从右到左精车各面，最后车槽、车削螺纹、切断。

5. 刀具选择

选用90°机夹外圆正偏刀、刀宽为4mm车槽刀、60°螺纹车刀、45°端面车刀（由于该零件结构简单，对精度要求不高，故粗车和精车使用一把90°机夹外圆正偏刀）。刀具编号依次为01、02、03、04。将所选定的刀具参数填入数控加工刀具卡片中，见表4-6。

表4-6　数控加工刀具卡片

产品名称或代号			零件名称	销轴零件	零件图号	
序号	刀具号	刀具规格名称	数量	加工表面	刀尖圆弧半径/mm	备注 刀方规格/mm×mm
1	T01	90°正偏刀	1	粗、精车外轮廓表面	0.4	20×20
2	T02	车槽刀	1	车退刀槽，刀宽4mm		20×20
3	T03	60°外螺纹车刀	1	粗、精车螺纹		20×20
4	T04	45°端面车刀	1	车端面	0.8	20×20
编制		审核	批准		共　页	第　页

6. 确定切削用量

根据被加工表面的质量要求、刀具材料和工件材料，参考切削用量手册或有关资料选取切削速度与进给量，然后利用公式 $v_c = \pi dn/1000$ 和 $v_f = nf$ 计算主轴转速与进给速度（计算过程略），最后根据实践经验进行修正，计算结果填入数控加工工艺卡片（表 4-7）中。

表 4-7　数控加工工艺卡片

<table>
<tr><td rowspan="2">单位名称</td><td rowspan="2">数控加工工序卡</td><td colspan="2">产品名称或代号</td><td colspan="2">零件名称</td><td colspan="2">零件图号</td></tr>
<tr><td colspan="2"></td><td colspan="2"></td><td colspan="2"></td></tr>
<tr><td>工序号</td><td>程序编号</td><td colspan="2">夹具名称</td><td colspan="2">使用设备</td><td colspan="2">车间</td></tr>
<tr><td>00001</td><td></td><td colspan="2">自定心卡盘</td><td colspan="2">CK6136 数控车床</td><td colspan="2">数控中心</td></tr>
<tr><td>工步</td><td>工步内容</td><td>刀具号</td><td>刀具名称</td><td>主轴转速 /r · min⁻¹</td><td>进给速度 /mm · r⁻¹</td><td>背吃刀量 /mm</td><td>备注 刀方规格/mm × mm</td></tr>
<tr><td>1</td><td>手动车右端面</td><td>T04</td><td>45°端面车刀</td><td>900</td><td>0.4</td><td>手控</td><td>20 × 20</td></tr>
<tr><td>2</td><td>粗、精车外圆各面</td><td>T01</td><td>90°正偏刀</td><td>800/1500</td><td>0.8/0.3</td><td>2/0.4</td><td>20 × 20</td></tr>
<tr><td>3</td><td>车槽</td><td>T02</td><td>车槽刀</td><td>700</td><td>0.08</td><td>4</td><td>20 × 20</td></tr>
<tr><td>4</td><td>车 M20 × 1.5 螺纹</td><td>T03</td><td>60°外螺纹车刀</td><td>800</td><td>1.5</td><td>分层</td><td>20 × 20</td></tr>
<tr><td>编制</td><td></td><td>审核</td><td></td><td>批准</td><td></td><td>共　页</td><td>第　页</td></tr>
</table>

【实例二】　图 4-17 所示为轴承套零件。该零件材料为 45 钢，毛坯尺寸为 ϕ85mm × 82mm，无热处理和硬度要求，试对该零件进行数控车削工艺分析。

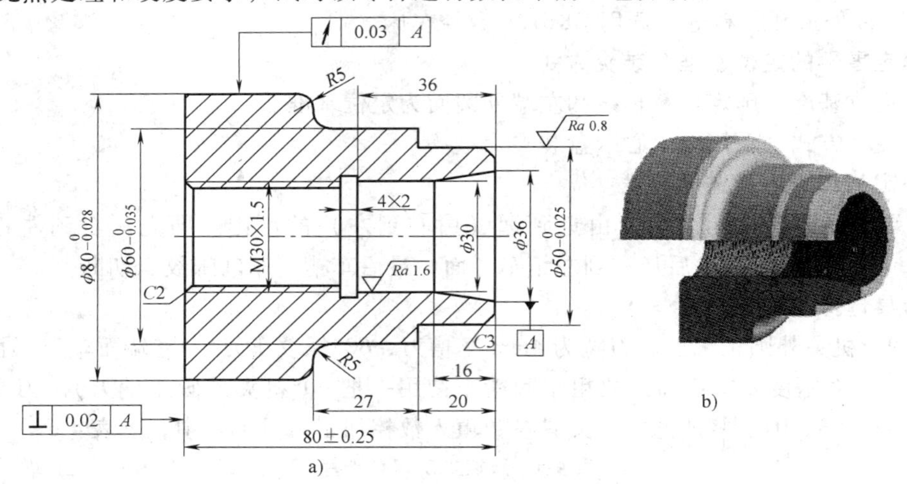

图 4-17　轴承套零件

1. 零件图工艺分析

该零件由内外圆柱面、内圆锥面、圆弧面、内槽及内螺纹等表面组成，其中多个直径尺寸与轴向尺寸有较高的尺寸精度和表面粗糙度要求。零件图尺寸标注完整，符合数控加工尺寸标注要求，轮廓描述清楚完整，材料 45 钢切削加工性能较好，无热处理和硬度要求。

2. 选择设备

根据零件外形和材料等，选用 CK6136 数控车床。

3. 确定零件的定位基准和装夹方式

（1）定位基准　确定坯料轴线和左端外圆面为定位基准。

（2）装夹方法　该零件需两端加工分两次装夹，采用自定心卡盘装夹。

4. 确定加工顺序及进给路线

分界点：内孔至内槽右沿结束处，外圆 $R5$mm 凸圆弧至结束。

右端加工：①钻 ϕ24mm 通孔→粗、精镗孔→倒角→车内槽→车螺纹，②粗、精车外圆。

左端加工：①粗、精镗内腔；②粗、精车外轮廓。

左右端加工时均先车端面，然后遵循由粗到精、由近到远（由右到左）的原则加工。即先从右到左粗车各面（留 0.5mm 精车余量），然后从右到左精车各面，最后车槽、车削螺纹。

5. 刀具选择

选用 90°机夹外圆正偏刀、内镗刀、刀宽为 4mm 内车槽刀、60°螺纹车刀、45°端面车刀（由于该零件结构简单，对精度要求不高，故粗车和精车使用一把外圆刀和内镗刀）。刀具编号依次为 01、02、03、04。

6. 数控加工刀具卡片

数控加工刀具卡片见表 4-8。

表 4-8　数控加工刀具卡片

产品名称或代号			零件名称	轴承套零件	零件图号	
序号	刀具号	刀具规格名称	数量	加工表面	刀尖圆弧半径/mm	备注刀方规格/mm×mm
1	T01	90°正偏刀	1	粗、精车外轮廓表面	0.4	20×20
2	T02	内镗刀	1	粗、精车内表面	0.2	20×20
3	T03	内车槽刀（刀宽 4mm）	1	车内槽		20×20
4	T04	60°内螺纹车刀	1	粗、精车内螺纹		20×20
5	T05	45°端面车刀	1	车端面		20×20
编制		审核	批准		共　页	第　页

7. 数控加工工序卡片

数控加工工序卡片见表 4-9。

表 4-9　数控加工工序卡片

单位名称	数控加工工序卡	产品名称或代号		零件名称		零件图号	
				轴承套			
工序号	程序编号	夹具名称		使用设备		车间	
		自定心夹盘		CK6136			
工步	工步内容	刀具号	刀具规格/mm	主轴转速/r·min^{-1}	进给速度/mm·r^{-1}	背吃刀量/mm	备注
	首次装夹右端						
1	车端面			800	手控	1.2	
2	钻中心孔		ϕ5	500	手控	2.5	

（续）

工步	工步内容	刀具号	刀具规格 /mm	主轴转速 /r·min⁻¹	进给速度 /mm·r⁻¹	背吃刀量 /mm	备注
3	钻孔		ϕ24	400	手控	12	
4	粗、精镗左端内孔	T02	20×20	1200／2000	0.5/0.2	0.6/0.3	自动
5	车内槽	T03	20×20	600	0.1	4	自动
6	车内螺纹	T04	20×20	800	1.5	分层	自动
7	粗、精车左端外轮廓	T01	20×20	1500/2200	0.8/0.3	0.9/0.4	自动
	调头装夹左端						
8	车端面（保证零件总长 80±0.25mm）			800	手控	1.2	
9	粗、精镗右端内孔	T02	20×20	1200／2000	0.5/0.2	0.6/0.3	自动
10	粗、精车右端外轮廓	T01	20×20	1500／2200	0.8/0.3	0.9/0.4	自动
11	全件检验						
编制		审 核		批 准		共　　页	第　　页

本单元小结

一、常见数控车床、床身、刀架一览表

车床	按主轴位置分类	卧式数控车床：主轴轴线平行于水平面的数控车床
		立式数控车床：主轴轴线垂直于水平面的数控车床
	按控制功能分类	经济型：属于低、中档数控车床
		全功能型：生产型高档数控车床
		车削加工中心：属于复合加工机床
床身	水平床身	水平床身的工艺性好，便于导轨面的加工
	斜床身	斜床身的导轨倾斜角度有 30°、45°、75°
	斜刀架水平床身	水平床身配上倾斜放置的刀架滑板
	立床身	其床身平面与水平面呈垂直状态，刀架位于工件上侧
刀架	按位置分	前置刀架：平床身为前置刀架
		后置刀架：斜床身为后置刀架
	按形式分	单刀架：一般用于普通数控车床
		双刀架：一般用于多功能数控车床
	按工位分	四工位转动式刀架：一般用于普通数控车床
		多工位回转刀架：多功能数控车床

二、数控车削加工的特点

数控车床是实现柔性自动化生产的重要设备，与普通车床相比，具有适应性强、适合加工单件或小批量复杂工件，加工精度高、产品质量稳定，生产率高，自动化程度高、劳动强

度低，有利于生产管理现代化，便于计算机辅助设计与制造，易于建立计算机通信网络，对操作维修人员的技术水平要求较高等特点。

数控车床的类别较多，通常以和普通车床相似的方法进行分类。其可以按主轴的位置、刀架数量、控制方式、数控系统的功能分成不同的类型。

三、数控车削加工工艺分析

（1）对零件图进行分析　主要应对尺寸标注方法、轮廓几何要素、定位基准可靠性、精度及技术要求进行分析。

（2）对零件结构工艺性进行分析　一般来说，内腔退刀槽与外圆退刀槽不宜过窄，因而使用的车槽刀刀宽不能过窄。另外，零件的内腔与外形应尽量采用统一的几何类型和尺寸。

四、数控车削工艺分析

1）在对零件图进行分析并确定好数控机床以后，就要确定零件的装夹定位方式，加工路线如对刀点、换刀点、进刀退刀路线，刀具及切削用量等工艺参数（包括进给速度、主轴转速、背吃刀量等）。

2）确定加工顺序和步骤。加工一般分为粗加工、半精加工、精加工三个阶段。粗车加工时背吃刀量一般为1～2mm，半精加工时一般留有0.6mm左右的精加工余量，精加工直接形成产品的最终尺寸精度和表面粗糙度。

3）对于要求表面粗糙度值较小的零件，要分别进行半精加工与精加工。表面粗糙度要求不高时，粗加工时可留有0.5mm左右的加工余量，半精加工与精加工可合二为一一次完成，这样可以大大提高生产效率。

五、数控车削加工工艺文件

数控车削加工工艺文件主要应包括数控加工刀具卡片、数控加工工序卡片、数控加工程序说明卡片、数控加工程序单、数控加工刀具运动轨迹图。

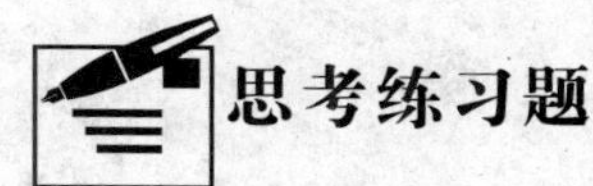

思考练习题

1. 简答题

（1）数控车床按控制功能是如何分类的？

（2）数控车床床身布局形式有哪几种？

（3）数控车床的特点包括哪些？

（4）数控加工工艺包括哪些内容？

（5）确定数控机床加工路线的原则是什么？

（6）数控车削的主要加工对象有哪些？

（7）数控加工工序卡片主要包括哪些内容？与普通加工工序卡片有什么区别？

（8）简述粗、精基准的选择原则。

（9）制订零件车削加工常用顺序时一般遵循哪些原则？

（10）数控车削加工中为什么刀具一般应从工件的轮廓轴向延长线上切入切出？

（11）制订数控车削加工工艺方案时应遵循哪些基本原则？

（12）在数控机床上按“工序集中”原则组织加工有何优点？

2. 编写图4-18所示销轴零件数控加工工艺。

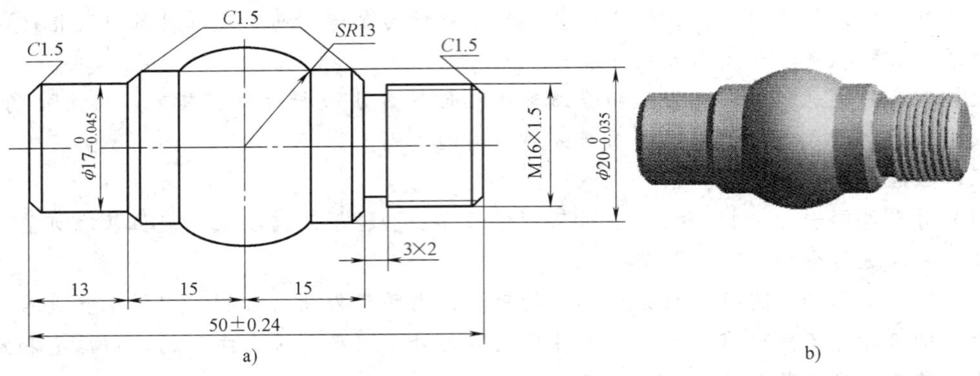

图 4-18 销轴零件

3. 编写图 4-19 所示内、外圆柱及螺纹配合综合零件的数控加工工艺。

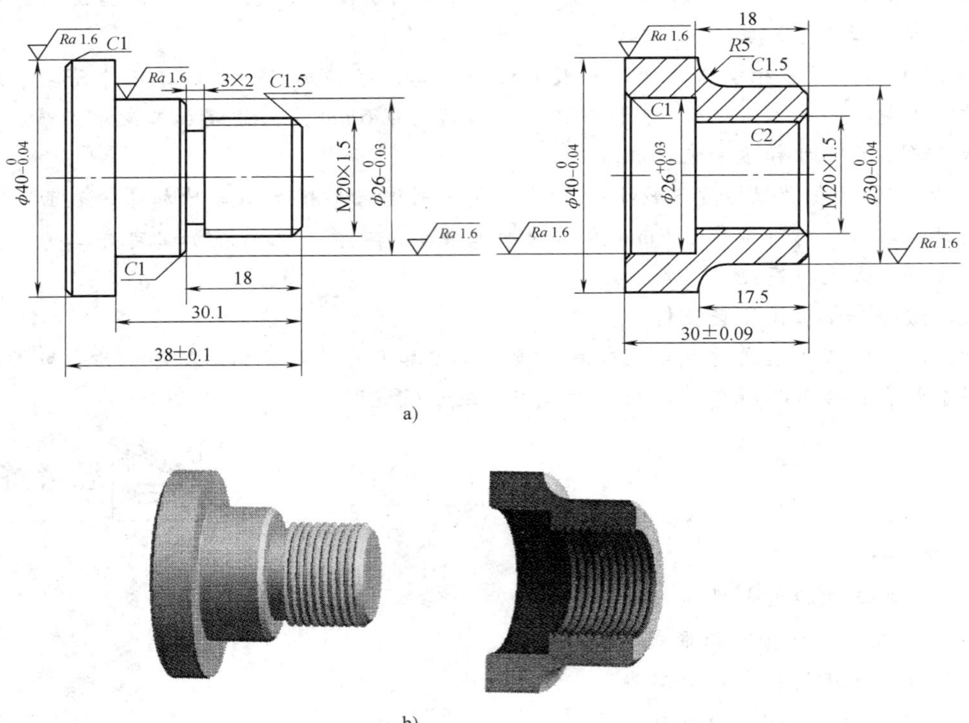

图 4-19 内、外圆柱及螺纹配合综合零件

单元五

数控车削编程基础

学习目标

1. 掌握数控编程的概念、种类、步骤，程序的结构、格式以及程序段的含义。
2. 明确数控车床坐标系的设定方法、数控机床的坐标与对刀点、换刀点。
3. 熟悉数控车床的编程特点。
4. 掌握常用数控系统准备功能代码，正确运用直线、圆弧插补指令 G00、G01、G02/G03 进行程序的编制。
5. 理解掌握 G27/G28/G29、G54 ~ G59、G94/G95、G96/G97 等指令的应用。

数控机床严格按照外部输入的数控加工程序，自动加工所需的零件，只要改变控制机床动作的程序就可达到加工不同零件的目的。因此，加工程序是机床数控系统的应用软件。数控系统种类繁多，数控系统程序的语言规则与格式不尽相同，但基本方法和步骤是相同的。

第一节 数控编程概述

数控机床是在普通机床的基础上发展和演变而成的。在普通机床上完成零件的加工过程是：技术人员根据零件图样及工艺文件要求事先编制好加工工艺卡，操作人员按照该工艺卡的规定并通过自己的操作技能，以手工控制的方式完成各工序和工步的加工。在该工艺卡中，不仅规定有加工的路线和方法，还规定有所有的工艺参数，如刀具形式、切削用量、刀具位移的各种数据，以及其他有关的技术要求。该工艺卡所规定的工艺流程等内容，即加工中所规定的“程序”。数控机床加工不需要通过手工去进行直接操作，而是严格按照一套特殊的命令（简称指令），并经过数控系统处理后，使机床自动完成零件的加工。这套特殊命令的作用，除了与工艺卡的作用相同外，还能被数控装置所“接收”。这种能被机床数控系统接收的指令集合，就是数控机床加工中所必需的加工程序。

一、数控编程的种类

数控机床是依据程序来控制机床加工零件的。编程人员编制好程序后，通过控制介质或

MDI 方式将加工程序输入到数控系统中以指挥机床工作。因此，使用数控机床进行零件加工时，必须将零件图样上的信息处理成数控系统能识别的程序。这种从零件图的分析到制成控制介质的全部过程称为数控编程。

数控编程一般分为手工编程和自动编程两种。

1. 手工编程

手工编程是指编制零件数控加工程序的各步骤，即从分析图样、确定工艺过程、数值计算、编写零件加工程序单，到制备控制介质、程序校验都是人工完成的。手工编程比较简单，很容易掌握，适应性强。对于一些结构简单的零件，可以方便地使用数控系统提供的各种简化编程指令来编制数控加工程序。数控车床的主要加工对象是回转体类零件，零件程序的编制相对简单，因此，轴类车削零件的数控加工程序主要依靠手工编程完成。但手工编程工作量大，烦琐易出错，目前也借助计算机辅助设计软件的 CAGD（计算机辅助几何设计）功能来求取轮廓的基点和节点。

手工编程有两“短”原则：一是零件加工程序要尽可能短，即尽可能使用简化编程指令编制程序，一般来说，程序越简短，编程人员出错的概率也越低；二是零件的加工路线要尽可能短，这主要包括两个方面：车削用量的合理选择和程序中空走刀路线的选择。合理的加工路线对提高零件的生产效率有非常重要的作用。

2. 自动编程

对于形状简单（轮廓由直线和圆弧组成）的零件，手工编程可以满足要求，但对于曲线轮廓、三维曲面等复杂型面，一般采用计算机自动编程。自动编程是用计算机编制数控加工程序的过程，即把人们输入的零件图样信息改写成数控机床能执行的数控加工程序，就是说数控编程的大部分工作由计算机来完成，编程人员只需根据零件图样及工艺要求使用规定的数控编程语言编写一个较简短的零件加工程序，并将其输入到计算机中，计算机自动进行数值计算、后置处理、编写出零件加工程序单。目前，中小企业普遍采用这种方法编制复杂零件的加工程序。这种方法效率高，可靠性好。专用软件多为在开放式操作系统环境下在计算机上开发的，成本低，通用性强。

二、数控编程的步骤

数控机床是依据程序来控制机床运转及动作的。使用数控机床进行零件加工时，首先须把加工路径和加工条件转换为程序。此种程序即称为加工程序或零件程序。

1. 分析零件图

首先正确分析零件图，确定零件的加工部位。根据零件图及技术要求，分析零件的形状、基准面、尺寸公差和表面粗糙度要求、加工面的种类、零件的材料、热处理及其他技术要求等。

2. 数控机床的选择

根据零件形状和加工的内容及范围，确定该零件是否适宜在数控机床上加工，在哪类设备上加工，确定使用机床的种类。

3. 工件的装夹

在数控机床上加工零件时应尽量使工序集中，这样工件的装夹方法将直接影响着产品的加工精度和效率。因此，零件定位、夹紧时要注意以下几个方面。

1）尽量采用组合夹具和标准化的通用夹具。当工件批量较大、精度要求较高时，可以设计专用夹具，但结构应尽量简单。

2）零件定位、夹紧部位应不妨碍各部位的加工、刀具的更换以及重要部位的测量，尤其要避免刀具与工件、刀具与夹具相撞的现象。

3）夹紧力应力求通过靠近主要支撑点所组成的三角形内，力求靠近切削部位，并在刚性较好的地方，尽量不要在被加工孔径上方，以减少零件变形。装夹定位要考虑重复安装的一致性，以减少对刀时间、提高同一批零件加工的一致性。一般同一批零件采用同一定位基准、同一装夹方式。

4. 加工工艺的确定

在该阶段要确定加工的顺序和步骤，一般分为粗加工、半精加工、精加工等阶段。粗加工一般留 1mm 的加工余量，要使机床和刀具在能力允许的范围内用尽可能短的时间完成。半精加工一般保留 0.8mm 的精加工加工余量。精加工直接形成产品的最终尺寸精度和表面粗糙度，对于要求较高的表面要分别进行加工。

5. 刀具的选择

在对零件加工部位进行工艺分析之后，要确定使用的刀具。粗、精加工用的刀具要分开，所采用的刀具要满足加工质量和效率要求。

6. 程序的编制

完成以上工作后，就进入了关键的阶段——程序的编制。首先进行数学处理，根据零件的几何尺寸、刀具加工路线和设定的编程坐标系来计算刀具运动轨迹的坐标值。对于由圆弧和直线组成的简单轮廓零件，需用解析几何、三角函数进行相关的计算；对于非圆曲线，需用直线段或圆弧来逼近；对于自由曲线、曲面等的加工，要借助计算机辅助编程来完成。

7. 操作加工

加工程序编制完成以后，在加工以前要进行程序试运行，以便检验程序是否正确，然后操作机床进行加工。

三、数控加工程序的结构

一个完整数控加工程序的结构由程序号、程序段和程序结束符组成。在加工程序的开头有程序号，以便进行程序检索。程序号就是给工件加工程序编写的一个序号，并说明该工件加工程序开始。常用字符“O”及其后续 4 位数表示，形式“O ××××”，如“O4215”等。

由多个程序段组成加工程序的全部内容，用以表达数控机床要完成的全部动作。以辅助功能指令 M02、M30 或 M99（子程序结束）作为整个程序的结束符号，结束工件加工过程。

工件加工程序由程序段组成，每个程序段又由若干个指令字组成。每个指令字是控制系统的具体指令，它由表示地址的英文字母、特殊文字和数字集合而成。各字前有地址，排列顺序要求不严格，数据的位数可多可少，不需要的指令字以及与上一程序段相同的续效指令字可以不写，在一个程序段中可以包含一个或几个功能字。

N_	G_	X_	Y_	Z_	…	F_	S_	M_	T_	;

“N”为程序段顺序号字，范围是 1 ~ 9999。顺序号是任意给定的，可以不连续，可以在

所有的程序段中都指定顺序号，也可以在必要的程序段中特殊指定顺序号。

“G”为准备功能字，该功能将在后续章节中详细介绍。

“X、Y、Z”为尺寸字。

“F”为进给功能字，既可以是转进给（mm/r），也可以是分进给（mm/min）。

“S”为主轴转速功能字（r/min），如“M03 S1000”该功能只有在主轴速度可调节时有效，主轴转速可以借助机床控制面板上的主轴倍率开关进行修调。

刀具作插补运动来数控车削加工工件时，当已知要求的圆周速度为 v 时，车床的主轴转速为 $n=1000v/\pi d$（d 为工件的外径，单位为 mm）。

例如：工件外径 100mm，要求切削速度为 300m/min，经计算可得 $n=955$r/min。因此主轴转速为 955r/min，表示为“S955”。

“M”为辅助功能字，称为 M 功能、M 指令或 M 代码。它由字母 M 和其后的两位数字组成，主要用作机床加工时的辅助动作控制。一个程序段中只能指定一个 M 代码，如果指定了一个以上时，则最后一个 M 代码有效。M 指令共 100 种，从 M00 至 M99。常见数控程序中的 M 功能见表 5-1。

表 5-1 常见数控程序中的 M 功能

代码	模态	功能	代码	模态	功能
M00	非模态	程序暂停	M03	模态	主轴正转
M02	非模态	主程序结束	M04	模态	主轴反转
M30	非模态	程序结束并返回程序起点	M05	模态	主轴停止转动
			M06	非模态	换刀
M98	非模态	调用子程序	M08	模态	切削液开
M99	非模态	子程序结束	M09	模态	切削液停

“T”为刀具功能字。常用指定方法有 T 四位数法（T××××），其后的四位数字分别表示刀具号和刀具补偿号。执行“T”指令时，刀架转动，选用指定刀具。当一个程序段中同时包含“T”指令与刀具移动指令时，先执行“T”指令，而后执行刀具移动指令。执行“T”指令时同时调入刀补寄存器中的补偿值。

“;”表示程序段结束。

常见数控程序中的功能字、地址符含义见表 5-2。

表 5-2 常见数控程序中的功能字、地址符含义表

	功能地址	含义
程序号	%、O、P	程序编号，子程序的指定
程序段号	N	程序段编号
准备功能	G	动作状态指令：G00 ~ G99
坐标字	X（U）、Y（V）、Z（W）	坐标轴绝对（增量）移动指令
	I、J、K	圆弧中心相对圆弧起点的增量坐标
进给功能	F	进给速度指令
主轴转速功能	S	主轴旋转速度功能指令
刀具功能	T	刀具功能指令

（续）

	功能地址	含义
辅助功能	M	机床开/关指令，指定工作台的分度等
补偿号	H、D	刀具半径或刀具长度补偿号指令
暂停	P、X	暂停时间指令
圆弧半径	R	圆弧半径
参数	U、R、P、Q、V、W、I、J、K、A	切削循环参数

第二节　数控车床的坐标系统

建立数控机床坐标系是为了确定刀具或工件在机床中的位置，确定机床运动部件的位置及其运动范围。统一规定数控机床坐标系各轴的名称及其正负方向，可简化数控程序的编制，使编制的程序对同类型机床有互换性。

一、尺寸单位

工程图样中的尺寸标注有米制和英制两种形式。数控系统可根据所设定的状态，利用代码把所有的几何值转换为米制尺寸或英制尺寸。

（1）英制单位设定指令　设定英制输入，单位为 in。

（2）米制单位设定指令　设定米制输入，单位为 mm。

二、绝对坐标系与增量坐标系

1）数控车床刀架（刀具）运动位置的坐标值总是相对于一固定点（即工件坐标系的零点）为基准给出的，称为绝对坐标系。如图 5-1 所示。A、B 两点的坐标值均以固定点工件坐标系原点为基准计算的。

当从 A 直接移动到 B 时，其值为：$X_A=9$，$Z_A=10$；$X_B=25$，$Z_B=35$。

2）数控车床刀架（刀具）运动位置的坐标值总是相对于前一个位置的点为基准给出的，而不是相对于固定的坐标原点给出的，称为增量坐标系。如图 5-2 所示，点 B 的坐标值是以前一点 A 为基准的。增量坐标系常用功能字中的第二坐标 U、W 表示增量坐标系统。当从 A 直接移动到 B 时其值为：$U_B=25-9=16$，$W_B=35-10=25$。

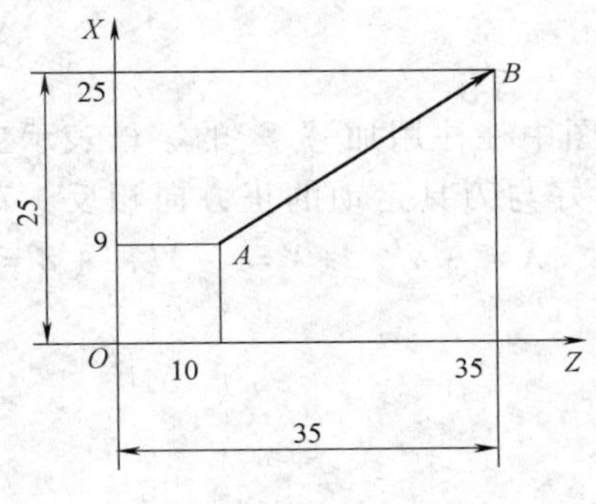

图 5-1　绝对坐标系

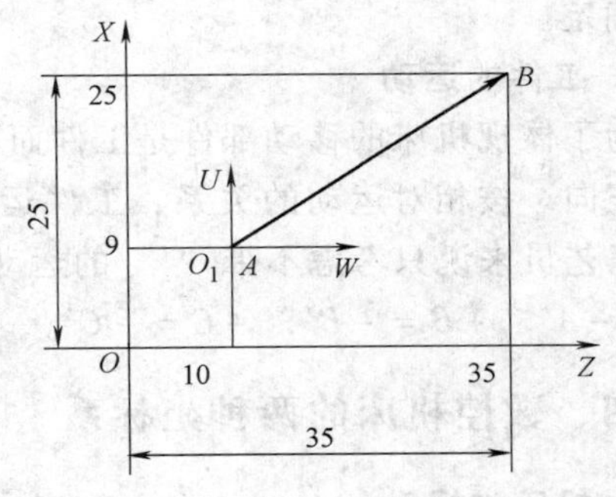

图 5-2　增量坐标系

采用绝对坐标系编程还是采用增量坐标系编程要根据实际情况而定，以不计算或少计算、方便编程为原则。

三、数控机床的坐标轴与运动方向

为了确定数控机床上的成形运动和辅助运动，必须先确定机床上运动的方向和运动的距离，这就需要一个坐标系。这个坐标系称为机床坐标系。

1. 机床坐标系的规定

标准的机床坐标系是一个右手笛卡儿坐标系，规定了 X、Y、Z 三个直角坐标轴的方向，这个坐标系的各个坐标轴与机床的主要导轨平行。根据右手螺旋法则，我们可以很方便地确定出 A、B、C 三个旋转坐标轴的方向。图 5-3 所示为右手直角笛卡儿机床坐标轴。

2. 运动方向的确定

数控机床某一部件运动的正方向规定为增大刀具与工件之间距离的方向，但此规定在应用时是以刀具相对于静止的工件运动为前提条件的。也就是说这一规定可理解为：刀具离开工件的方向便是机床某一运动的正方向，卧式车床坐标轴及其方向的规定如图 5-4 所示。

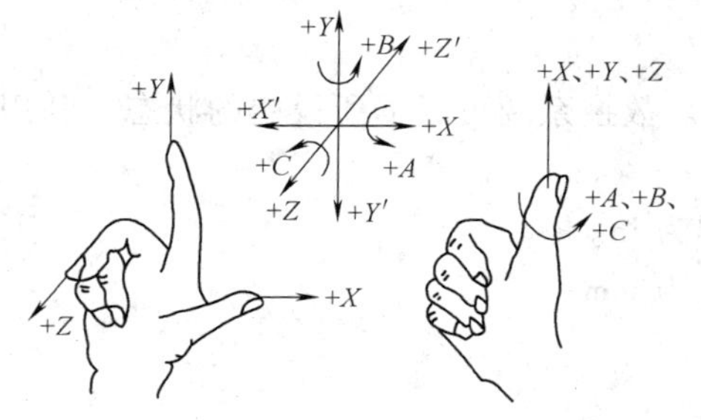

图 5-3　右手直角笛卡儿机床坐标轴

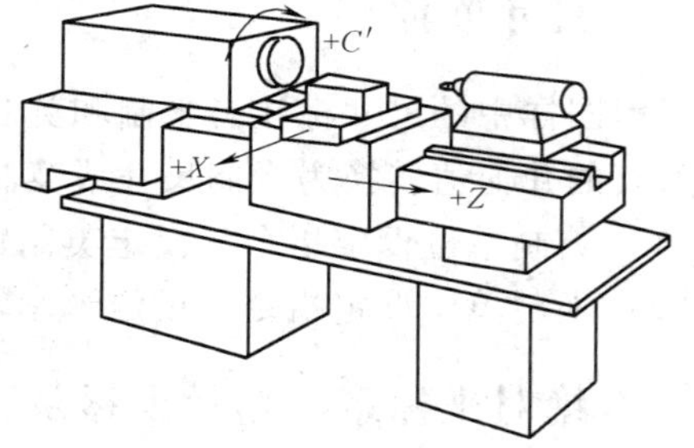

图 5-4　卧式车床坐标轴及其方向的规定

（1）X 坐标轴方向的规定　X 坐标轴的运动一般是水平方向的，它平行于工件的装夹平面，是刀具定位平面内运动的主要坐标。沿着 X 轴正方向移动将增大零件和刀具间的距离，即 $+X$ 方向，反之为 $-X$ 方向。

（2）Z 坐标轴方向的规定　Z 坐标轴的运动由传递切削力的主轴所决定，与主轴轴线平行的标准坐标轴即为 Z 坐标轴。数控车床是主轴带动工件旋转的，Z 轴与主轴重合，沿着 Z 轴正方向移动将增大零件和刀具间的距离，即 $+Z$ 方向，反之为 $-Z$ 方向。

（3）Y 坐标轴方向的规定　Y 坐标轴的正方向，根据 X 和 Z 的运动，按照右手笛卡儿坐标系确定。

3. 工件的运动

为了体现机床的移动部件是工件而不是刀具，在图中往往用加“′”的字母表示工件的运动正向。按相对运动的关系，工件运动的正方向恰好与刀具运动的正方向相反。对编程员、工艺员来说只考虑不带“′”的运动方向，即有：$+X=-X'$，$+Y=-Y'$，$+Z=-Z'$；$+A=-A'$，$+B=-B'$，$+C=-C'$。

四、数控机床的两种坐标系

1. 机床坐标系

机床坐标系又称机械坐标系，是机床运动部件的进给运动坐标系，其坐标轴与方向按标

准规定，其坐标原点的位置由各机床生产厂家设定，是机床上的一个固定点，通常禁止用户变动。机床坐标系的原点称为机床原点或机床零点，是制造和调整机床的基础。

机床坐标系中通常包括：

（1）机床零点　机床零点是机床坐标系的设计原点（机械原点），在制造机床时已经被确定下来，并且原则上是不可改变的。机床坐标系统就是以该点为原点建立的。

（2）机床参考点　机床参考点是由机床制造厂家人为定义的点，机床参考点与机床零点之间的坐标位置关系是固定的，并被存放在数控系统的相应机床数据中，一般是不允许改变的，仅在特殊情况下可通过变动机床参考点限位开关的位置来变动其位置。但同时必须能准确测量出机床参考点相对于机床零点的几何尺寸距离并存入放数控系统的相应机床数据中，才能保证原设计的机床坐标系统不被破坏。

数控机床在开机前其机床参考点的位置是不确定的。为了正确建立起机床坐标系，通常在 X、Z 坐标轴移动范围的极限位置处设定一个测量点，这一点就是机床参考点。机床通电后可利用 MDI 方式手动或利用系统指定自动返回参考点的 G28 指令返回参考点，以建立机床坐标系。

（3）机床零点的设置方式

1）方式一是将其机床零点定义在卡盘后端面与主轴轴线交汇处，如图 5-5 所示。

2）方式二是将其机床零点定义在 X 轴和 Z 轴的正向运动极限点上，如图 5-6 所示。

由图可以看出机床参考点可以与机床零点重合，也可以不重合，但可通过参数设定机床参考点到机床零点的距离。当机床刀架回到了参考点位置时，也就知道了该坐标系的零点位置，便建立起了机床坐标系。

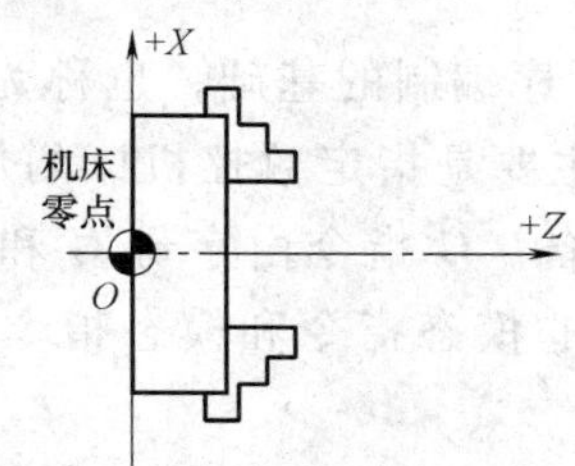

图 5-5　机床零点位于卡盘后端面与主轴轴线交汇处（后置刀架）

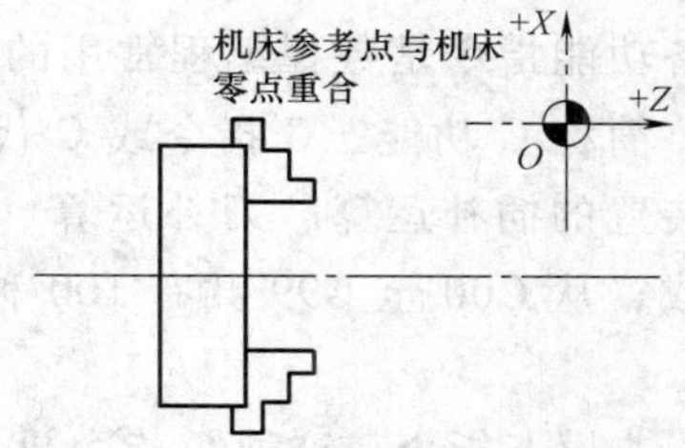

图 5-6　机床零点位于刀架 X 轴、Z 轴正向运动极限点处（后置刀架）

2. 工件坐标系

设定工件坐标系的目的是为了编程方便。工件坐标系是编程者在编程时自己设定的坐标系，又称编程坐标系。数控车床的工件坐标系可设在主轴轴线与工件右端面交汇点，如图 5-7 所示，工件坐标系零点设置在该处有利于对刀操作；也可设在主轴轴线与工件左端面的交汇点，如图 5-8 所示，工件坐标系零点设置在该处有利于工件长度的确定。

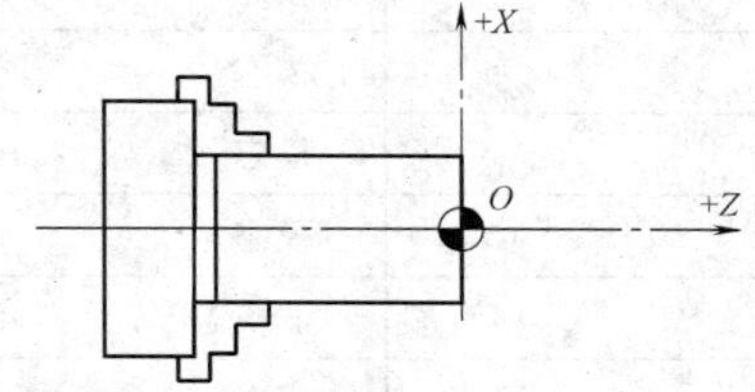

图 5-7　工件坐标系零点位于工件前端面与主轴轴线交汇处（后置刀架）

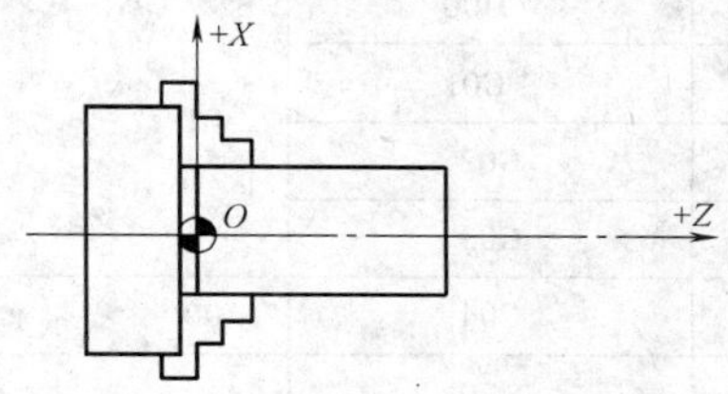

图 5-8　工件坐标系零点位于工件后端面与主轴轴线交汇处（后置刀架）

五、数控机床的坐标与对刀点、换刀点

1）对刀点是数控加工中刀具相对于工件运动的起点，是零件加工的起始点，所以对刀点也称程序起点。对刀的目的是确定工件坐标系原点在机床坐标系中的位置，即工件坐标系与机床坐标系的关系。

对刀点可设在工件上并与工件坐标系原点重合，也可设在工件外任何便于对刀之处，该点与工件坐标系原点之间必须有确定的坐标联系。

2）换刀点是指车床刀架转位换刀时所在的位置。换刀点的位置可以是固定的，也可以是任意一点。其设定原则是刀架转位时不碰撞工件和机床上其他部件，通常和起刀点重合。

3）对刀点与换刀点的确定原则。对刀点是指数控加工时，刀具相对于工件运动的起点，即编程时程序的起点，或称起刀点。在编制程序时应正确选择对刀点的位置，选择原则如下。

① 便于数学处理，使编程简单。

② 在机床上易于找正。

③ 工件加工过程中易于检查。

④ 走刀加工引起的误差小。

第三节 数控系统准备功能

准备功能指令是数控编程常用的系统功能指令，是程序编制的基础，也称为“G”功能指令，简称 G 功能、G 指令或 G 代码。该指令的作用主要是指定数控机床的加工方式，为数控装置的插补运算、刀补运算、固定循环等做好准备。G 指令由字母 G 和其后两位数字组成，从 G00 至 G99 共有 100 种。G 指令有两种：非模态指令和模态指令（续效代码）。

（1）非模态指令　这种 G 指令只在被指定的程序段中才起作用，例如 G04 指令。

（2）模态指令　这种 G 指令在同组其他的 G 指令出现并被执行以前一直有效。不同组的 G 指令，在同一程序段中可以指定多个。如果在同一程序段中指定了两个或两个以上的同一组 G 指令，则最后指定的有效。G 指令通常位于程序段中坐标字之前，FANUC 0i 系统准备功能指令代码见表 5-3。

表 5-3　常用 FANUC 0i 系统准备功能指令代码

序号	G 代码	组别	功能	模态／非模态
1	* G00	01	快速点定位	模态
2	* G01		直线插补	模态
3	G02		顺圆插补	模态
4	G03		逆圆插补	模态
5	G04	00	暂停	非模态
6	G20	06	英寸输入	模态
7	* G21		毫米输入	模态

（续）

序号	G 代码	组别	功能	模态／非模态
8	G27	00	返回参考点检验	非模态
9	G28		返回到参考点	非模态
10	G29		由参考点返回	非模态
11	G32	01	单行程螺纹切削	模态
12	G34		变螺距螺纹切削	模态
13	* G40	07	取消刀补	模态
14	G41		左刀补	模态
15	G42		右刀补	模态
16	G50	00	工件坐标系设定（后续 S 表示主轴限速）	非模态
17	* G54	14	坐标零点偏置	模态
18	G55			
19	G56	14	坐标零点偏置	模态
20	G57			
21	G58			
22	G59			
23	G65	00	宏指令非模态调用	非模态
24	G66	12	宏指令模态调用	模态
25	G67		宏指令模态调用取消	模态
26	G70	00	精车循环	非模态
27	G71		内径/外径粗车复合循环	非模态
28	G72		端面/内腔粗车复合循环	非模态
29	G73		封闭粗车削复合循环	非模态
30	G76		螺纹车削复合循环	非模态
31	* G90	01	内/外切削简单循环	模态
32	G92		螺纹车削固定循环	模态
33	G94		端面车削固定循环	模态
34	G96	02	恒线速度	模态
35	* G97		取消恒线速度	模态
36	G98	05	每分钟进给	模态
37	* G99		每转进给	模态

注：1. G 指令根据功能的不同可以划分为若干组，其中 00 组为非模态功能，其余均为模态功能。

2. 表中有 * 记号的 G 功能为系统通电时将初始化的功能。

3. 没有共同地址符的不同组 G 指令代码可以放在同一程序中，且与顺序无关。如：G90 G00 G40…… 可以放在同一程序段中使用。

第四节　常用数控基本编程指令

一、快速点定位指令 G00

G00 指令是模态代码，它命令刀具以点定位控制方式从刀具所在点快速运动到下一个目标位置。它的功能只是快速定位，而无运动轨迹要求、无切削过程。其指令书写格式如下。

G00　X（U）_　Z（W）_；

当采用绝对值编程时，刀具分别以各轴的快速进给速度运动到工件坐标系（X、Z）点。

当采用增量值编程时，刀具分别以各轴的快速进给速度运动到距离现有位置（U、W）的点。

注意事项：

1）移动速度不能用程序指令设定，而是由厂家预定或通过机床倍率调节。

2）G00 的执行过程：刀具由程序的起始点加速到最大速度，然后快速移动，最后减速到终点，实现快速点定位。

3）刀具的实际运动路线不是直线，而是折线。使用时应注意刀具是否会与工件发生干涉，如图 5-9 所示。开始 X、Z 轴等速运动，当 X 轴到达 C 点后 Z 轴继续运动到 B 点。因此，从点 A 到点 B 的实际运动路线为 $A \to C \to B$。

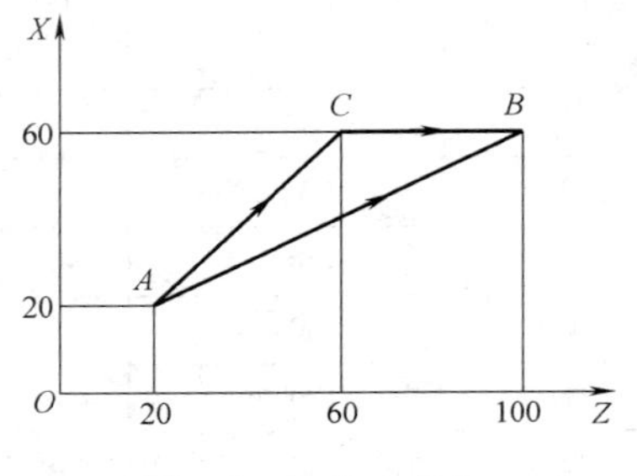

图 5-9　快速点定位

二、直线插补指令 G01

指令格式：G01　X（U）_　Z（W）_　F_；

G01 指令是模态代码，它是直线运动的命令，规定刀具在两坐标或三坐标间以插补联动方式按指定的进给速度作任意斜率的直线运动。

当采用绝对值编程时，刀具以“F”指令进给速度进行直线插补，运动到工件坐标系（X、Z）点。

当采用增量值编程时，刀具以“F”指令进给速度运动到距离当前位置为（U、W）的坐标上。“F”为续效代码。直线插补如图 5-10 所示。

用绝对值编程（$A \to B$）：G01　X50.0　Z－30.0　F0.8；

用增量值编程（$A \to B$）：G01　U25.0　W－30.0　F0.8；

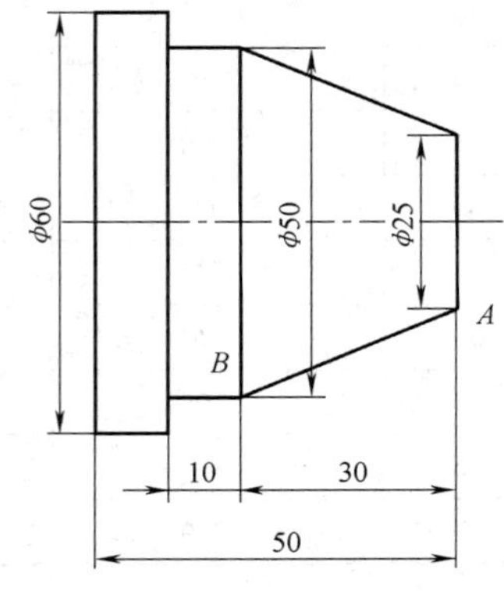

图 5-10　直线插补

三、圆弧插补指令 G02/G03

圆弧插补指令是命令在指定平面内按给定的进给速度作圆弧运动，切出圆弧轮廓。

格式一：G02/G03　X（U）_　Z（W）_　I_　K_　F_；

格式二：G02/G03　X（U）_　Z（W）_　R_　F_；

“X（U）”、“Z（W）”表示采用绝对（增量）值编程时，圆弧终点在工件坐标系中的坐标值。

“I”、“K”为圆心相对于圆弧起点的增量。“I”对应“X”、“K”对应“Z”（等于圆心坐标减去圆弧起点的坐标）。无论采用绝对值编程还是增量值编程都是以增量方式指定，不管是直径编程还是半径编程，“I”都是半径值。

“R”表示圆弧半径，用以指定圆心位置。

1. 圆弧顺、逆时针的判断

圆弧插补指令分为顺时针圆弧插补指令 G02 和逆时针圆弧插补指令 G03。数控车床是两坐标机床，只有 X 轴和 Z 轴，因此，按右手定则将 Y 轴考虑进去，如图 5-11 所示。

观察者从 Y 轴的正方向向 Y 轴的负方向看去，即可判断圆弧的顺、逆时针，如图 5-12 所示。

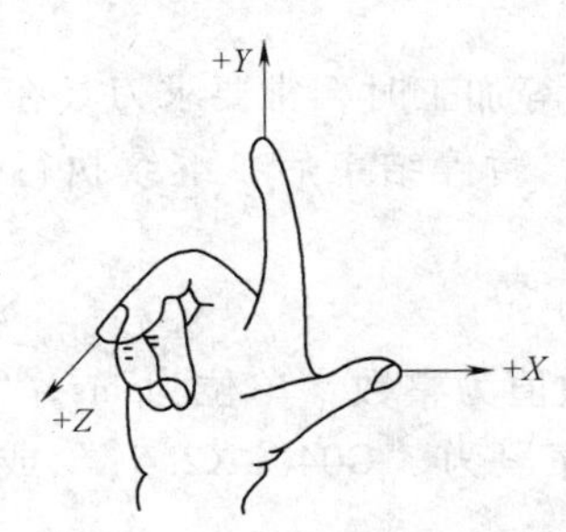

图 5-11　右手笛卡儿坐标系统

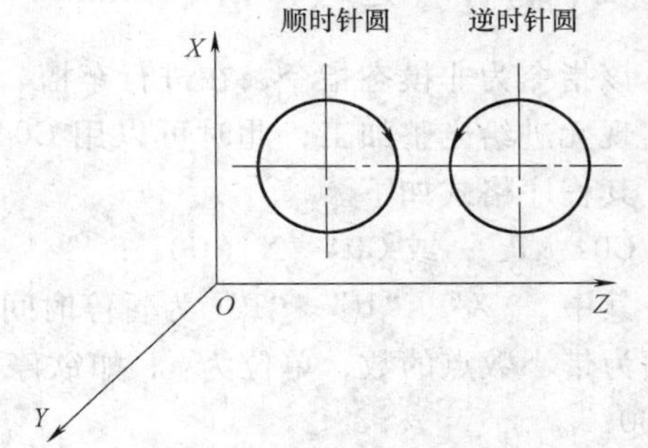

图 5-12　圆弧顺、逆时针的判断

2. 指令说明

由于在同一半径 R 的情况下，从圆弧的起点到终点有两个圆弧的可能，如图 5-13 所示。因此在编程时规定：圆心角小于或等于 180°的圆弧 R 值为正，圆心角大于 180°的圆弧 R 值为负。用“R”指定圆心位置时，不能描述整圆。

程序段中同时给出“I”、“K”和“R”值时，以“R”值优先，“I”、“K”无效，“F”指两个轴的合成进给速度。

【实例】　图 5-14 所示为零件顺时针圆弧插补，试编写精车加工程序。

方法一：用“R”表示圆弧半径编程

```
…
N50　G00　X26.0　Z2.0；
N60　G01　Z-28.0　F0.5；
N70　G02　X50.0　Z-40.0　R12.0；
N80　G00　X50.0；
N90　Z50.0；
…
```

方法二：用“I”、“K”表示圆心位置编程

…

N70　G02　X50.0　Z-40.0　I12.0　K0;

…

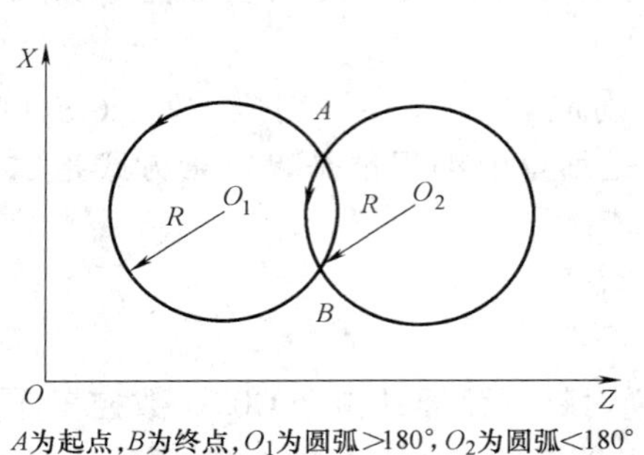

图 5-13　用半径指定圆心

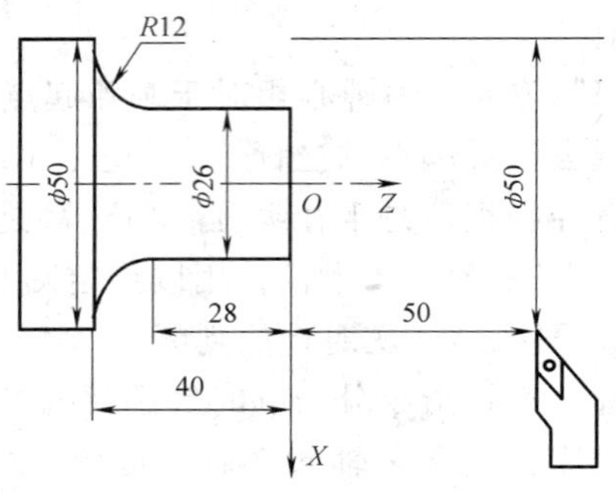

图 5-14　顺时针圆弧插补

四、暂停（延时）指令 G04

该指令为非模态指令，在进行车槽、车台阶轴、清根等加工时，常要求刀具在很短时间内实现无进给光整加工，此时可以用 G04 指令实现暂停。暂停结束后，继续执行下一段程序，其程序格式如下。

G04　P_；或 G04　X（U）_；

其中，“X”、“U”、“P”为暂停时间。“P”后面的数值为整数，单位为 ms；“X（U）”后面为带小数点的数，单位为 s。如欲停留 2.5 s，则程序段为“G04　X2.5;”或“G04　P2500;”。

G04 为非模态指令，仅在其被规定的程序段中有效。

五、进给速度单位设定 G98、G99

格式：G98　F_;

　　　G99　F_;

G98 为每分钟进给，进给速度用字母“F”和后面的若干数字表示。

系统执行含有 G98 的程序后，再遇到“F”指令时便认为“F”所指的进给速度单位是“mm/min”，如“G98　F150;”表示进给速度为 150mm/min。

G99 为每转进给，每转进给速度是用字母“F”和后面的若干数字表示。

系统执行含有 G99 的程序后，再遇到“F”指令时便认为“F”所指的进给速度单位是“mm/r”，如“G99　F0.5;”表示进给速度为 0.5mm/r。

G98、G99 为模态指令，可相互注销。G99 为缺省值（默认值，即系统通电时的状态）。

六、主轴最高限速设定指令 G50

格式：G50　S_;

其主要应用于控制主轴的最高转速。当刀具逐渐移近工件中心时，主轴转速会越来越高，为防止发生事故，应限制主轴的最高转速，如“G50　S3000;”。

七、恒线速度指令 G96 与取消恒线速度指令 G97

格式：G96　S_；恒线速度控制指令

　　　　　　　　"S"为切削速度，单位为 m/min。

　　　G97　S_；取消恒线速度控制指令

　　　　　　　　"S"为转速，单位为 r/min。

恒线速度 $v = n\pi X$。

如图 5-15 所示，X 为刀尖所在的工件表面直径。在车削端面时，随着刀具向工件中心移动，X 值在缩小。此时系统自动增加转速 n，仍能够保持圆周切削线速度 v 不变，以使工件从外缘到中心具有相同的表面粗糙度，改善工件的加工质量。系统执行 G96 指令后便认为"S"指定的数值为主轴切削速度，单位为 m/min，如"G96　S180；"即表示切削速度为 180m/min。

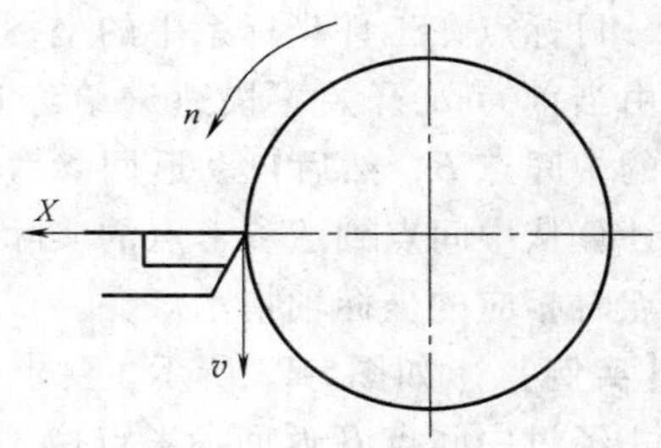

图 5-15　恒线速度控制

八、参考点控制指令 G27、G28、G29

1. 返回参考点检验指令 G27

格式：G27　X（U）_　Z（W）_　T××00；

"X"、"Z"为绝对编程时，参考点在工件坐标系中的坐标值；"U"、"W"为增量编程时，参考点在工件坐标系中的坐标值。

该指令用于检查 X 轴与 Z 轴是否正确返回参考点。但注意执行 G27 指令的前提是机床通电后必须返回过一次参考点（手动返回或用 G28 指令返回都可以）。

执行 G27 指令时，刀具快速进给定位到工件坐标系中的指定点位置上。如果到达的指定点位置是参考点，则对应轴的返回参考点指示灯亮，执行下一个程序段。如果到达的指定点不是参考点，则报警，说明指令中所给的参考点坐标值不对或机床定位误差过大。使用 G27 指令时，应取消刀具补偿功能，否则会发生不正确的动作。若须使机床停止，还应在 G27 指令程序段后加 M00 或 M01 等辅助功能指令。

在机床锁住状态下执行指令 G27 时，不执行返回参考点检验。

2. 自动返回参考点指令 G28

格式：G28　X（U）_　Z（W）_　T××00；

"X（U）"、"Z（W）"为绝对（增量）编程时，中间点在工件坐标系中的坐标值。

该指令首先使所有的编程轴都快速定位到中间点（在工件以外所设定的安全点），然后从中间点返回到参考点，用于检查 X、Z 轴能否正确返回参考点，如图5-16所示，否则会发生不正确的动作。它主要用于使刀架自动返回参考点或者消除机械误差，在执行该指令时应取消刀具补偿。

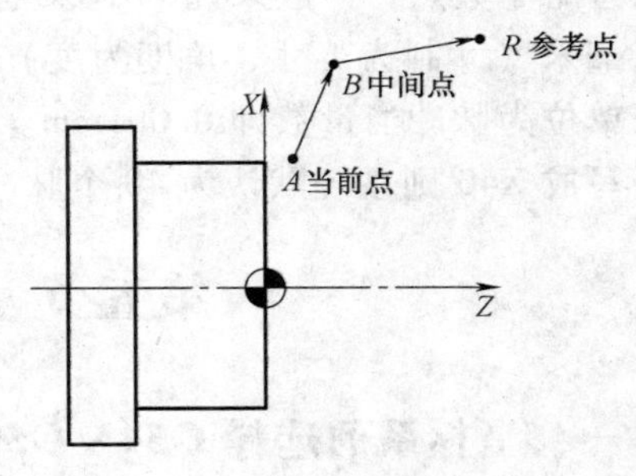

图 5-16　自动返回参考点

在 G28 程序段中不仅产生坐标轴移动指令，而且记忆中间点坐标，以供 G29 指令使用。机床在没有手动返回参考点的状态下，可以用 G28 指令从中间点自动返回参考点，与手动返回参考点效果相同。

3. 自动从参考点返回指令 G29

格式：G29　X（U）_　Z（W）_；

"X（U）"、"Z（W）"为绝对（增量）编程时，目标点在工件坐标系中的坐标。该指令为刀具由当前点 *A* 开始，快速进给经过 G28 指令定义的中间点 *B*，然后自动返回参考点。编程时不必计算从中间点到达参考点的实际距离，到达参考点时相应的坐标轴指示灯亮。

【实例】　如图5-17 所示，要求 2 号刀由当前点 *A* 经过中间点 *B* 返回参考点换 3 号刀，再从参考点 *R* 经由中间点 *B* 返回到目标点 *C*。用 G28、G29 指令编程。

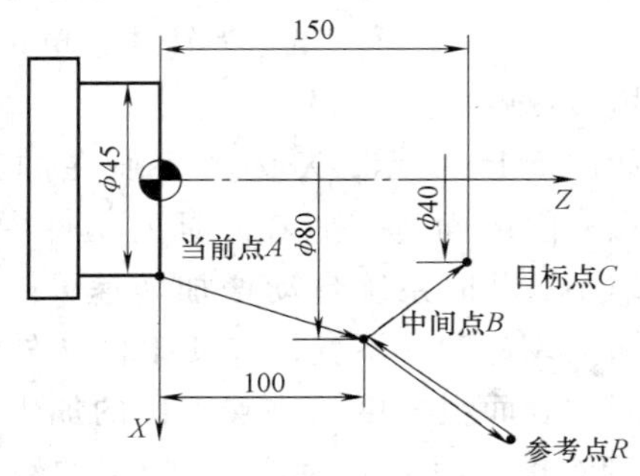

图 5-17　G28、G29 编程图例

参考程序

```
…                                       ……
N100  T0101;                            调用 1 号刀、导入 1 号刀补
N110  M03  S900;                        主轴正转，转速 900r/min
N120  G01  X45.0  Z0;                   工进至当前点 A
N130  G28  X80.0  Z100.0  T0200;        自动返回参考点、取消 2 号刀具补偿
N140  T0303;                            换 3 号刀，导入 3 号刀补
N150  G29  X40.0  Z150.0;               从参考点经 B 到 C 点
…                                       ……
```

注意事项：

1）使用 G28 指令时必须取消刀具补偿功能，否则会产生刀具动作上的误差。

2）G28、G29 仅在其被指定的程序段中有效。

九、小数点编程

对于数字的输入，有些系统可以省略小数点，有些系统则可以通过系统参数来设定是否可以省略小数点，一般来说 FANUC 系统应采用小数点编程。当使用小数点进行编程时，数字以毫米（寸制为英寸、角度为度）作为输入单位；不用小数点编程时，则以机床的最小输入单位为脉冲当量数即 0.001mm。如 *X* 坐标为 40 时，应写成"X40."或"X40.0"，否则若写成 X40 则系统默认为 40 个脉冲当量。

第五节　数控车床坐标系指令

一、坐标系的选择 G54 ~ G59

选择坐标系是指系统预定的六个坐标系可根据需要任意选用。加工时其坐标系的原点，

必须设为工件坐标系的原点在机床坐标系中的坐标值，否则加工出的产品就有误差或报废，甚至会出现危险。

工件坐标系 O_1 的选择与机床坐标系 O 的关系如图 5-18 所示。需将 O_1 在机床坐标系下的偏置值设置到 G54 中去，程序如下。

G54　G00　X50.0　Z50.0；

运行该程序段时，刀具将在当前位置快速移动至工件坐标系，即：原点为 O_1 下的（X50.0，Z50.0）处，同理 G55 ~ G59 如此设置。

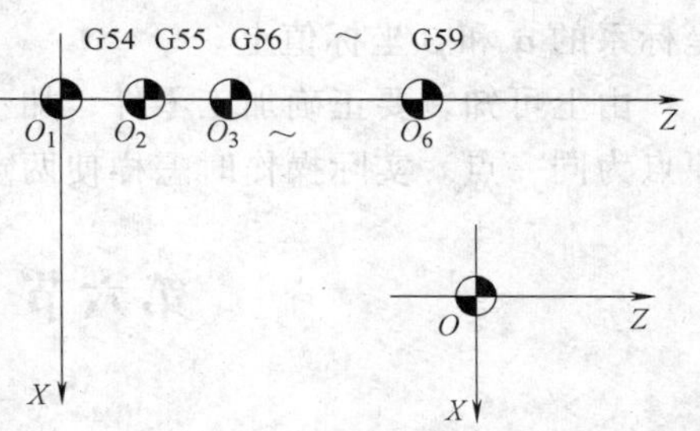

图 5-18　工件坐标系的选择（G54 ~ G59）

预定工件坐标系原点在机床坐标系中的值（工件零点偏置值）可用 MDI 方式输入，系统自动记忆。工件坐标系一旦选定，后续程序段中绝对编程时的指令均为相对此工件坐标系原点的值。G54 ~ G59 为模态指令，可相互注销，G54 为缺省值。使用该组指令前机床必须先回参考点，后用 MDI 方式输入各坐标系坐标原点在机床坐标系中的坐标值。

对刀方法及过程为：①工件坐标系原点设在工件右端面与主轴轴线交点上；②机床返回参考点；③试切并测量工件。

（1）计算零点偏置值　选择使用的刀具，在手动方式下切削工件外圆（切到便于测量时为止）。沿 Z 轴正方向退刀，用千分尺测量工件直径如为 ϕ36.323mm，并同时记录下 CRT 显示器上“机床实际坐标”一栏的“X”值如为 -142.263mm，用该值减去刚才测得的直径值，即

$$X = -142.263\text{mm} - 36.323\text{mm} = -178.586\text{mm}$$

在工件右端面试切一刀，沿 X 正方向退刀，并记录下 CRT 显示器上“机床实际坐标”一栏的“Z”值，如为“-328.518”，则 $Z = -328.518$。

（2）输入偏置值　在 CRT 显示方式下将（X -178.586，Z -328.518）输入系统中，这时系统便将该刀零点偏置（X，Z），即工件坐标系零点在机床坐标系下的坐标值自动记忆到系统中。

（3）执行程序　无论刀具当前点处在何位置，当系统执行程序段“G54　G00　X100　Z100；”时，刀具总能找到在工件坐标系下（X100，Z100）的点。在对多把刀时，每把刀的对刀方法都相同，可在 G54/G55/G56/G57/G58/G59 中任意选择，但一定要与所规定的刀位号一致。

二、工件坐标系的设定 G50

格式：G50　X_　Z_；

X、Z 为对刀点到工件坐标系原点的 X 轴、Z 轴方向的距离，该指令为非模态指令。

当系统执行“G50　Xα　Zβ；”指令后，系统内部对（α、β）进行记忆，并通过该指令设定一个以刀具当前点为起刀点即程序开始运动的起点，从而建立起一个加工坐标系。这时刀具并不产生运动，系统控制刀具在此加工坐标系中按程序进行加工。

执行该指令时，若刀具当前点恰好在工件坐标系的 α 和 β 坐标值上，即刀具当前点在对刀点位置上，则此时建立的坐标系即为工件坐标系，加工原点与程序原点重合。若刀具当前

点不在工件坐标系的 α 和 β 坐标值上，则加工原点与程序原点不一致，加工出的产品就有误差或致报废，甚至出现危险。因此执行该指令时，刀具当前点必须恰好在对刀点上，即工件坐标系的 α 和 β 坐标值上。

由上可知，要正确加工零件，加工原点与程序原点必须一致，故编程时加工原点与程序原点为同一点。实际操作时怎样使两点一致由操作时对刀完成。

第六节　刀具补偿功能指令

一、刀具补偿

在编程中常将刀尖看做一个点，但实际上刀尖是有圆弧的，如图 5-19 所示。在加工外圆柱面、端面和内直孔时，刀尖圆弧不影响加工尺寸和形状，但加工圆弧或斜面时就会出现加工误差。

如图 5-20 所示，在切削零件右端面时，车刀圆弧的切点 A 与理论刀尖点 P 的 Z 坐标值相同；车外圆时，车刀圆弧的切点 B 与 P 点的 X 坐标值相同，故切削出的零件没有形状误差和尺寸误差，因此可以不考虑刀尖半径补偿。

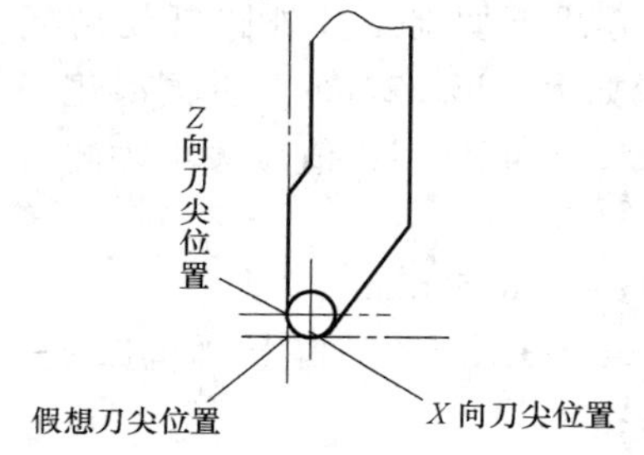

图 5-19　刀尖圆弧

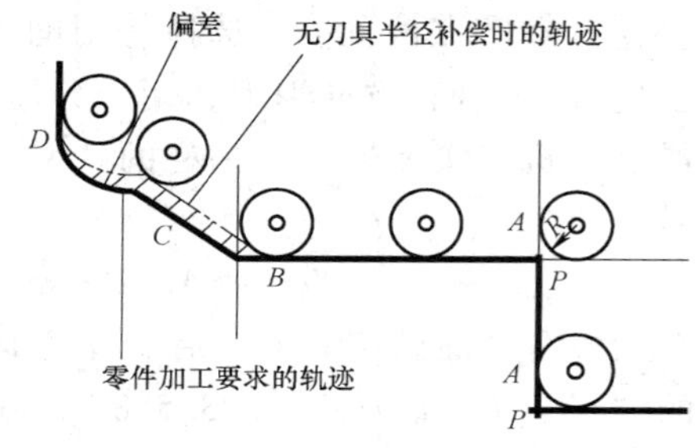

图 5-20　刀尖圆弧半径会对加工精度造成影响

当切削外圆后继续切削斜面与圆弧时，存在加工误差 BCD，其值为刀尖圆弧半径。此加工误差产生的原因是：切削圆锥面和圆弧面时，仍然以理论刀尖 P 来编程，刀具运动过程中与零件接触的各切点的轨迹与零件加工要求的轨迹之间存在着误差，它将直接影响到零件的加工精度，而且刀尖圆弧半径越大，加工误差越大。

因此，在进行数控车削编程和加工过程中，为了避免刀尖圆弧半径影响加工精度，就需要使用刀尖圆弧半径补偿。可见，使用刀尖圆弧半径补偿对提高零件的加工精度具有十分重要的意义。

二、刀尖圆弧半径补偿指令

刀尖圆弧半径补偿必须通过准备功能指令 G41 / G42 来建立。刀具圆弧半径补偿建立后，刀具中心在偏离编程工件轮廓一个刀尖圆弧半径的等距线轨迹上运动。

1. 指令格式

$$\left.\begin{matrix}G40\\G41\\G42\end{matrix}\right\}\quad\left.\begin{matrix}G00\\G01\end{matrix}\right\}\quad X\_\quad Z\_\quad F\_;$$

G40 为取消刀尖圆弧半径补偿指令（取消偏置方式指令），使假想刀尖轨迹与编程轨迹重合。另外，取消刀尖圆弧半径补偿也可用 T××0 0 方式。

G41 为刀尖圆弧半径左补偿指令，简称“左刀补”。

G42 为刀尖圆弧半径右补偿指令，简称“右刀补”。

“X”、“Z” 为 G00/G01 的参数，即建立刀补或取消刀补的终点。

“F” 为 G01 的进给速度。

G40、G41、G42 都是模态代码，G40 为缺省值，可相互注销。

2. 左、右刀补的判定

1）上刀位（后置刀架）情况如图 5-21 所示。

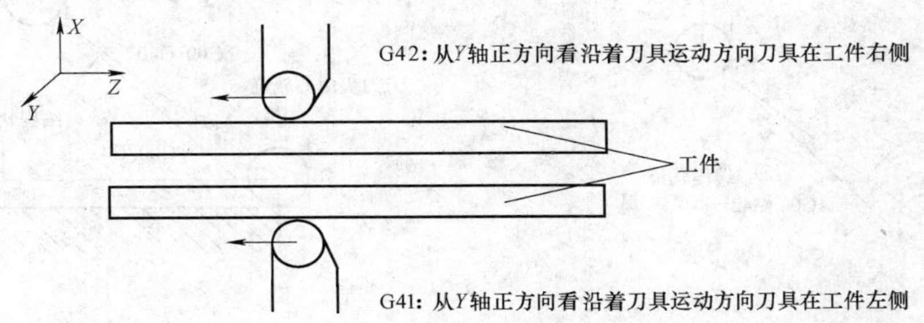

图 5-21　上刀位刀具补偿的判断

2）下刀位（前置刀架）情况如图 5-22 所示。

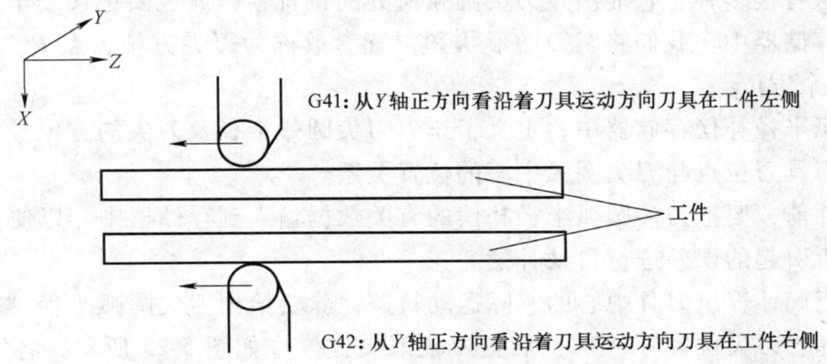

图 5-22　下刀位刀具补偿的判断

另外，G40、G41、G42 指令不能与 G02、G03 及后续所学的复合循环指令出现在同一程序段中。G01 程序段有倒角控制功能时也不能进行刀具补偿。在调用新刀具前，必须用 G40 指令取消刀补。要改变刀尖圆弧半径补偿的方向，必须先用 G40 指令解除原来的左刀补或右刀补状态，再用 G41 或 G42 指令重新设定，否则补偿会出现不正常现象。

3. 使用刀尖圆弧半径补偿时需要注意的几个问题

（1）刀尖圆弧半径补偿的加入　刀补程序段内必须有 G00 或 G01 功能才有效，而且偏移量补偿必须在一个起始程序段的执行过程中完成，不能省略。图 5-23 所示为刀尖圆弧半径补偿的加入过程。

（2）刀尖圆弧半径补偿的执行　G41、G42 指令不能重复使用，即在前面使用了 G41 或 G42 指令之后，不能再直接使用 G41 或 G42 指令。若想使用，必须先用 G40 指令取消原补偿后，再使用 G41 或 G42，否则补偿就不正常了。

（3）刀尖圆弧半径补偿的取消　在 G41、G42 程序段后面的 G40 有关程序段，即是刀尖圆弧半径补偿的取消。图 5-24 所示为刀尖圆弧半径补偿取消的过程。取消补偿 G40 程序段执行前，刀尖圆弧中心停在前一程序段终点的垂直位置上。G40 程序段是刀具由终点退出的动作。

（4）刀尖圆弧半径补偿量的设定　每个刀尖圆弧半径补偿号都对应一组偏置量（X, Z）、刀尖圆弧半径补偿量 R 和刀尖方位号 T，其刀尖圆弧半径补偿号应与刀具偏置补偿号相对应。

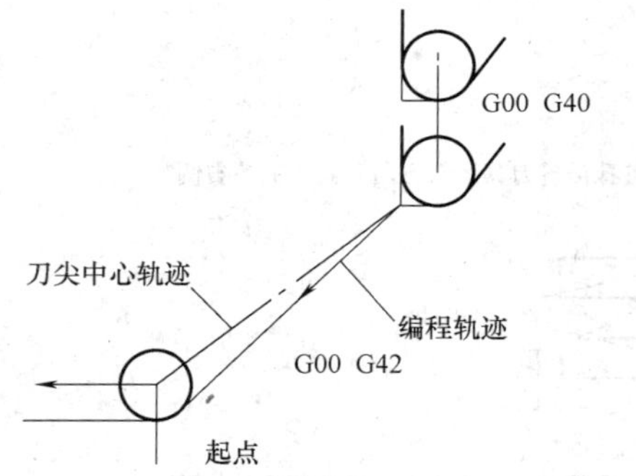

图5-23　刀尖圆弧半径补偿的加入过程

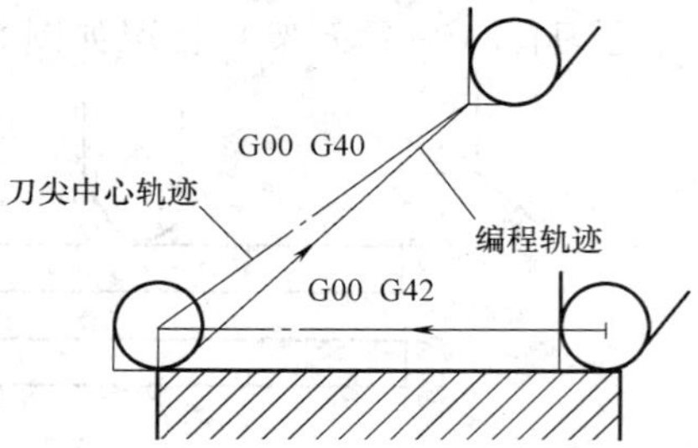

图 5-24　刀尖圆弧半径补偿取消的过程

4. 车刀的形状与位置参数

车刀的形状有很多种，它能决定刀尖圆弧所处的位置，因此也要把代表车刀形状和位置的参数输入到存储器中。我们将车刀的形状和位置参数称为刀尖方位，点 P 为理论刀尖点，其包括 0 ~ 8 九个方位。

在刀尖圆弧半径补偿存储器中，定义了车刀刀尖圆弧半径及刀尖的方位号。车刀刀尖的方位号定义了刀具刀位点与刀尖圆弧中心的位置关系。

在加工零件前，要把刀尖圆弧半径补偿的有关数据输入到存储器中，以便使数控系统对刀尖圆弧半径所引起的误差进行自动补偿。

为使系统正确计算出刀具中心的实际运动轨迹，除要给出刀尖圆弧半径“R”以外，还要给出刀具的理想刀尖位置号“T”。后置刀架刀尖方位号如图 5-25 所示，各圆的中心点代表刀尖圆弧圆心点 O，各箭头代表理论刀尖点。后置刀架刀尖方位号对应的常用刀具图解如图 5-26 所示。

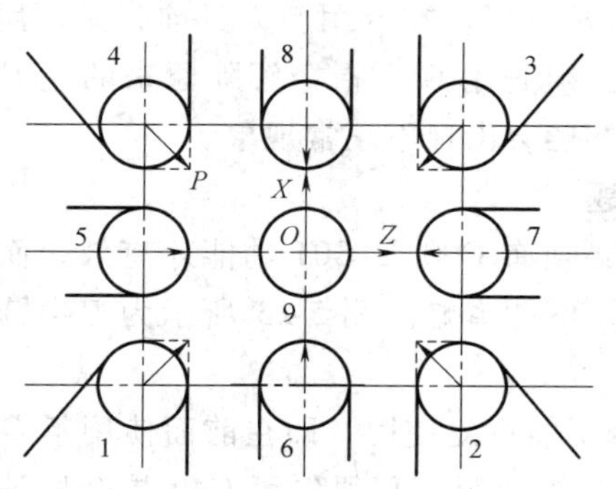

图 5-25　后置刀架刀尖方位号

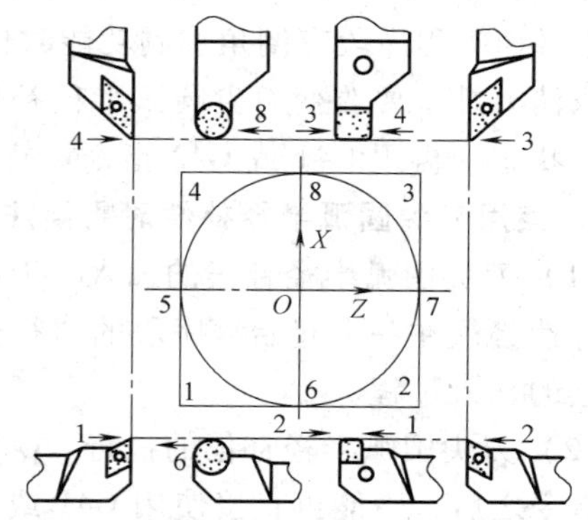

图 5-26　后置刀架刀尖方位号对应的常用刀具图解

图 5-27 所示为前置刀架刀尖方位号。前置刀架刀尖方位号对应的常用刀具图解如图 5-28 所示。

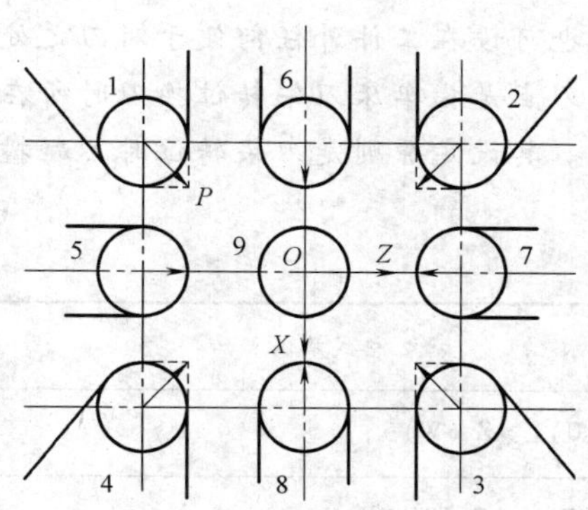

图 5-27 前置刀架刀尖方位号

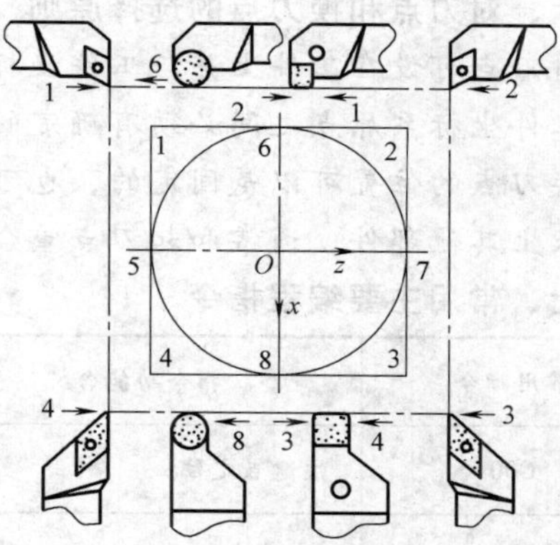

图 5-28 前置刀架刀尖方位号对应的常用刀具图解

常见的刀尖圆弧半径为 $R0.2$mm、$R0.4$mm、$R0.8$mm、$R1.2$mm 四种。

本单元小结

一、数控编程的概念

数控机床是依据程序来控制机床运转及动作的。使用数控机床进行零件加工时，必须首先将零件图样上的信息处理成数控系统能识别的程序。这种从零件图分析到制成控制介质的全部过程称为数控编程。掌握数控加工程序的编制过程，是整个数控加工的关键。

二、数控编程的种类

要掌握常用数控编程的种类、特点及适用范围。对于形状简单（轮廓由直线和圆弧组成）的零件，手工编程是可以满足要求的，但对于曲线轮廓、三维曲面等复杂型面，一般采用计算机自动编程。

三、数控编程的步骤

数控编程的步骤包括：分析零件图、选择数控机床、确定工件的装夹方法、确定加工工艺、合理选择数控加工刀具、程序编制和加工操作。

四、数控程序的结构

数控加工每一个完整数控加工程序的结构由程序号、程序段和程序结束符组成。程序的内容由若干程序段组成，程序段由若干指令字组成，每个指令字又由地址符和数字组成。

五、数控机床坐标系统

数控机床的坐标系国际标准化组织规定为右手直角笛卡儿坐标系。为编程的方便，一律规定：永远假定刀具相对于静止的工件坐标而运动。确定坐标轴方向的规定：坐标轴的正方向是增大工件和刀具之间距离的方向。数控机床的坐标系统中有机床坐标系和工件坐标系。

机床坐标系是出厂前生产厂家调试准确后设置的，用户不能改变；工件坐标系是用户为了方便编程而设置的坐标系。

六、对刀点和换刀点的选择原则

对刀点可设在工件上并与工件坐标系原点重合，也可设在工件外任何便于对刀之处，该点与工件坐标系原点之间必须有确定的坐标联系；换刀点是指车床刀架转位换刀时所在的位置。换刀点的位置可以是固定的，也可以是任意一点。其设定原则是刀架转位时不碰撞工件和机床上其他部件，通常和起刀点重合。

七、常用主要编程指令

常用指令	指令功能含义	格式举例
G00	快速点定位	G00 X（U）_ Z（W）_；
G01	直线插补	G01 X（U）_ Z（W）_ V；
G02	顺圆插补	G02 X（U）_ Z（W）_ I_ K_ F_；
		G02 X（U）_ Z（W）_ R_；
G03	逆圆插补	G03 X（U）_ Z（W）_ I_ K_ F_；
		G03 X（U）_ Z（W）_ R_；
G27	返回参考点检验指令	G27 X（U）_ Z（W）_ T××00；
G28	自动返回参考点指令	G28 X（U）_ Z（W）_ T××00；
G29	自动从参考点返回指令	G29 X（U）_ Z（W）_；
G40	取消刀尖圆弧半径补偿	G40 G01（G00） X_ Z_ F_；
G41	刀尖圆弧半径左补偿	G41 G01（G00） X_ Z_ F_；
G42	刀尖圆弧半径右补偿	G42 G01（G00） X_ Z_ F_；

八、刀尖圆弧半径补偿G40/G41/G42的功能偏置方式比较表

G代码	功能	在轮廓上的方位	刀具轨迹
G40	取消刀尖圆弧半径补偿	在轮廓上	在程序轨迹上运动
G41	在刀具进给方向左侧补偿	在轮廓的左侧	在程序轨迹前进方向左侧运动
G42	在刀具进给方向右侧补偿	在轮廓的右侧	在程序轨迹前进方向右侧运动

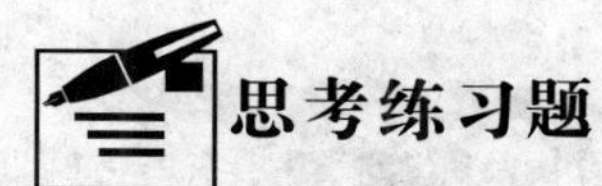

1. 什么是数控加工程序？它有何作用？
2. 数控编程的步骤有哪些？
3. 对刀点与机床坐标系、工件坐标系有何关系？
4. 数控机床坐标系原点、参考点与工件坐标系原点之间有何区别？
5. 何谓增量编程？何谓绝对编程？何谓混合编程？
6. 机床零点与机床参考点有什么关系？
7. 机床坐标系与工件坐标系的区别在哪里？对刀点有什么作用？
8. 使用刀尖圆弧半径补偿需要注意哪几个问题？

单元六

子程序与车削固定循环

1. 掌握子程序的编写原理、调用格式及应用子程序编写零件加工程序。
2. 正确运用 G90、G94、G92 指令编写零件加工程序。

第一节 子 程 序

一、子程序概述

在一个加工程序的若干位置上，如有模式相同的程序在加工中重复出现，可将此模式编为一组程序段并加以命名，称为子程序。把这些重复的程序段单独抽出存入存储器，以便进行调用，原来的程序称为主程序。

使用子程序可以减少不必要的重复编程，从而达到简化编程的目的。子程序相当于固定循环，每次的进给量都应是相同的，精加工时最后一次切削的背吃刀量可编入主程序中。

二、子程序的嵌套

子程序不仅可以从主程序中调用，也可以从其他子程序中调用，这个过程称为嵌套。

主程序可重复调用子程序，被主程序调用的子程序还可以再次调用下一级子程序，这称为子程序嵌套，如图 6-1 所示。上一层子程序与下一层子程序的关系和主程序与第一层子程

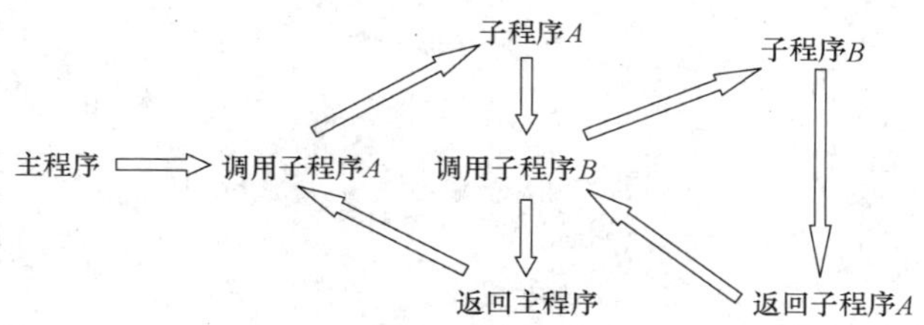

图 6-1 子程序的嵌套

序的关系相同。子程序的嵌套次数具体由数控系统决定。在 FANUC 0i 系统的普通编程中，子程序可以嵌套两层。

三、子程序的调用

子程序是储存在存储器中以便程序执行时随时调用的程序，最多可重复调用 999 次。调用子程序时使用 M98，子程序结束返回主程序用 M99。

1. 主程序的格式

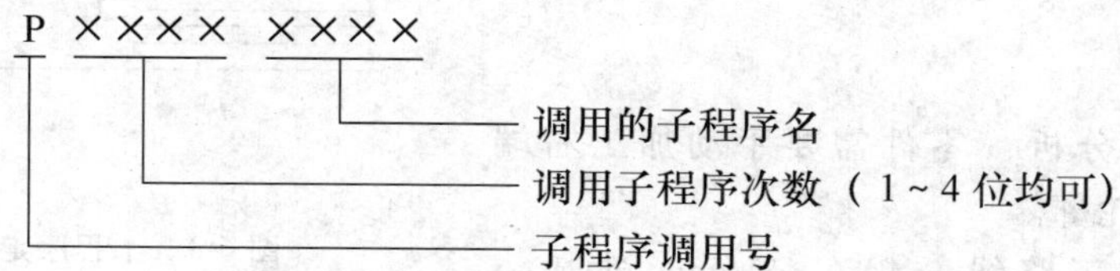

如“M98 P70022;”表示调用的子程序名为 0022，重复执行 7 次；“M98 P00050032;”表示调用的子程序名为 0032，重复执行 5 次。

2. 子程序的格式

O×××× 入口地址 O××××为四位数字，与“M98 P”后面的子程序名相同

… 子程序

M99; 执行完该子程序后返回主程序

在 M99 返回主程序指令中，也可以用地址 P 来指定一个顺序号。这样在子程序运行结束返回主程序时，并不是执行调用子程序段的后续程序段，而是转向执行地址 P 指定顺序号的程序段，如图 6-2 所示。

如果 M99 指令出现在主程序中，当执行到 M99 指令时，将返回程序头，重复执行该程序。在这种情况下，若 M99 指令中出现地址 P，则将跳转到地址 P 指定顺序号的程序段。

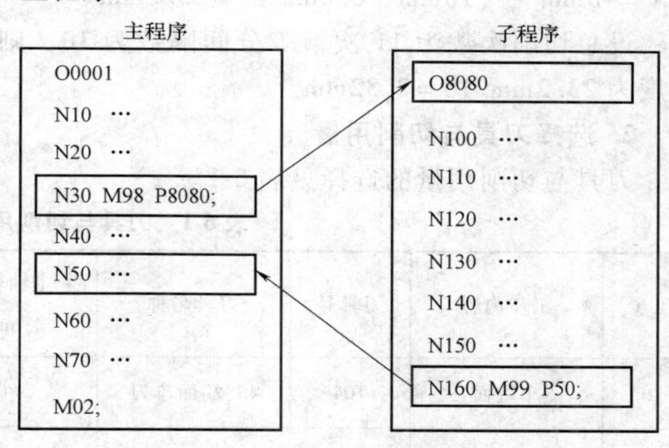

图 6-2 子程序的调用

四、子程序切削深度的计算

调用子程序时，一般采用增量值进行编程，其每次切削背吃刀量（双边）由 X 轴切削总量除以加工次数求得。

过程分析：如图 6-3 所示，细双点画线所示为零件的轮廓，完成零件切削的次数设定为 6 次，即沿零件轮廓剥皮式完成六个循环。在调用子程序后，刀具起点为点 A，直径设定为 $\phi 46$mm；刀具终点为点 B，直径为零件尺寸 $\phi 16$mm。这样，在调用子程序时，X 向双边切削总量为 46mm - 16mm = 30mm。从图上看，走刀 6 次共分 5 等份。每次车掉的双边尺寸为 30mm/5 = 6mm。

由此可设 $\sum X$ 值为调用子程序 X 向的切削深度总量，用 $\sum X$ 值除以加工次数（加工次数

编程时根据毛坯尺寸，机床、刀具的实际情况具体设定）就是子程序每一次的切削深度，其他的外形如锥形、圆弧等复杂图形以此类推。Z 向进刀段长为 -50mm 和退刀段 50mm 大小相同、方向相反，即：$\sum Z=0$。

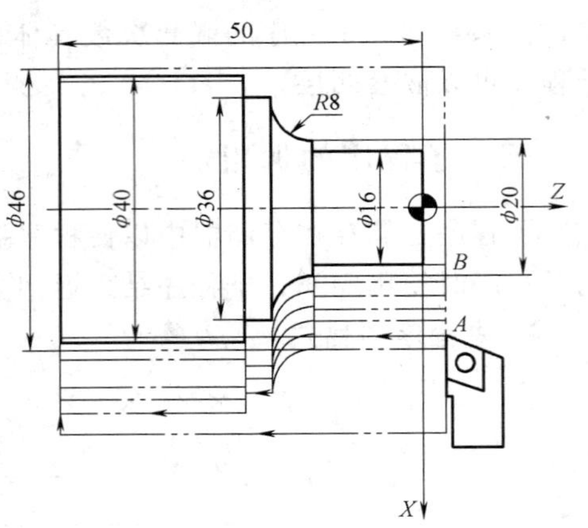

图 6-3　子程序走刀轨迹

【实例】 图 6-4 所示为一销轴零件，毛坯为 ϕ44mm×60mm 的钢料，用子程序编程（单件加工）。

1. 工艺分析

（1）零件图分析　零件需要手动加工右端面、自动加工外轮廓。

（2）确定加工路线　粗车 ϕ16mm 外圆→ϕ16mm ~ ϕ20mm 圆环面→R6mm 圆弧→ϕ32mm 外圆→ϕ32mm ~ ϕ36mm 圆环面→ϕ36mm 外圆（精车至尺寸）。

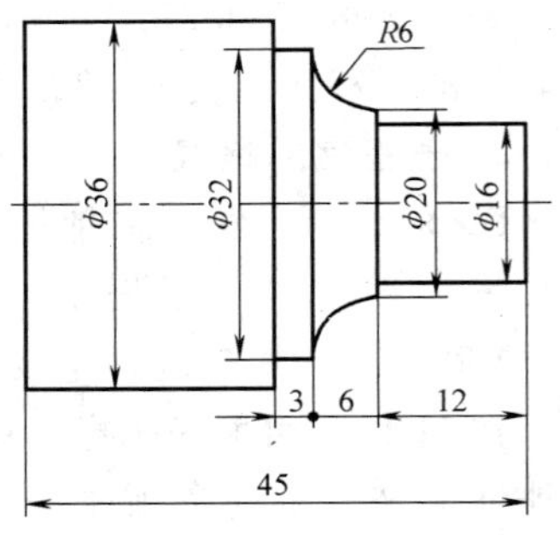

图 6-4　销轴零件

（3）分析计算毛坯　设 X 向起刀点为 X40，首次 X 向切削深度为 4mm（直径量）；X 向工件最终起刀尺寸设定为 ϕ16mm，留精车加工余量 0.8mm。即 X 向切削深度总量为 $\sum X$ = 40mm -（16mm + 0.8mm）= 23.2mm。

设总切削次数为 11 次，等分间隔数为 10，则每次切削深度为 23.2mm/10 = 2.32mm。

2. 选择刀具与切削用量

刀具与切削用量的选择见表 6-1。

表 6-1　刀具与切削用量的选择

工步	工步内容	刀具号	刀具名称	主轴转速/r·min^{-1}	进给量/mm·r^{-1}	背吃刀量/mm
1	车端面	T04	45°端面车刀	800	手动	手动
2	粗、精车端面	T01	机夹 90°正偏刀	1000/1800	0.5/0.15	1.16/0.8

3. 参考程序

```
O0214;                          程序名
N10  G28  U0  W0  T0100;        返回参考点，取消 1 号刀补
N20  G99  G97  M03  S1000;      主轴正转 1000r/min
N30  T0101;                     换 1 号机夹 90°正偏刀，导入 1 号刀补
N40  G00  X40.0  Z2.0;          快速进给到粗车外圆切削循环起点
N50  M98  P00110002;            调用粗车子程序 11 次，子程序名 0002
N60  G00  G42  X16.0  Z2.0;     快速进给到精车外圆切削循环起点
N70  S1800;                     换精车主轴转速
N80  G01  Z-12.0  F0.15;        精车 ϕ16mm 外圆
```

```
N90    X20.0;                                  精车φ16mm～φ20mm圆环
N100   G02   X32.0   Z-18.0   R6.0;            精车R6mm圆弧面
N110   G01   Z-21.0;                           精车φ32mm外圆
N120   X36.0;                                  精车φ32mm～φ36mm圆环
N130   Z-45.0;                                 精车φ36mm外圆
N140   G00   G40   X100.0;                     X轴快速返回换刀点
N150   Z100.0;                                 Z轴快速返回换刀点
N160   M30;                                    主程序结束并复位
%
O0002;                                         子程序名
N200   G01   W-14.0   F0.5;                    粗车φ16mm外圆
N210   U4.0;                                   粗车φ16mm～φ20mm圆环
N220   G02   U12.0   W-6.0   R6.0;             粗车R6mm圆弧面
N230   G01   W-3.0;                            粗车φ32mm外圆
N240   U4.0;                                   粗车φ32mm～φ36mm圆环
N250   W-24.0;                                 粗车φ36mm外圆
N260   G00   U4.0;                             离开已加工表面退刀
N270   W47.0;                                  回到循环起点处
N280   U-26.32;                                调整每次循环的背吃刀量（双边）
N290   M99;                                    子程序结束并回到主程序
```

对于车槽走刀轨迹，先看槽的排列是否均匀，不均匀找规律看哪些具有相同的模式。若重复出现，可将此模式编为一组程序段多次调用即可。

【实例】　图6-5所示为多槽零件，毛坯为$\phi30mm\times80mm$的钢料。用子程序来编程（单件加工）。T02号刀为车槽刀（刀宽4mm）。

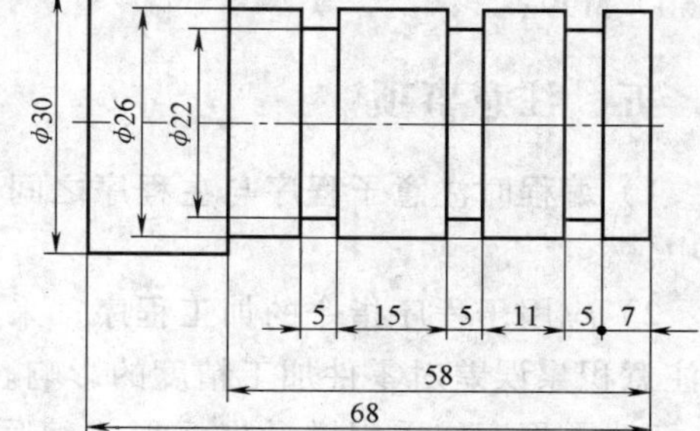

图6-5　多槽零件

1. 工艺分析

（1）零件图分析　零件需要手动加工右端面，自动加工外圆、车槽；

（2）确定加工路线　粗、精车$\phi26mm$外圆→$\phi26\sim\phi30mm$圆环面→$\phi30mm$外圆，粗、精加工三个槽至尺寸。

2. 选择刀具与切削用量

刀具与切削用量的选择见表6-2。

表6-2　刀具与切削用量的选择

工步	工步内容	刀具号	刀具名称	主轴转速/r·min^{-1}	进给速度/mm·r^{-1}	背吃刀量/mm
	……					
2	粗、精加工槽	T02	车槽刀	800	0.15	4.0

3. 参考程序（外圆加工程序略）

```
O1212;                              程序名
…                                   …
N200  T0210;                        换2号车槽刀，导入10号刀补
N210  G99  G97  S800  M03;          主轴正转800 r/min
N220  G00  X28.0  Z-12.0;           到第一槽切削起点
N230  M98  P5431;                   第一次调用车槽子程序，子程序名5431
N240  G00  W-16.0;                  到第二槽切削起点
N250  M98  P5431;                   第二次调用车槽子程序，子程序名5431
N260  G00  W-20.0;                  到第三槽切削起点
N270  M98  P5431;                   第三次调用车槽子程序，子程序名5431
N280  G00  X100.0;                  X轴快速返回换刀点
N290  Z100.0;                       Z轴快速返回换刀点
N300  M02;                          主程序结束
%
O5431;                              子程序入口
N400  G01  U-5.5  F0.15;            X向进刀5.5mm车槽至φ22.5mm
N410  G00  U5.5;                    X向退刀5.5mm
N420  W1.0;                         Z轴正向进刀1mm
N430  G01  U-6.0  F0.15;            X向进刀6.0mm车槽至φ22mm
N440  W-1.0;                        Z轴负向进刀1mm，槽底φ22mm精加工
N450  G00  U6.0;                    X向退刀6.0mm
N460  M99;                          子程序结束
```

五、注意事项

1）编程时注意子程序与主程序之间的衔接关系，子程序应单独建立文件并存储在存储器中。

2）应用子程序指令的加工程序，采用增量方式编制子程序时应注意程序是否闭合，还应注意积累误差对零件加工精度的影响。

3）子程序应采用增量坐标形式编写，其内容具有相对独立性。在加工较复杂零件时，往往包含许多独立的工序，有时工序之间可以进行调整，同时为了优化加工顺序，也可以把每一个工序编成一个独立子程序，主程序中只需加入换刀和调用子程序等指令即可。

第二节　简单固定切削循环

简单固定切削循环通常是在轴类、盘类工件的粗车加工中应用。对于加工余量较大的毛坯，刀具需要反复执行相同的动作，这样需编写很多相同或相似的程序段。为了简化程序、缩短编程时间，可以用一个或几个程序段指定刀具作重复切削动作，并在程序中设定相应的参数即可。

具体来说，固定切削循环就是用含有G代码指令的程序段，代替用G01指令进刀与G00

指令退刀等多个程序段一起完成车削加工的过程。切削时自成封闭体，每次运行后能自动退回到起刀点，用一个程序段完成刀具的多步动作。运动分四步：进刀、切削、退刀和返回。

一、轴类零件内、外圆筒单固定切削循环

1. 指令格式

（1）圆柱面车削循环

G90　X（U）_　Z（W）_　F_；

（2）圆锥面车削循环

G90　X（U）_　Z（W）_　R_　F_；

“X（U）”、“Z（W）”为切削终点（点 *C*）绝对值（增量值）坐标。

“F”为切削进给量，单位为 mm/r。

“R”为车圆锥时，切削起点 *B* 与终点 *C* 的半径差值。其符号为半径差的符号，无论是绝对值编程还是增量值编程。

2. 说明

该指令执行如图 6-6、图 6-7 所示，刀具按轨迹 $A\rightarrow B\rightarrow C\rightarrow D\rightarrow A$ 的循环动作。

其中，虚线表示快速运动，实线表示进给运动，其切削方向是沿 *Z* 轴方向进行的。图 6-8、图 6-9 所示为内轮廓表面切削加工，刀具轨迹同外轮廓。

G90 指令中各参数均为模态值。在完成固定切削循环后，可用同组 G 代码（例如 G00）取消其作用。循环起点 *A* 点应距离工件表面 1～2mm。

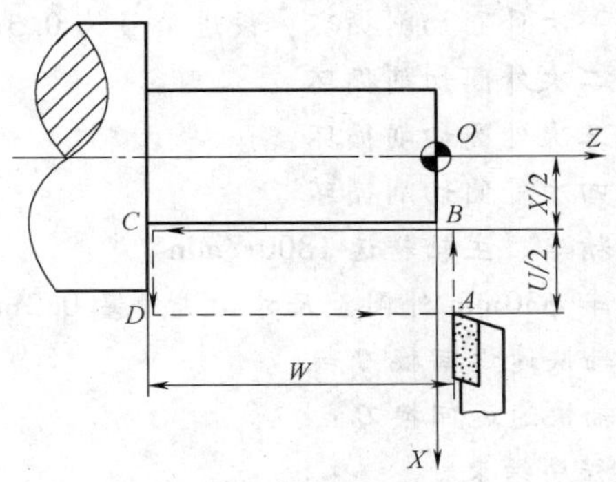

图 6-6　外圆筒单固定切削循环

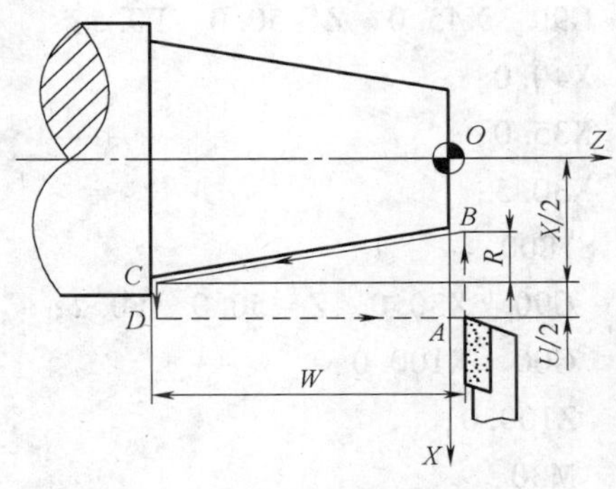

图 6-7　外圆锥切削循环

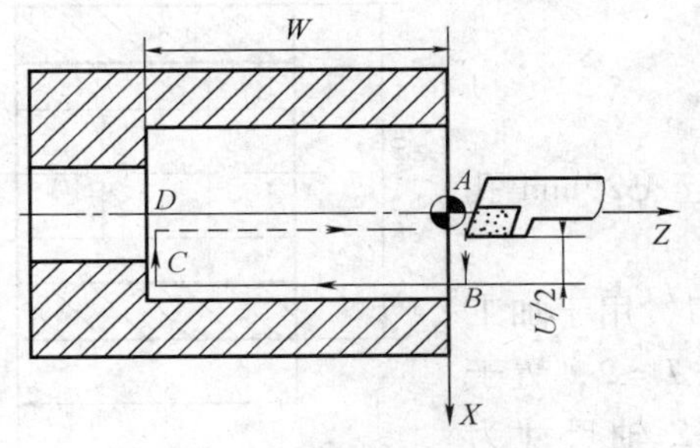

图 6-8　内圆切削循环

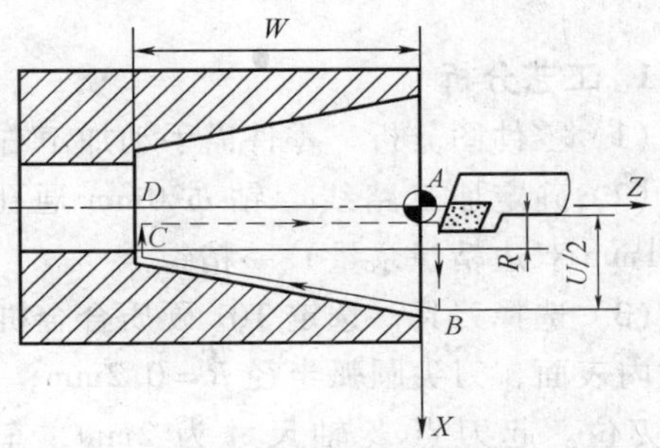

图 6-9　内锥面切削循环

【实例】　图 6-10 所示为一轴零件，毛坯尺寸 ϕ50mm×70mm，试用 G90 指令编程（单

件加工）。

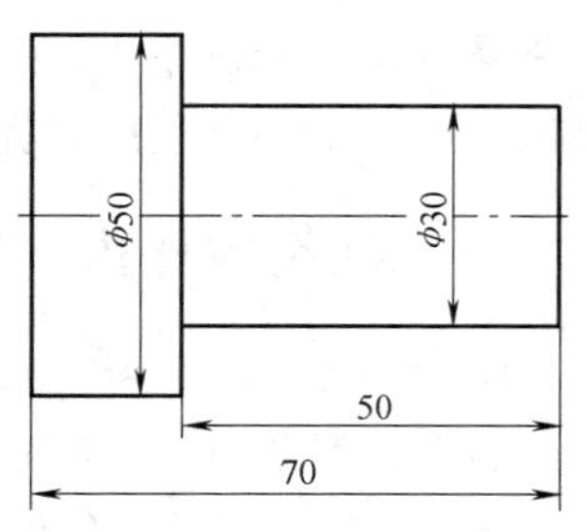

图 6-10　轴零件

1. 工艺分析

（1）零件图分析　零件需要手动加工右端面、自动加工外圆。

（2）确定加工路线　粗车 ϕ30mm 外圆（留 0.5mm 精加工余量）→精车 ϕ30mm 外圆至尺寸。

2. 选择刀具与切削用量

刀具与切削用量的选择见表 6-3。

表 6-3　刀具与切削用量的选择

工步	工步内容	刀具号	刀具名称	主轴转速/r·min⁻¹	进给量/mm·r⁻¹	背吃刀量/mm
1	车端面	T04	45°端面车刀	800	手动	手动
2	粗、精车外圆	T01	机夹 90°正偏刀	900/1800	0.5/0.2	2.5/0.25

3. 参考程序

```
O4001;                                   主程序名
N10  G28  U0  W0;                        返回参考点
N20  G99  G97  S900  M03;                设主轴正转，转速为 900r/min
N30  T0101;                              调 1 号机夹 90°正偏刀，导入 1 号刀补
N40  G00  X50.0  Z2.0;                   快速进刀至循环起点
N50  G90  X45.0  Z-50.0  F0.5;           第一次外圆切削循环，设进给量为 0.5mm/r
N60  X40.0;                              第二次外圆切削循环
N70  X35.0;                              第三次外圆切削循环
N80  X30.5;                              第四次外圆切削循环
N90  S1800;                              换精车，主轴转速 1800r/min
N100  G90  X30.0  Z-50.0  F0.2;          精车 ϕ30mm 外圆至尺寸，进给量 0.2mm/r
N110  G00  X100.0;                       X 轴快速返回换刀点
N120  Z100.0;                            Z 轴快速返回换刀点
N130  M30;                               主程序结束
```

【实例】　图 6-11 所示为一内孔零件，预先钻 ϕ20mm 通孔，用 G90 指令编程（单件加工）。

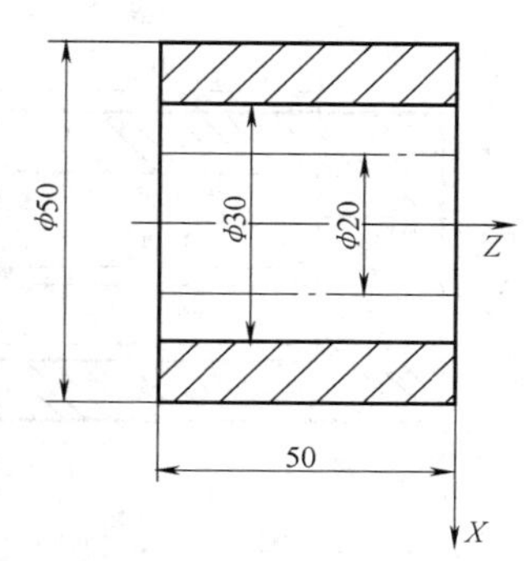

图 6-11　内孔零件

1. 工艺分析

（1）零件图分析　零件需手动加工右端面。

（2）确定加工路线　钻 ϕ20mm 通孔→粗镗至 ϕ29mm 孔（留 1mm 双边精镗余量）→精镗。

（3）选择刀具　选定 T01 硬质合金机夹内镗刀，用于加工工件内表面，刀尖圆弧半径 $R=0.2$mm；刀尖方位 $T=2$，置于 T01 刀位。起刀点 Z 轴尺寸为 2mm，车削终点 Z 轴尺寸为 −52mm。

2. 选择刀具与切削用量

刀具与切削用量的选择见表6-4。

表6-4　刀具与切削用量的选择

工步	工步内容	刀具号	刀具名称	主轴转速/ r·min⁻¹	进给量/ mm·r⁻¹	背吃刀量/ mm
1	车端面	T04	45°端面车刀	800	手动	手动
2	粗、精镗内孔	T01	机夹内镗刀	800/1500	0.5/0.2	1.5/0.5

3. 参考程序

程序	说明
…	……
N10　G00　X20.0　Z2.0；	快速进刀至循环起点
N20　G90　X23.0　Z－52.0　F0.5；	第一次内孔切削循环，背吃刀量1.5mm
N30　X26.0；	第二次内孔切削循环，背吃刀量1.5mm
N40　X29.0；	第三次内孔切削，背吃刀量1.5mm
N50　S1500　M03；	换精车，主轴转速1500r/min
N60　G90　X30.0　Z－52.0　F0.2；	精车，背吃刀量0.5mm，进给量0.2mm/r
…	……

由于程序循环起点也是程序循环终点，因此对于外轮廓车削应正确选择毛坯的外径，且应使车刀距离端面1～2mm；对于内腔镗削应正确选择毛坯内孔的内径，且应使车刀距离端面1～2mm。

二、盘类零件端面简单固定切削循环

（1）盘类直端面简单固定切削循环

G94　X（U）_　Z（W）_　F_；

（2）盘类锥端面简单固定切削循环

G94　X（U）_　Z（W）_　R_　F_；

“X”、“Z”为绝对编程时切削终点 C 在工件坐标系下的坐标。

“U”、“W”为增量编程时切削终点 C 在工件坐标系下的坐标。

“R”为切削起点 B 相对于切削终点 C 的 Z 向轴向距离，该值为向量值。

“F”为指定切削进给速度，单位为mm/r。

该指令的执行如图6-12、图6-13所示，刀具按 $A\rightarrow B\rightarrow C\rightarrow D\rightarrow A$ 的轨迹循环动作。图中

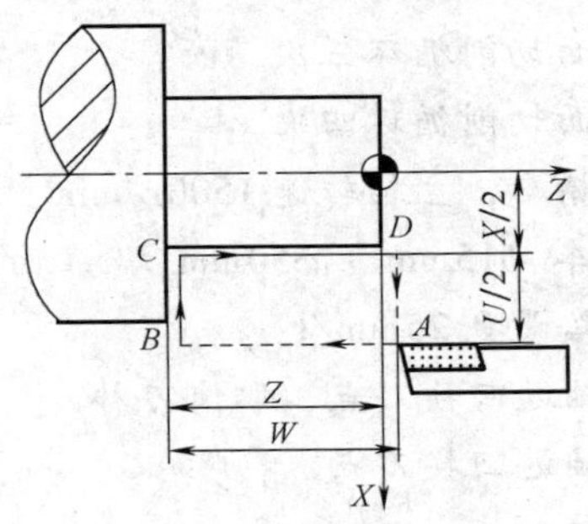

图6-12　端面切削循环

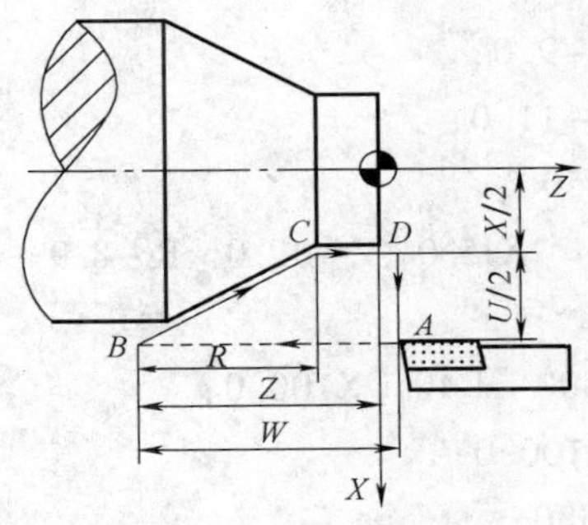

图6-13　端锥面车削循环

虚线表示快速运动，实线表示工件进给。其中 *A* 为切削起点，*B* 为循环起点，*C* 为切削终点，*D* 为退刀点。

G94 指令中各参数均为模态值，一经指定以下程序段一直有效。在完成固定切削循环后，可用同组 G 代码（例如 G00），取消其作用。循环起点应距离工件外表面 1～2mm。另外，进给速度及背吃刀量应选择得略小些，否则由于刀杆悬臂长，切削时会产生振动。

【实例】 图 6-14 所示为模锻零件，图中细双点画线为毛坯外形，编写程序（单件加工）。

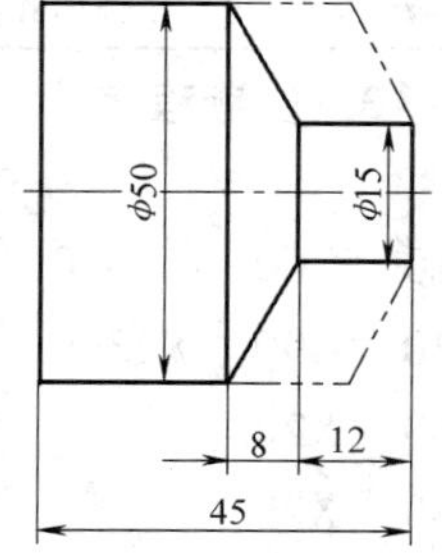

图 6-14 模锻零件

1. 工艺分析

（1）零件图分析 零件需要手动加工右端面、自动加工锥端面。

（2）确定加工路线 粗车 φ50mm～φ15mm 锥端面（*Z* 向留 1mm 精加工余量）→精车 φ50mm～φ15mm 锥端面至尺寸。

（3）计算 *R* 值 设刀具循环起点（X54，Z0），根据相似三角形对应边之比相等可计算出参数值 *R* 为 －8.9，如图 6-13 所示。

2. 选择刀具与切削用量

刀具与切削用量的选择见表 6-5。

表 6-5 刀具与切削用量的选择

工步	工步内容	刀具号	刀具名称	主轴转速/$r \cdot min^{-1}$	进给量/$mm \cdot r^{-1}$	背吃刀量/mm
1	车端面	T04	45°端面车刀	800	手动	手动
2	粗、精车端面	T01	机夹 90°反偏刀，与 *Z* 轴平行装夹	800/1500	0.5/0.25	3/1

3. 参考程序

程序	说明
O4004；	程序名
N10 G28 U0 W0 T0100；	返回参考点，取消 1 号刀补
N20 G97 G99 S800 M03 T0101；	换 1 号端面车刀，导入 1 号刀补，主轴正转 800r/min
N30 G00 G42 X54.0 Z0；	快速进刀至循环起点
N40 G94 X15.0 Z－3.0 R－8.9 F0.5；	端面切削循环一次，进给量 0.5mm/r
N50 Z－6.0；	端面切削循环二次
N60 Z－9.0；	端面切削循环三次
N70 Z－11.0；	端面切削循环四次
N80 S1500；	换精车，主轴转速 1500r/min
N90 G94 X15.0 Z－12.0 R－8.9 F0.25；	精车 φ15mm～φ50mm 端锥面至尺寸，进给量 0.25mm/r
N100 G00 G40 X100.0；	*X* 轴返回换刀点，取消刀补
N110 Z100.0；	*Z* 轴返回换刀点
N120 M30；	程序结束

第三节　螺纹简单固定切削循环

螺纹是机械零件上最常用的联接结构之一。它具有结构简单、拆装方便及联接可靠等优点，在机械制造业中广泛应用。

一、螺纹的分类

（1）按螺纹的应用分类　螺纹可分为普通螺纹、管螺纹与传动螺纹。

1）普通螺纹牙型角为60°，可分为粗牙普通螺纹和细牙普通螺纹。粗牙普通螺纹的代号是用字母“M”及公称直径表示，如M16、M22等；细牙普通螺纹的代号是用字母“M”及“公称直径×螺距”表示，如M18×1.5、M30×2等。

2）管螺纹的牙型属于三角形螺纹，主要用于密封管道接头、旋塞、阀门等。根据螺旋副的密封状态和牙型，管螺纹又分为55°非密封管螺纹、55°密封管螺纹和60°密封管螺纹。

3）传动螺纹为梯形或矩形螺纹，一般用于传递力矩，如机床丝杠、台虎钳丝杠等。

（2）按截面形状分类　一般可分为三角形、矩形、梯形、锯齿形和圆形螺纹。

二、三角形螺纹切削法

在数控车削加工中，螺纹一般有两种切削加工方式：即直进切削法和斜进切削法，有些生产型数控车床还带有左右切削加工功能。

（1）直进切削法（G92指令）　易获得较准确的牙型，但切削力较大，常用于螺距小于3mm三角形螺纹的切削。

（2）斜进切削法（G76指令）　在每次往复行程后，除了作横向进刀以外，还在纵向的一个方向作微量进给，一般用于加工螺距大于2mm的螺纹。

三、切削螺纹时主轴转速的控制

车削螺纹时主轴转速的控制可按经验公式进行计算，即

$$n \leqslant \frac{1200}{F} - K$$

式中　F——螺距，单位为mm；

K——保险系数，一般取80。

车削螺纹时主轴转速也可以不按经验公式计算。当采用高档螺纹车刀时，其主轴转速可按线速度200m/min进行选取。但要注意在高速加工时，一般经济型数控车床有时会产生“乱扣”现象。

四、车削螺纹时进退刀点的选择

在数控车床上加工螺纹的过程中，包括加速运动、恒速切削运动和减速运动三个过程。开始起刀时是个加速过程，切削螺纹时是个恒速过程，螺纹切削终了停刀时是个减速过程。在起刀与停刀这两段距离中螺距不可能准确，所以应注意在两端设置足够的升速进刀段和降速退刀段，以消除伺服滞后造成的螺距误差。升速进刀段和降速退刀段的距离可由经验公式

进行计算。

升速进刀段：$\delta_1 = \dfrac{3.605nF}{1800}$；

降速退刀段：$\delta_2 = \dfrac{nF}{1800}$。

式中 n——主轴转速，单位为 r/min；

F——螺纹导程（螺距），单位为 mm。

由经验公式可以看出：δ_1、δ_2 与导程（螺距）有关。加工普通小螺距螺纹时，不用计算 δ_1、δ_2 值，一般可以根据经验选取：δ_1 取 2～3mm，δ_2 取 1.5～2mm。

五、螺纹切削时背吃刀量的选择

螺纹加工一般需要分几次切削进给，每次的背吃刀量是按螺纹的深度减去精加工背吃刀量所得的差按递减规律进行分配的。当然，螺纹切削的进给次数与背吃刀量也可以根据所加工金属材料的材质和使用的刀具质量自行取值，但一定要遵循逐渐递减的原则进行分配。常用米制螺纹切削的进给次数与背吃刀量（直径量）见表 6-6。

表 6-6　常用米制螺纹切削的进给次数与背吃刀量（直径量）

螺距/mm		1.0	1.5	2	2.5	3	3.5	4
牙深（半径量）/mm		0.649	0.974	1.299	1.624	1.949	2.273	2.598
背吃刀量（直径量）/mm	1 次	0.7	0.8	0.9	1.0	1.2	1.5	1.5
	2 次	0.4	0.6	0.6	0.7	0.7	0.7	0.8
	3 次	0.2	0.4	0.6	0.6	0.6	0.6	0.6
	4 次		0.16	0.4	0.4	0.4	0.6	0.6
	5 次			0.1	0.4	0.4	0.4	0.4
	6 次				0.15	0.4	0.4	0.4
	7 次					0.2	0.2	0.4
	8 次						0.15	0.3
	9 次							0.2

六、单行程内、外螺纹切削指令

1. 直螺纹切削循环

格式　G32　X（U）_　Z（W）_　F_；

“X”、“Z”为绝对编程时，有效螺纹终点在工件坐标系中的坐标值。

“U”、“W”为增量编程时，有效螺纹终点在工件坐标系中的坐标值。

“F”为螺纹导程，无回退功能。

2. 锥螺纹切削循环

格式　G00　X（U）_；

G32　X（U）_　Z（W）_　F_；

G00 后续“X（U）”为锥螺纹小径起刀点坐标值。

G32 后续“X（U）”、“Z（U）”为绝对（增量）编程时，螺纹终点在工件坐标

系中的坐标值。

七、内、外螺纹简单固定切削循环指令

1. 直螺纹切削循环

格式　G92　X（U）_　Z（W）_　F_；

“X”、“Z”为绝对编程时螺纹终点 C 在工件坐标系中的坐标值。

“U”、“W”为增量编程时螺纹终点 C 在工件坐标系中的坐标值。

“F”为导程（螺距），如图6-15所示。

2. 锥螺纹切削循环

格式　G92　X（U）_　Z（W）_　R_　F_；

“X”、“Z”为绝对编程时螺纹终点 C 在工件坐标系中的坐标值。

“U”、“W”为增量编程时螺纹终点 C 在工件坐标系中的坐标值。

“R”为螺纹起刀点 B 与螺纹终刀点 C 的半径差。其符号为半径差的符号，无论是绝对编程还是增量编程。

“F”为导程（螺距），如图6-16所示。

注：直、锥螺纹切削循环指令无退刀功能。

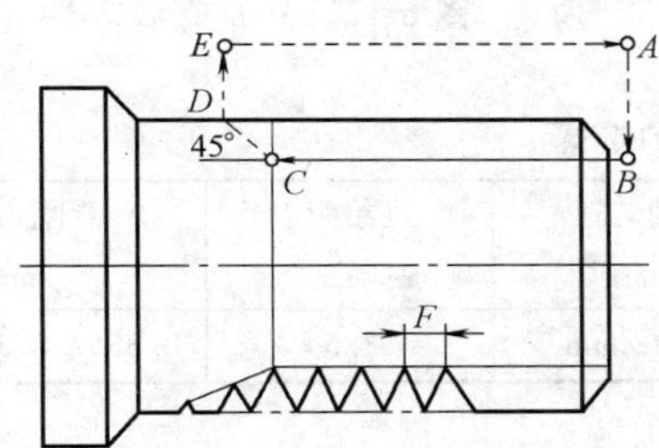

图6-15　直螺纹切削参数

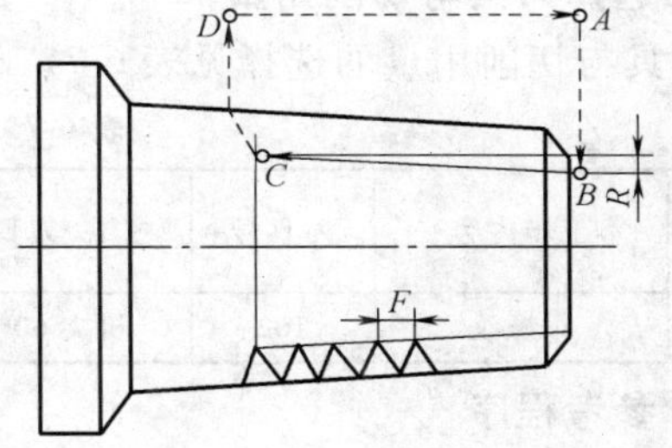

图6-16　锥螺纹切削参数

3. G92指令多线螺纹加工编程

一般采用轴向螺距均分法，原理是加工螺纹时第一线螺纹按导程加工完后，在入刀点向后移动一个螺距后，再开始加工第二线螺纹。这样便可加工出多线螺纹。

格式　G92　X（U）_　Z（W）_　F_；

…

G00　W（L/n）；　　（在入刀点向后移动一个螺距）

G92　X（U）_　Z（W）_　F_；

…

八、螺纹切削编程的应用

如果使用机夹外螺纹车刀，即能修整牙尖的外螺纹车刀，那么应将螺纹部分工件外圆轮廓的尺寸车削到公称直径尺寸 d 即可。

如果使用的外螺纹车刀是重磨刀，则外圆轮廓应车削到的尺寸为：d = 公称直径 − 0.13P。

加工螺纹时，从粗车到精车需多次走刀，直至将螺纹切削到要求的深度。但这个深度在实际加工中，由于螺纹车刀刀尖的挤压与材料的塑性变形等因素的影响，会有所变化。所以，国标规定螺纹车刀可在牙顶高度 $H/8$ 处削平，在牙底深度 $H/4$ 处削平。这样处理后也就是螺纹牙型的实际高度。设 H 为螺纹原始三角形的高度，则 $H=0.866P$（P 为螺距，单位为 mm）。

实际计算：$h_1=H-(H/8+H/4)=5H/8=0.5413P$。

按以上经验公式求得的牙型高度是单边值，当采用直径方式编程时，双边牙型高计算公式如下。

双边牙型高：$2h=2\times0.5413P=1.08P$。

因此，车螺纹时螺纹小径应车削到的尺寸为 d = 公称直径 $-1.08P$。

【实例】 图 6-17 所示为外直螺纹零件，不考虑零件外形加工，螺纹车刀为 60°机夹刀，试用 G92 螺纹简单固定切削循环指令编写螺纹加工程序。

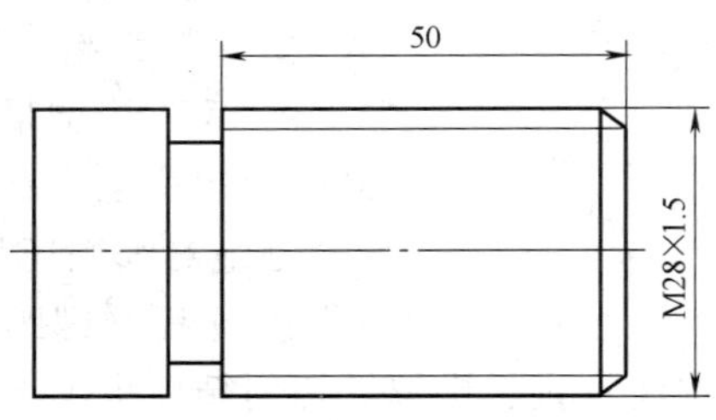

图 6-17　外直螺纹零件

1. 分析计算

螺纹小径应车削到的尺寸为

$$d=28\text{mm}-1.08P=26.38\text{mm}$$

2. 选择刀具与切削用量

刀具与切削用量的选择见表 6-7。

表 6-7　刀具与切削用量的选择

工步	工步内容	刀具号	刀具规格	主轴转速/r·min⁻¹	进给量/mm·r⁻¹	背吃刀量/mm
1	车螺纹	T02	机夹 60°螺纹车刀	750r/min	1.5	0.355、0.3、0.155

3. 参考程序

程序	说明
…	……
N20　M03　S750　T0202;	主轴正转，转速 750r/min，调 2 号螺纹车刀，导入 2 号刀补
N30　G00　X30.0　Z2.0;	快速到入刀点，升速进刀段取 2mm
N40　G92　X27.29　Z-51.0　F1.5;	加工第一次循环，降速退刀段取 1mm，背吃刀量 0.355mm
N50　X26.69;	加工第二次循环，背吃刀量 0.3mm
N60　X26.38;	加工第三次循环，背吃刀量 0.155mm
…	……

【实例】 图 6-18 所示为一外锥螺纹零件，外形加工略，螺纹车刀为机夹刀，试用 G92 螺纹固定循环切削指令编写螺纹加工程序。

1. 分析计算

（1）锥螺纹大端的螺纹底径

$$d-1.08P=38\text{mm}-1.08\times2\text{mm}=35.84\text{mm}$$

（2）起刀点处的直径　如图 6-19 所示，根据两三角形相似有

$$42\text{mm}/44\text{mm}=5\text{mm}/h$$

得 $h=5.238\text{mm}$

即 $Z=2\text{mm}$ 处的直径为

$$38\text{mm}-(2\times5.238\text{mm})=27.524\text{mm}$$

（3）车削螺纹时计算 R 的值

$$R=(27.524\text{mm}-38\text{mm})/2=-5.238\text{mm}$$

选机夹60°螺纹车刀，主轴转速800r/min，分层切削。

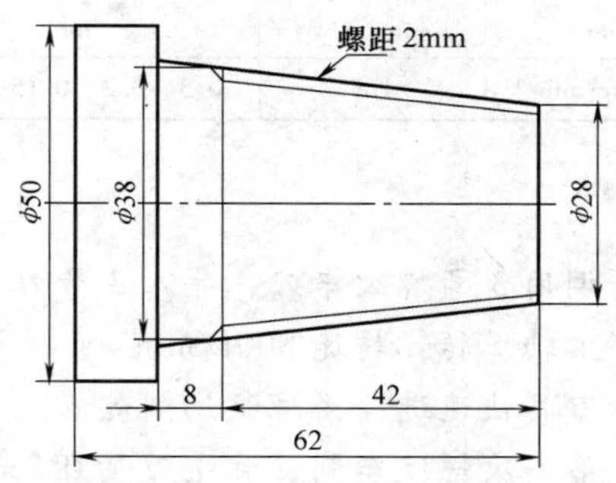

图6-18 外锥螺纹零件

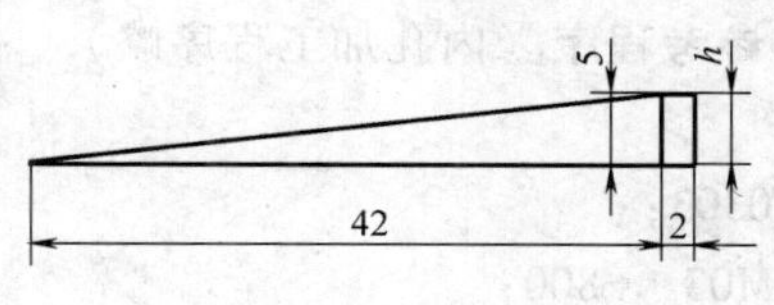

图6-19 锥螺纹切削相关数值的计算

2. 选择刀具与切削用量

刀具与切削用量的选择见表6-8。

表6-8 刀具与切削用量的选择

工步	内容	刀具号	刀具规格	主轴转速/$r\cdot min^{-1}$	进给量/$mm\cdot r^{-1}$	背吃刀量/mm
1	车螺纹	T02	机夹60°螺纹车刀	800r/min	2	0.35、0.25、0.2、0.15、0.13

3. 参考程序（外圆程序略）

```
…                                                    ……
N90  G00  X40.0  Z2.0;                               快进至切削起点
N100  G92  X37.3  Z-42.0  R-5.238  F2.0;             第一次螺纹车削，背吃刀量0.35mm
N110  X36.8;                                         第二次螺纹车削，背吃刀量0.25mm
N120  X36.4;                                         第三次螺纹车削，背吃刀量0.2mm
N130  X36.1                                          第四次螺纹车削，背吃刀量0.15mm
N140  X35.84;                                        第五次螺纹车削，背吃刀量0.13mm
…                                                    ……
```

【实例】 图6-20所示为一内螺纹零件，毛坯外形、内孔已完成加工，试编制螺纹程序。

1. 分析计算

1）由螺纹孔径加工尺寸推荐公式有

$$D_1=D-P=30\text{mm}-1.5\text{mm}=28.5\text{mm}$$

2）螺纹大径尺寸应车削至公称直径+0.1mm。其中，0.1mm为加工螺纹底金属弹性变形恢复量。

外轮廓、内孔编程略。

选择机夹60°螺纹车刀，主轴转速800r/min，分层切削。

2. 选择刀具与切削用量

刀具与切削用量的选择见表6-9。

表6-9　刀具与切削用量的选择

工步	内　　容	刀具号	刀具规格	主轴转速/ $r\cdot min^{-1}$	进给量/ $mm\cdot r^{-1}$	背吃刀量/ mm
1	车螺纹	T03	机夹60°螺纹车刀	800r/min	1.5	0.3、0.2、0.15、0.15

3. 参考程序（内孔加工程序略）

```
…                                    ……
N90   T0303;                         调用3号螺纹车刀，导入3号刀补
N100  M03  S800;                     主轴正转，转速800r/min
N110  G00  X26.0  Z2.0;              刀具快速进给至螺纹切削起点
N120  G92  X29.1  Z-  51.0  F1.5;    第一次螺纹车削，背吃刀量0.3mm
N130  X29.5;                         第二次螺纹车削，背吃刀量0.2mm
N140  X29.8;                         第三次螺纹车削，背吃刀量0.15mm
N150  X30.1;                         第四次螺纹车削，背吃刀量0.15mm
N160  X30.1;                         光整加工
N170  G00  X25.0;                    X轴返回换刀点
…                                    ……
```

G32、G92为直进式切削方法，由于两侧切削刃同时工作，切削力较大，而且排屑困难，故容易产生“啃刀现象”。因此，一般多用于中小螺距螺纹的加工。在切削螺距较大的螺纹时，由于背吃刀量较大，切削刃磨损较快，所以会造成螺纹中径偏差过大。在分配背吃刀量时，开始时背吃刀量应大些，然后，一般以精车背吃刀量为距离尺度，依次递减。

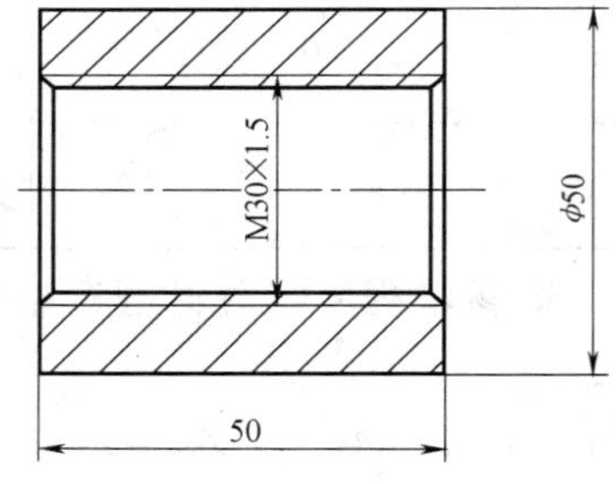

图6-20　内螺纹零件

由于G32螺纹编程切入、切出、返回等均需另外编入程序，编写的程序段比较烦琐，因此一般在实际编程中很少使用。

本单元小结

一、主程序与子程序

主程序可以说是一个完整的加工程序，或是零件加工程序的主体部分。它与被加工零件或加工要求一一对应，不同的零件或不同的加工要求都有唯一的主程序。

子程序一般不可以作为独立的加工程序进行使用，只能通过主程序进行调用，以实现加工中的局部动作。子程序执行完后自动返回主程序。

二、常用简单固定切削循环基本编程指令

常用指令	指令功能含义	格式举例
G90	内、外圆简单切削循环	G90 X (U)_ Z (W)_ F_;
	内、外圆锥简单切削循环	G90 X (U)_ Z (W)_ R_ F_;
G94	直端面简单切削循环	G94 X (U)_ Z (W)_ F_;
	锥端面简单切削循环	G94 X (U)_ Z (W)_ R_ F_;
G92	直螺纹简单切削循环	G92 X (U)_ Z (W)_ F;
	锥螺纹简单切削循环	G92 X (U)_ Z (W)_ R_ F_;

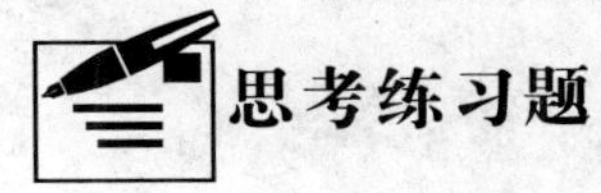

思考练习题

一、问答题

1. 什么叫主程序、子程序及子程序的嵌套?

2. 在进行螺纹切削时，若没有设置升速进刀段和降速退刀段会出现什么结果?

3. 车削螺纹时，加工完螺纹后发现螺纹大径大了 0.1mm 应该如何处理?

4. 车削螺纹时，若将主轴转速倍率调低 40% 会出现什么结果?

二、编程题

1. 用子程序编写图 6-21、图 6-22 所示零件的加工程序。

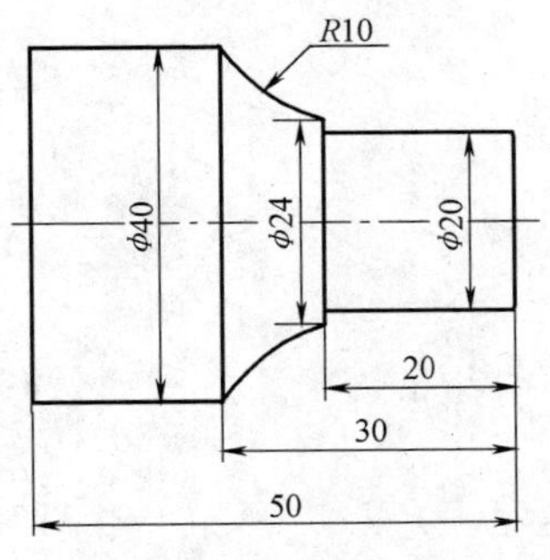

图 6-21 子程序编程

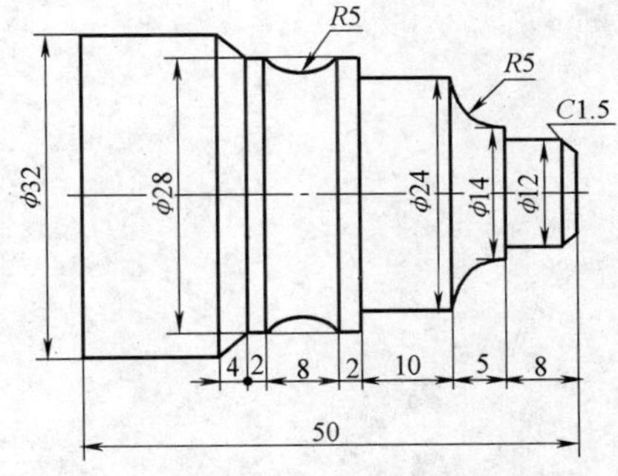

图 6-22 子程序编程

2. 试用 G90、G94 简单固定切削循环指令编写图 6-23、图 6-24 所示零件的加工程序。

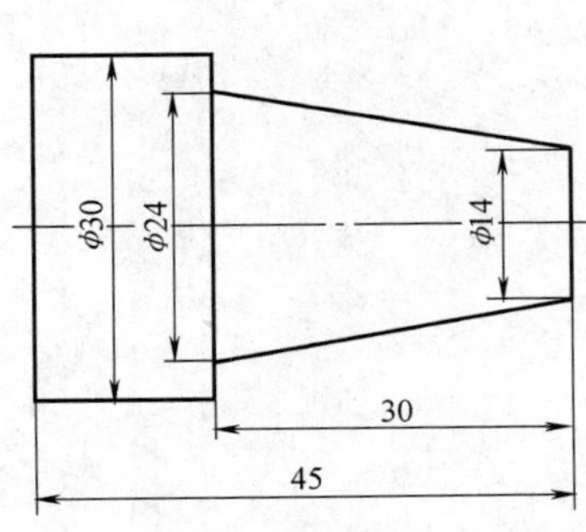

图 6-23 锥体轴零件

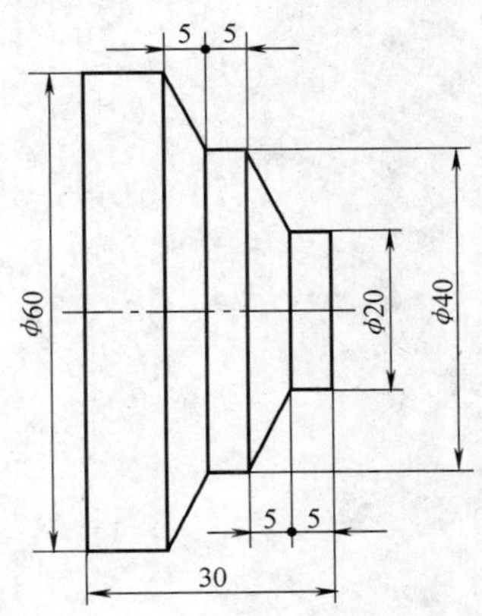

图 6-24 双层锥端面零件

3. 图 6-25 所示为一销轴零件，试用子程序、G92 指令编写其加工程序。（毛坯尺寸为 ϕ40mm × 85mm）

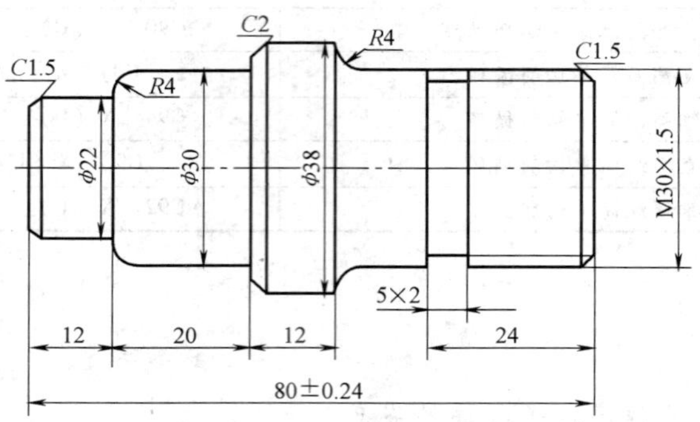

图 6-25　销轴零件

单元七

复合切削循环及应用

学习目标

掌握粗、精车复合切削循环指令 G71、G72、G73、G74、G75、G76 的指令格式、编程方法、适用范围及轴类零件的加工工艺、刀具选择、确定切削用量等。

第一节　内、外圆粗、精车复合切削循环

内、外圆粗、精车复合切削循环指令应用于分层加工到规定轮廓形状的场合。

在数控车床上对零件进行粗加工时，刀具需要多次反复执行相同的动作，直至将工件切削到所要求的尺寸。这样在一个程序中可能会出现很多基本相同的程序段。为简化编程，数控系统将用一个程序段来设置刀具作反复切削，这就是复合切削循环功能。只要将零件最终加工轮廓路线、切削参数等设定在复合切削循环程序段中，系统便会自动进行重复切削循环，直到零件加工完成。

一、外圆粗、精车复合切削循环

1. 格式

G71　U(Δd)　R(e)；

G71　P(ns)　Q(nf)　U(ΔU)　W(ΔW)　F(f)　S(s)　T(t)；

…

G70　P(ns)　Q(nf)；

Δd 为背吃刀量（单边量），指定时不加符号，切削方向决定于 AB 方向。

e 为每次的退刀量（模态值，在下次指定之前均有效，可用参数指定）。

ns 为精加工形状开始时程序段的顺序号。

nf 为精加工形状结束时程序段的顺序号。

ΔU 为 X 方向精加工余量及方向（双边量）。

ΔW 为 Z 方向精加工余量及方向。

2. 说明

该指令的执行如图 7-1 所示，分为粗、精加工路径。其中 $B \to C$ 为精加工路径，$A \to B$ 刀具轨迹在程序段中的指定可以用 G00 或 G01 指令。当用 G00 指定时，$A \to B$ 之间为快速移动；当用 G01 指定时，$A \to B$ 之间为切削进给移动。在顺序号“P（ns）”到“Q（nf）”的程序段之间不能调用子程序。在指令 A 点时，必须保证刀具在工件直径、左端面以外某一点，否则将发生第一刀背吃刀量过大或撞刀。另外，$B \to C$ 之间必须符合 X、Z 轴方向共同增大或减小的模式。

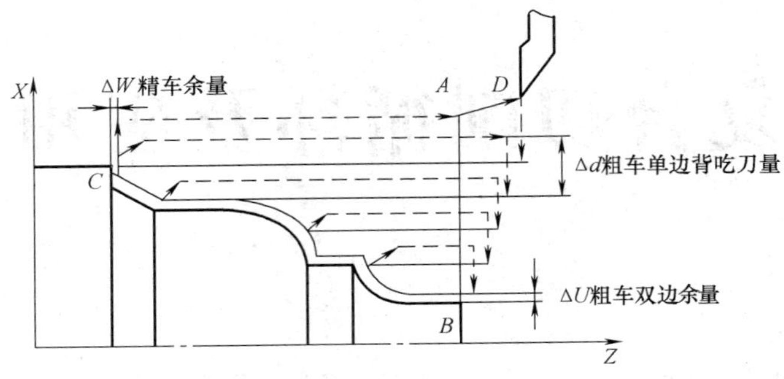

图 7-1　G71 外圆粗、精车复合切削循环

G71 程序段中，粗加工时“F（f）”、“S（s）”、“T（t）”有效，而精加工时则处于“P（ns）”到“Q（nf）”程序段之间。当有恒线速度控制功能时，在 $A \to B \to C$ 之间移动时指令中指定的 G96 或 G97 无效，而在 G71 程序段中或在 G71 程序段以前指定的 G96 或 G97 有效。

在执行 G70 精车时，顺序号“P（ns）”、“Q（nf）”之间设定的“F（f）”、“S（s）”、“T（t）”有效。当 G70 循环加工结束时，刀具返回到起点并执行下一个程序段。

复合切削循环指令 G71 的进给方向平行于 Z 轴，“U（ΔU）”和“W（ΔW）”符号的判定如图 7-2 所示。其中（+）表示沿轴正方向移动，（-）表示沿轴负方向移动。

在 FANUC 0i 系统中，G71 粗加工循环有两种类型：Ⅰ型和Ⅱ型。一般情况下，Ⅰ型粗加工循环中，轮廓外形必须采用单调递增或单调递减的形式，即不能进行 X 向的递增与递减形式并存。如凹形轮廓就无法进行分层切削，而是在半精车时一次性切削。

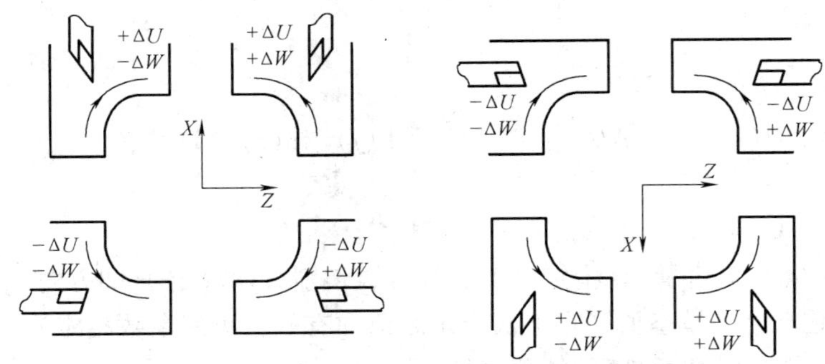

图 7-2　G71 内、外圆复合切削循环 ΔU、ΔW 符号的判定

【实例】 图 7-3 所示为一零件，毛坯尺寸 ϕ28mm × 60mm，试用外圆粗、精车复合切削循环编写加工程序（单件加工）。

1. 工艺分析

此工件可以用 G71 复合切削循环编程。用一把机夹外圆车刀完成粗、精车，进刀时不能用 G00 指令贴近工件。刀尖应停在右侧倒角的延长线上。

2. 选择刀具

T01 机夹 90°正偏刀，用于加工工件各表面。刀尖圆弧半径 $R=0.4\text{mm}$；刀尖方位 $T=3$，置于 T01 刀位。

3. 切削用量的选择

切削用量的选择见表 7-1。

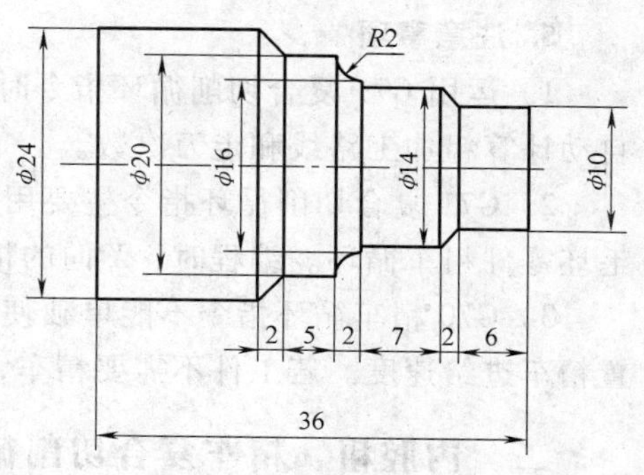

图 7-3　G71 外圆粗、精车复合切削循环

表 7-1　切削用量的选择

工步	工步内容	刀具号	刀具名称	主轴转速 /r·min^{-1}	进给量 /mm·r^{-1}	背吃刀量 /mm
1	车端面	T04	45°端面车刀	800	手动	手动
2	粗、精车外圆	T01	机夹 90°正偏刀	900/1700	0.5/0.2	1.5/0.4

4. 参考程序

程序	说明
O2125;	程序名
N10　G28　U0　W0　T0100;	返回参考点，取消 1 号刀补
N20　G99　G97　M03　S500　T0101;	主轴正转，调 1 号机夹 90°正偏刀，导入 1 号刀补
N30　G00　X28.0　Z2.0;	到循环起点位置
N40　G71　U1.5　R1.0;	设定复合切削循环的粗车背吃刀量、退刀量
N50　G71　P60　Q140　U0.8　W0.2　F0.5　S900;	设定复合切削循环粗车程序段、精车余量、进给量、转速
N60　G00　G42　X10.0　S1700;	到精车起始点 φ10mm 外圆延长线上，加右刀补及精车转速
N70　G01　Z-6.0;	精加工 φ10mm 外圆
N80　X14.0　Z-8.0;	精加工 φ10～φ14mm 倒角
N90　W-7.0;	精加工 φ14mm 外圆
N100　X16.0;	精加工 φ14～φ16mm 圆环
N110　G02　X20.0　W-2.0　R2.0;	精加工 R2mm 圆弧面
N120　G01　W-5.0;	精加工 φ 20mm 外圆
N130　X24.0　W-2.0;	精加工 φ20～φ24mm 倒角
N140　Z-36.0;	精加工 φ24mm 外圆
N150　G70　P60　Q140　F0.2;	设定精加工复合循环，精车进给速度
N160　G00　G40　X100.0;	X 轴返回换刀点并取消刀补
N170　Z100.0;	Z 轴返回换刀点
N180　M30;	主程序结束

5. 注意事项

1）运用 G71 复合切削循环指令时，只需指定精加工路线和粗加工的背吃刀量，系统会自动计算粗加工路线和走刀次数。

2）G71 复合切削循环指令主要用于对径向尺寸要求比较高且轴向切削尺寸大于径向的毛坯零件粗车循环。编程时，X 向的精车余量取值一般大于 Z 向精车余量取值。

3）G70 精车循环指令不能单独使用，需跟在粗车复合循环指令后面使用，可在该段设置精车进给速度。若工件不需要精车，也可以将 G70 精车程序段省略不写。

二、内腔粗、精车复合切削循环

用复合切削循环 G71 指令车削内腔与车削外轮廓的加工方式基本相同，不同点如下。

1）选择内轮廓加工循环点时，X 轴是以所钻的内孔直径为基准。

2）内轮廓加工时，G71 中的精车余量 ΔU 的值由图 7-2 可判定为负号。

3）退刀时必须先将刀具沿 X 轴方向退到孔内一个安全位置，Z 轴再退出，否则会出现撞刀事故。

4）内孔加工时用不通孔车刀，孔小不便排屑时一般应采用负的刃倾角以有利于后排屑。

【实例】 图 7-4 所示为一内腔零件，毛坯尺寸 ϕ72mm×62mm，试用 G71 内腔粗、精车复合循环指令编写加工程序（单件加工）。

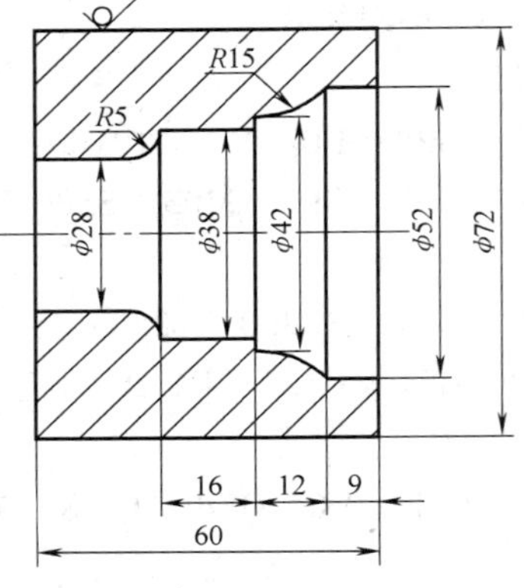

图 7-4 内腔零件

1. 工艺分析

1）钻 ϕ20mm 通孔，车平两侧端面至尺寸。

2）确定加工路线。用 90°不通孔内镗刀从右到左粗、精车内轮廓至尺寸。

2. 选择刀具

内腔加工选用 T01 机夹内镗刀。刀尖圆弧半径 R = 0.2mm；刀尖方位 T = 2，置 T01 刀位。

3. 切削用量的选择

切削用量的选择见表 7-2。

表 7-2 切削用量的选择

工步	工步内容	刀具号	刀具名称	主轴转速 /r·min^{-1}	进给量 /mm·r^{-1}	背吃刀量 /mm
1	车端面	T04	45°端面车刀	800	手动	手动
2	粗、精车内腔	T01	机夹内镗刀	800/1200	0.5/0.2	1.5/0.3

4. 参考程序

程序	说明
O8912;	程序名
N10 G28 U0 W0 T0100;	返回参考点，取消 1 号刀补
N20 G99 G97 S1000 M03;	主轴正转，转速 1000r/min
N30 T0101;	调用 1 号机夹内镗刀，导入 01 号刀补
N40 G00 X20.0 Z2.0 M08;	到循环内腔加工起点位置，切削液开
N50 G71 U1.0 R0.5;	设定复合切削循环的背吃刀量、退刀量

程序	说明
N60　G71　P70　Q130　U-0.6　W0.1　F0.5　S800;	设定复合切削循环的程序段、精车余量、进给量
N70　G00　G41　X52.0　S1200;	到起始点，加左刀补，设定精车主轴转速
N80　G01　Z-9.0　F0.2;	精加工 ϕ52mm 内孔，设定精车进给量
N90　G02　X42.0　W-12.0　R15.0;	精加工 R15mm 内圆弧面
N100　G01　X38.0;	精加工 ϕ42～ϕ38mm 内圆环
N110　W-16.0;	精加工 ϕ38mm 内孔
N120　G02　X28.0　W-5.0　R5.0;	精加工 R5mm 内圆弧面
N130　Z-60.0;	精加工 ϕ28mm 内孔
N140　G70　P70　Q130　F0.2;	设定精加工复合切削循环程序段及精车进给速度
N150　G00　G40　X20.0;	X 向退刀，取消刀补
N160　Z100.0　M09;	Z 向退刀，切削液关
N170　M02;	程序结束

第二节　端面与内腔粗、精车复合切削循环

加工盘类零件时，为减少车削走刀次数、增加车削轨迹长度、提高效率，可以采用端面复合切削循环，以实现高速切削。

一、端面粗、精车复合切削循环

1. 指令格式

G72　W(Δd)　R(e);

G72　P(ns)　Q(nf)　U(ΔU)　W(ΔW)　F(f)　S(s)　T(t);

…

G70　P(ns)　Q(nf);

Δd 为 Z 向背吃刀量，指定时不加符号，且为模态值。

e 为退刀量（模态值，在下次指定之前均有效）。

ns 为精加工开始程序段的顺序号。

nf 为精加工结束程序段的顺序号。

ΔU 为 X 方向精加工余量及方向。

ΔW 为 Z 方向精加工余量及方向。

2. 说明

该指令中“F(f)”、“S(s)”、“T(t)”粗加工时有效，而精加工时处于“P(ns)”到“Q(nf)”程序段之间的“F”、“S”、“T”有效。

该循环指令与 G71 指令的区别是该指令的切削方向与 X 轴平行，而 G71 指令与 X 轴垂直。该指令的执行如图 7-5 所示，分为粗、精加工轨迹，其中精加工路径为 $B \rightarrow C$。

端面粗、精车复合切削循环 G72 切削进给的方向为平行于 X 轴的方向。“U(ΔU)”和

“W(ΔW)”的符号规定如图7-6所示，其中“+”表示刀具沿坐标轴正方向移动，“-”表示刀具沿坐标轴负方向移动。

G72编程与G71编程不同，它不是从零件的右端部向左端部依次正常编写，而是从零件的左端部向右端部方向编写。但在数控车床上加工或模拟校验时仍然是从右端部向左端部依次正常走刀车削。

【实例】 图7-7所示为一盘类零件，毛坯尺寸 ϕ65mm×52mm，试用端面复合切削循环指令编制加工程序（单件加工）。

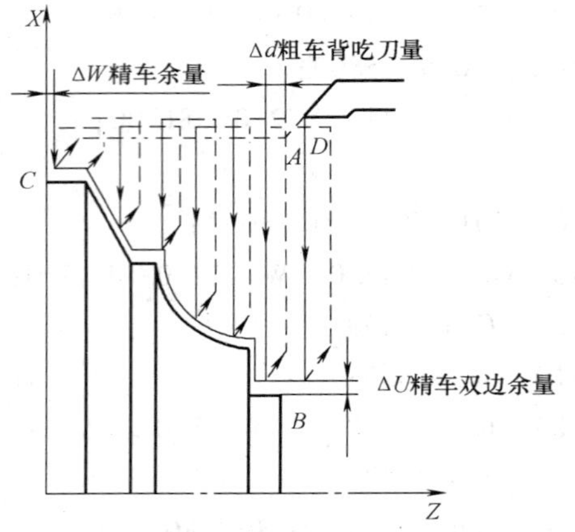

图7-5 G72端面复合切削循环

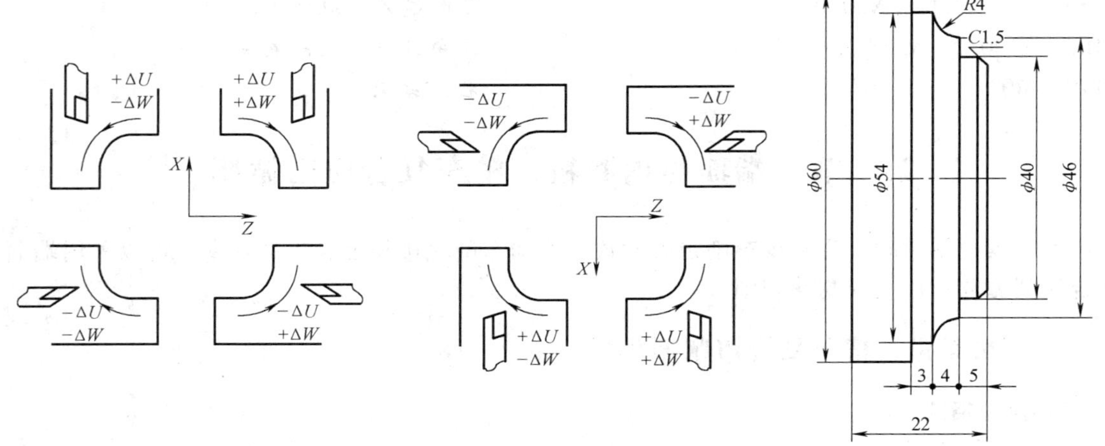

图7-6 G72端面与内腔复合切削循环ΔU、ΔW符号的判定

图7-7 盘类零件

1. 工艺分析

（1）零件图分析 零件需要手动加工右端面、自动加工外轮廓。

（2）确定加工路线 粗车外轮廓（留精加工余量）→精车外轮廓至尺寸。

（3）选择刀具 T01机夹90°正偏刀，用于加工工件各表面。刀尖圆弧半径 $R=0.4$mm；刀尖方位 $T=3$，置于T01刀位。

2. 切削用量的选择

切削用量的选择见表7-3。

表7-3 切削用量的选择

工步	工步内容	刀具号	刀具名称	主轴转速 /r·min^{-1}	进给量 /mm·r^{-1}	背吃刀量 /mm
1	车端面	T04	45°端面车刀	800	手动	手动
2	粗、精车端面	T01	机夹90°正偏刀	900/1800	0.45/0.2	1.0/0.3

3. 参考程序

程序	说明
O0445;	程序名
N10　G28　U0　W0　T0100;	返回参考点，1 号刀补清零
N20　G99　G97　S500　M03　T0101;	主轴正转，调用 1 号刀，导入 1 号刀补
N30　G00　X68.0　Z0　M08;	到循环外圆加工起点位置，切削液开
N40　G72　W1.0　R1.0;	设定复合切削循环的 Z 向背吃刀量、退刀量
N50　G72　P60　Q140　U0.1　W0.3　F0.45　S900;	设定复合切削循环的程序段、精车余量、进给量
N60　G00　G42　Z-22.0　S1800;	到起始点，加右刀补，精车转速设为 1800r/min
N70　G01　X60.0;	到精加工 ϕ60mm 外圆点
N80　W10.0;	精加工 ϕ60mm 外圆
N90　X54.0;	精加工 ϕ60 ~ ϕ54mm 圆环
N100　W3.0;	精加工 ϕ54mm 外圆
N110　G03　X46.0　W4.0　R4.0;	精加工 R4mm 外圆弧
N120　G01　X40.0;	精加工 ϕ46 ~ ϕ40mm 圆环
N130　Z-1.5;	精加工 ϕ40mm 外圆
N140　X34.0　Z1.5;	精加工倒角
N150　G70　P60　Q140　F0.2;	设定精加工复合切削循环程序段及精车进给速度
N160　G28　U10　W10　T0100　M09;	返回参考点，取消刀补，切削液关
N170　M02;	主程序结束

二、内腔粗、精车复合切削循环

用复合切削循环指令 G72 车削内腔的编程方式与外轮廓的基本相同，不同点如下。

1）内轮廓加工循环点的选择，X 轴是以所钻的内孔直径为基准。

2）内轮廓加工时 G72 程序段中的精车余量 ΔU 值，由图 7-6 判定符号为负号。

【实例】 图 7-8 所示为一内腔零件，毛坯尺寸 ϕ68mm ×30mm，试用内腔粗、精车复合切削循环指令编写加工程序（单件加工）。

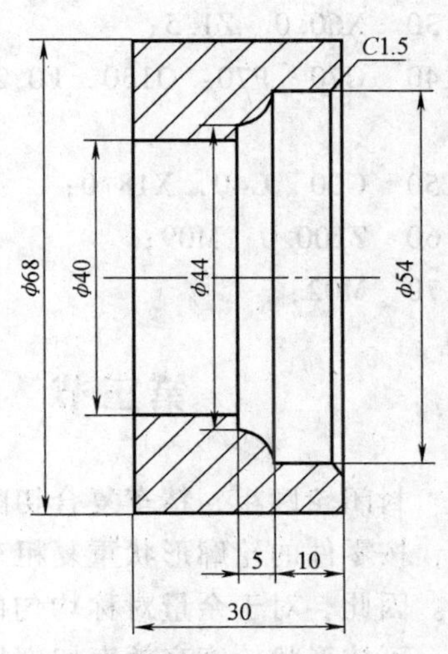

图 7-8　内腔零件

1. 工艺分析

（1）零件图分析　用 ϕ20mm 钻头钻通孔，零件需要手动加工右端面。

（2）确定加工路线　粗车内腔（留精加工余量）→精车内腔至尺寸。

(3) 选择刀具　选 90°不通孔机夹镗刀。刀尖圆弧半径 $R=0.2$mm；刀尖方位 $T=2$，置 T01 刀位。

2. 切削用量的选择

切削用量的选择见表 7-4。

表 7-4　切削用量的选择

工步	工步内容	刀具号	刀具名称	主轴转速 /r·min^{-1}	进给量 /mm·r^{-1}	背吃刀量 /mm
1	车端面	T04	端面车刀	800	手动	手动
2	粗、精镗内腔	T01	内膛刀	800/1200	0.45/0.2	0.8/0.2

3. 参考程序

程序	说明
O0122;	程序名
N10　G28　U0　W0　T0100;	返回参考点，取消 1 号刀补
N20　G99　G97　S500　M03;	主轴正转，转速 500r/min
N30　T0101;	调 1 号刀，导入 1 号刀补
N40　G00　X18.0　Z2.0　M08;	到循环外圆加工起点位置，切削液开
N50　G72　W1.0　R0.5;	设定复合切削循环的 Z 向背吃刀量、退刀量
N60　G72　P70　Q130　U-0.8　W0.2　F0.45　S800;	设定复合切削循环的程序段、粗车余量、进给量
N70　G00　G41　Z-30.0　S1200;	到起始点，加右刀补，精车转速 1200r/min
N80　G01　X40.0;	到 ϕ40mm 外圆点
N90　Z-15.0;	精加工 ϕ40mm 内孔
N100　X44.0;	精加工 $\phi40\sim\phi44$mm 圆环
N110　G03　X54.0　W5.0　R5.0;	精加工 R8mm 内圆弧
N120　G01　Z-1.5;	精加工 ϕ54mm 内孔
N130　X60.0　Z1.5;	精加工 ϕ54mm 内孔倒角
N140　G70　P70　Q130　F0.2;	设定精加工复合切削循环程序段及精车进给速度
N150　G00　G40　X18.0;	X 轴返回换刀点，取消刀补
N160　Z100.0　M09;	Z 轴返回换刀点，切削液关
N170　M02;	主程序结束

第三节　封闭轮廓粗、精车复合切削循环

封闭轮廓粗、精车复合切削循环适用于毛坯轮廓形状与零件轮廓形状基本接近时。车削时，按零件的轮廓形状重复粗车，每车削一次向零件渐进一个距离，直至车削到所要求的尺寸。因此，对于余量对称均匀的铸件、锻件及异型可加工表面等粗加工已初步形成的毛坯件，可按形状轮廓高效率切削加工。

一、指令格式

G73 U(Δ*i*) W(Δ*k*) R(Δ*d*);

G73 P(ns) Q(nf) U(Δ*U*) W(Δ*W*) F(*f*) S(*s*) T(*t*);

…

G70 P(ns) Q(nf);

Δ*i* 为 *X* 轴方向退出距离和方向（用半径指定）。

Δ*k* 为 *Z* 轴方向退出距离和方向。

Δ*d* 为粗车切削次数。

ns 为精加工形状开始程序段的顺序号。

nf 为精加工形状结束程序段的顺序号。

Δ*U* 为 *X* 方向的精加工余量及方向。

Δ*W* 为 *Z* 方向的精加工余量及方向。

二、指令说明

该指令中“F(*f*)”、“S(*s*)”、“T(*t*)”粗加工时有效，而精加工则处于“P(ns)”到“Q(nf)”程序段之间的“F(*f*)”、“S(*s*)”、“T(*t*)”有效。在顺序号为“P(ns)”到顺序号为“Q(nf)”的程序段中，不应包含子程序。

如图 7-9 所示，图中细双点画线为零件毛坯外形。点 *A* 为精车起点，在 G73 指令程序段之前指令，在封闭轮廓复合切削循环开始时，刀具首先由起刀点 *A* 退回到点 *D* 开始进刀，进行轮廓的切削循环，按图中的箭头指向层层循环切削，逐渐向零件最终形状靠近。当到达本段终点时，开始沿着精加工路径 *B*→*C* 精车一刀，均匀切除后回到点 *A*，完成封闭轮廓复合切削循环。

在 G73 指令切削循环中，无论轮廓外形是单调递增还是单调递减都可以实现分层切削。

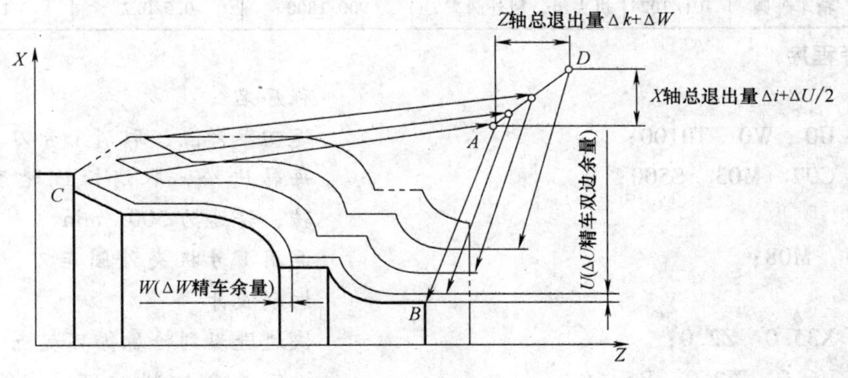

图 7-9 封闭轮廓粗、精车复合切削循环

三、Δ*i* 与 Δ*k* 的计算

Δ*i* =（待加工外径尺寸 - 工件最小尺寸 - 精加工余量）/2

该项值只是大约的计算，其值的大小对零件的加工精度没有影响，但对第一刀的背吃刀

量影响很大，要适当调整 Δi 的大小否则将会出现撞刀事故。

Δk 的取值一般小于等于 Δi 即可。

【实例】 图 7-10 所示为一凹圆弧面零件，用 G73 封闭轮廓粗、精车复合切削循环指令编制加工程序，毛坯尺寸 ϕ30mm×60mm，材料 45 钢（单件加工）。

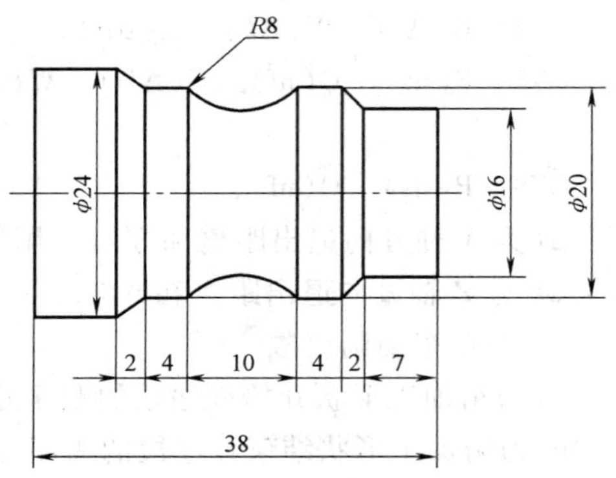

图 7-10 凹圆弧面零件

1. 工艺分析

（1）零件图分析　零件需要手动加工右端面、自动封闭循环加工外轮廓。

（2）确定加工路线　粗车外轮廓（留精加工余量）→精车外轮廓至尺寸。

（3）选择刀具　T01/ T02 为粗/精加工机夹 35°菱形正偏刀，用于加工各表面。刀尖圆弧半径 R 分别为 0.4mm、0.2mm；刀尖方位 T=3，置 T01/ T02 刀位。

（4）其他　设定循环起点为（35，2），切削循环次数为 5 次。零件最大直径为 ϕ24mm，最小直径为 ϕ16mm。Δi 值计算如下。

$$\Delta i = \text{（待加工外径尺寸 − 工件最小尺寸 − 精加工余量）}/2$$
$$= (30\text{mm} - 16\text{mm} - 0.8\text{mm})/2 = 6.6\text{mm}$$

2. 切削用量的选择

切削用量的选择见表 7-5。

表 7-5　切削用量的选择

工步	工步内容	刀具号	刀具名称	主轴转速 /r · min^{-1}	进给量 /mm · r^{-1}	背吃刀量 /mm
……						
2	粗、精车外圆	T01/T02	机夹组、精外圆车刀	900/1800	0.5/0.2	1.65/0.4

3. 参考程序

程序	说明
O0125；	程序名
N10　G28　U0　W0　T0100；	返回参考点，取消 1 号刀具补偿
N20　G99　G97　M03　S500；	每转进给，取消恒线速度，主轴正转，转速为 500r/min
N30　T0101　M08；	调用 1 号机夹外圆车刀，导入刀补，切削液开
N40　G00　X35.0　Z2.0；	快速进刀到轮廓循环起点
N50　G73　U6.6　W2.0　R5；	设定复合切削循环 X、Z 方向退刀量，车削次数
N60　G73　P70　Q140　U0.8　W0.2　F0.5　S900；	设定复合切削循环的粗加工、精车余量、进给量、主轴转速
N70　G00　G42　X16.0　S1800；	加右刀补，设定精车转速
N80　G01　Z−7.0；	精加工 ϕ16mm 外圆

N90　X20.0　W-2.0；	精加工 ϕ16～ϕ20mm 锥面
N100　W-4.0；	精加工 ϕ20mm 外圆
N110　G02　W-10.0　R8.0；	精加工 R8mm 圆弧
N120　G01　W-4.0；	精加工 ϕ20mm 外圆
N130　X24.0　W-2.0；	精加工 ϕ20～ϕ24mm 锥面
N140　G01　Z-38.0；	精加工 ϕ24mm 外圆
N150　G28　U10　W10　T0100；	粗车结束，返回参考点，取消 1 号刀补
N160　T0202；	换 2 号精车刀，导入 2 号刀补
N170　S1800；	精车主轴转速 1800r/min
N180　G00　X35.0　Z2.0；	到精加工起点
N190　G70　P70　Q140　F0.2；	设定精加工程序段号
N200　G28　U10　W10　T0200　M09；	精车结束，返回参考点，取消 2 号刀补，切削液关
N210　M02；	主程序结束

第四节　外圆槽、端面槽（钻孔）复合切削循环

零件的槽有外圆槽与端面槽之分。在零件车槽加工过程中，窄槽往往只需一刀或两刀就能完成加工，但对于宽槽零件刀具需要多次反复地执行切削动作。这时可以用一个复合切削循环指令来完成切削工作，与外圆复合切削循环一样，在程序中指定粗加工和精加工的背吃刀量等一些必要的切削参数即可。注意自动循环加工刀具或钻头应安装在刀架上，安装在尾座上无效。

一、外圆槽复合切削循环

1. 指令格式

G75　R(e)；

G75　X(U)_　Z(W)_　P(Δi)　Q(Δk)　R(Δd)　F(f)；

e 为每次退刀量（模态值，该参数为半径值）。

“X(U)_”为切槽终点的 X 向绝对（增量）坐标值。

“Z(W)_”为切槽终点的 Z 向绝对（增量）坐标值。

Δi 为 X 向每次背吃刀量（无正负、半径值）。

Δk 为 Z 向间断切削长度（无正负，偏移方向由系统根据刀具起点与终点坐标自动判断）。

Δd 为刀具在槽底的退刀量（半径值，符号为正。若“Z（W）_”与“Q（Δk）”省略时，可用正、负号指定退刀的方向）。一般情况下，因加工槽时，刀具两侧无间隙，无退让距离，所以一般该值取“零”或省略。

2. 说明

该指令的执行如图 7-11 所示，虚线表示快速进刀、退刀，实线表示工进切削。

刀具快速到达工件外车槽起刀点，从车槽起刀点开始工进，每进给 Δi 便快退 e 值。到达槽底后，刀具退回起刀点，按 Δk 移动一个新位置，再次执行切削循环。Δk 要根据刀具的宽度来确定。最后刀具从车槽终点返回车槽起点，整个循环结束。

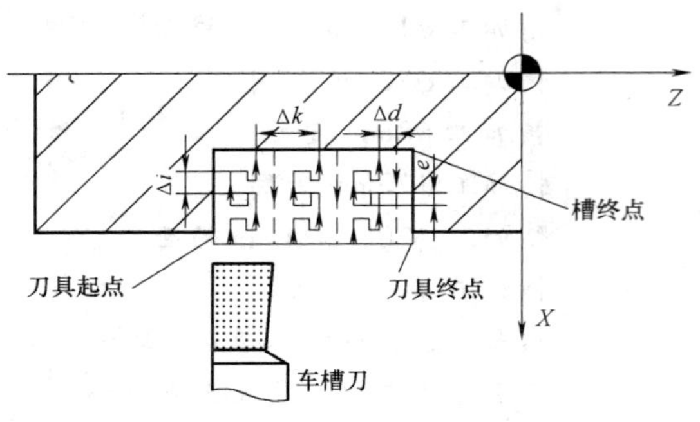

图 7-11　外圆槽复合切削循环

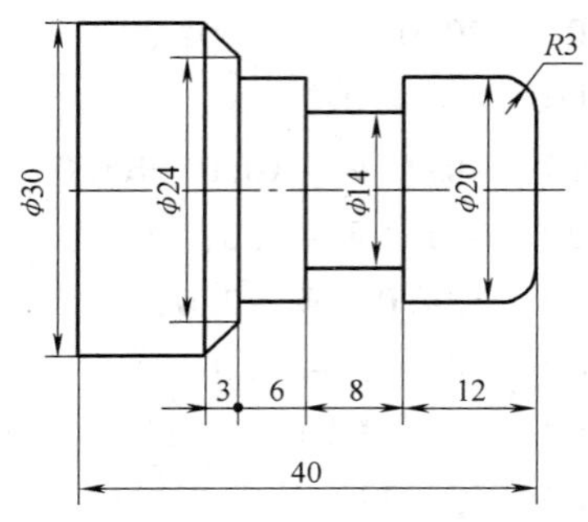

图 7-12　宽槽零件

【实例】 图 7-12 所示为一宽槽零件，用车槽复合切削循环指令编制加工程序(单件加工)。

1. 工艺分析

零件外轮廓编程略。G75 指令执行第一次时在（X24.0，Z－15.0）（*Z* 向长度刀宽 3mm）位置车槽。每切削完一次槽后退回到 *X* 方向 24.0mm 处，向后移动一个由“Q”指定的距离 Δk（2mm），采用微米制即为 2000μm，再执行下次槽加工。

2. 选择切削用量

切削用量的选择见表 7-6。

表 7-6　切削用量的选择

工步	工步内容	刀具号	刀具名称	主轴转速/$r \cdot min^{-1}$	进给量/$mm \cdot r^{-1}$	背吃刀量/mm
……						
2	粗、精车宽槽	T02	机夹车槽刀	900	0.1/0.06	3

3. 参考程序

```
…                                          ……
N200  G99  G97  M03  S900  T0202;          主轴正转，调 2 号刀具，导入 2 号刀补
N210  G00  X24.0  Z－15.0;                 到车槽循环起点
N220  G75  R0.3;                           设定车槽循环 X 向每次退刀量
N230  G75  X14.5  Z－20.0  P1500           设定车槽循环指令参数
Q2000  R0  F0.1;
N240  G01  X14.0  F0.06;                   X 向至槽底准备精车
N250  Z－20.0;                             Z 向精车
…                                          ……
```

二、端面槽（钻孔）复合切削循环

当加工端面槽（钻孔）时，可用端面槽（钻孔）复合切削循环 G74 指令。

1. 指令格式

G74　R(e)；

G74　X(U)_　Z(W)_　P(Δi)　Q(Δk)　R(Δd)　F(f)；

e 为每次退刀量（模态值）。

“X(U)_”为槽终点 *X* 向绝对（增量）坐标值。

“Z(W)_”为槽终点 *Z* 向绝对（增量）坐标值。

Δi 为每次切削后 *X* 向的移动量（无正负、半径值：偏移方向由系统根据刀具起点与终

点坐标自动判断)。

Δk 为 Z 向间断切削长度（增量、无正负）。

Δd 为刀具在切削底部的退刀量。

f 为切槽时的进给量。

2. 说明

该指令的执行如图 7-13 所示，虚线表示快速进刀、退刀，实线表示工进切削。刀具快速到达工件外车槽起刀点，从车槽起刀点开始工进，每次进给 Δk 便快退 e 值，每次切削循环完成后 X 向移动 Δi 值，再次执行切削循环。Δi 要根据刀具的宽度来确定。最后刀具从车槽终点返回车槽起点，整个循环结束。Δd 取 0，尽量不要设置数值，以免断刀。

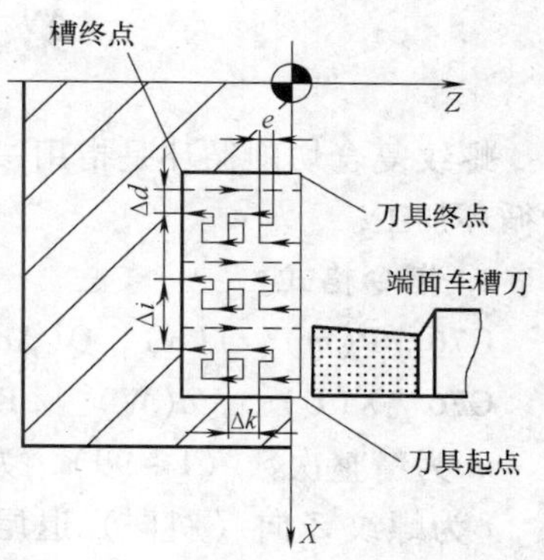

图 7-13　端面槽复合切削循环

【实例】　图 7-14 所示为一端面槽零件，试用端面槽复合切削循环指令编制加工程序（单件加工）。

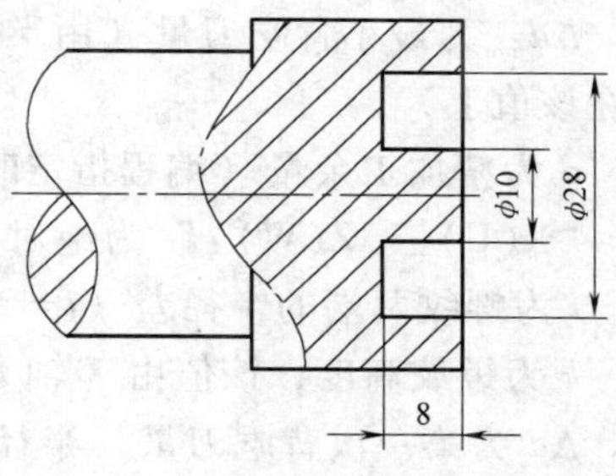

图 7-14　端面槽复合循环实例

1. 工艺分析

G74 执行第一次切削循环时在 X 方向 28mm 位置车槽，进给量 0.08mm/r。每切削完一次槽后退回到 Z 方向 2mm 处时，再向后移动一个由“Q”指定的 Δk（4mm），采用微米制即 4000μm，再执行下次槽加工。设车槽刀刀宽为 3mm。

2. 选择切削用量

切削用量的选择见表 7-7。

表 7-7　切削用量的选择

工步	工步内容	刀具号	刀具名称	主轴转速/r·min⁻¹	进给速度/mm·r⁻¹	背吃刀具/mm
……						
2	粗、精车外圆	T04	端面机夹车槽刀	900	0.08	3

3. 参考程序

```
…                                       ……
N30  G28  U0  W0;                       返回参考点
N40  G99  G97  M03  S900  T0404;        主轴正转，转速900r/min，调4号刀具，导
                                        入4号刀补
N50  G00  X22.0  Z2.0;                  到车槽循环起点
N60  G74  R0.5;                         设定车槽循环每次退刀量
N70  G74  X10.0  Z-8.0  P1500           设定车槽循环指令参数
Q2000  F0.08;
N80  G00  Z100.0;                       Z向返回换刀点
…                                       ……
```

加工端面槽时，为了避免车刀与工件沟槽的较大圆弧面相碰撞，刀尖的副后面应根据端面圆弧的大小磨成圆弧形，并保持一定角度的后角。

第五节　螺纹复合切削循环

螺纹复合切削循环是指用一个（或两个）程序段指令就可以完成对零件螺纹的多次自动循环加工。

1. 指令格式

G76　P(m)(r)(α)　Q(Δd_{min})　R(d);

G76　X(U)_　Z(W)_　R(i)　P(k)　Q(Δd)　F(L);

m 为精整次数（1～99），为模态值。

r 为螺纹 Z 向（斜向）退尾量（00～99），即螺纹收尾部分的长度，为模态值。

α 为刀尖角度，模态值，在 80°、60°、55°、30°、29°和 0°六个角度中选一个，其角度用两位数字指定。

Δd_{min} 为最小背吃刀量（用半径编程指定，计算值小于这个极限值时，车削背吃刀量锁定在该值上）。

d 为精加工余量（编程指定时，用带小数点的半径量表示，外螺纹取正，内螺纹取负）。

“X(U)_　Z(W)_”为绝对（增量）编程时有效螺纹终点 C 的坐标。

i 为螺纹两端的半径差（$i=0$ 时为圆柱直螺纹）。

k 为螺纹高度，该值由 X 轴方向上的半径值指定，通常为正值。

Δd 为第一次背吃刀量（半径值），后续背吃刀量递减。

L 为螺纹导程。

2. 说明

采用 G76 螺纹复合切削循环编程时，“P”和“Q”值不能使用小数点输入编程，必须以最小输入增量为单位指定移动量和背吃刀量，m、r、α 用地址“P”一次指定。

例：若 $m=2$、$r=1.2$mm、$\alpha=60°$，则指令应为“G76　P021260　Q100　R200;”。

3. 切削原理

螺纹复合切削循环 G76 执行的加工轨迹如图 7-15 所示。图中 B 到 D 点的切削速度由“F”指定，而 AB、DA 段轨迹均为快速进给。

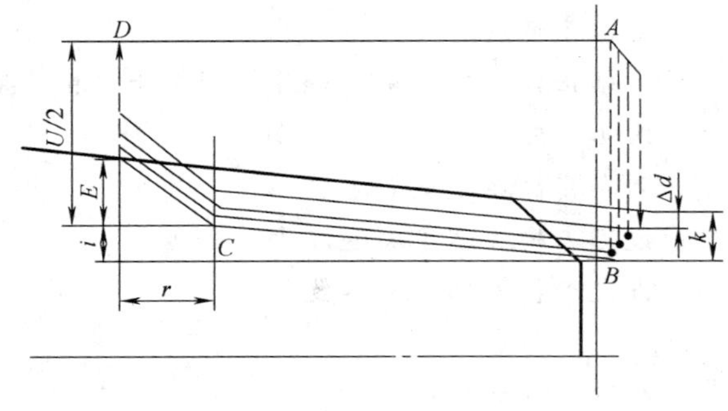

图 7-15　螺纹复合切削循环参数

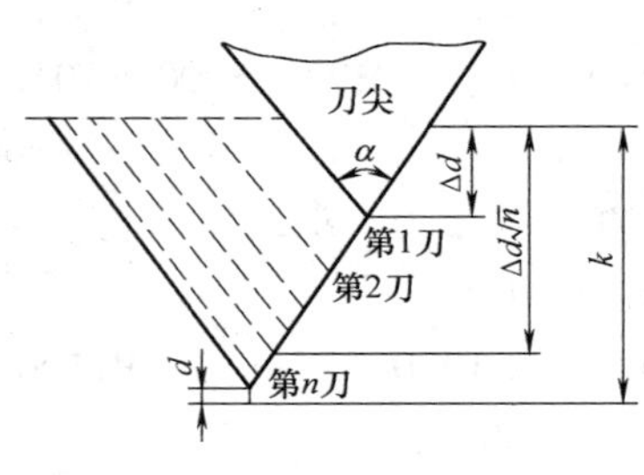

图 7-16　切削循环原理图

假设螺纹牙型角为 α，第一次切削时背吃刀量为 Δd，第二次的总切削深度为$\sqrt{2}\Delta d$，第 n 次切削的总切削深度为$\sqrt{n}\Delta d$，则每次循环的背吃刀量为 $\Delta d\sqrt{n}-\Delta d\ \sqrt{n-1}$。

设定最小背吃刀量为 Δd_{min}，则计算如下。

第一次，背吃刀量为 Δd，轴向位移 $\Delta Z_1=\Delta d\tan\ (\alpha/2)$。

第二次，背吃刀量为$\sqrt{2}\Delta d$，轴向位移 $\Delta Z_2=\sqrt{2}\Delta d\tan\ (\alpha/2)\ =\sqrt{2}\Delta Z_1$

……

第 n 次的背吃刀量为（$\Delta d\sqrt{n}-\Delta d\ \sqrt{n-1}$），轴向位移$\sqrt{n}\Delta Z_{n-1}$。

当该值小于 Δd_{min}时，则背吃刀量到 Δd_{min}便停止切削。

依 G76 程序段中的“X(U)_　Z(W)_”指令实现循环加工。增量编程时，要注意 U 和 W 的正负号（由刀具轨迹 *AB* 和 *BC* 段的方向决定）。依 G76 循环指令进行单边切削，减小了刀尖的受力。第一次切削时背吃刀量为 Δd，第 n 次的总切削深度为 $\Delta d\sqrt{n}$。

由于是单边切削（斜进给加工），从而保证了螺纹粗车过程中始终用一个切削刃切削，减少了切削阻力，使刀尖的负载减轻，继而可避免出现啃刀现象，提高了刀具的寿命，为螺纹的精车质量提供了保证。

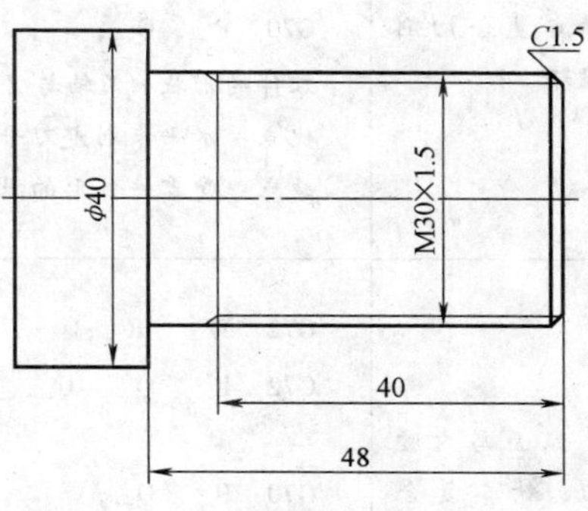

图 7-17　直螺纹零件

【实例】　图 7-17 所示为一直螺纹零件，试用 G76 螺纹复合切削循环指令编制加工程序（单件加工）。

1. 工艺分析

参数值的选取：精加工次数 2 次，螺纹车刀刀尖角度为 60°，最小背吃刀量取 0.1mm，精加工余量取 0.2mm，螺纹牙型高度（查表）为 0.974mm，第一次背吃刀量 0.5mm，计算螺纹小径为 $d-1.08P=30\text{mm}-1.08\times1.5\text{mm}=28.38\text{mm}$。

2. 参考程序

```
…                                       ……
N80  M03  S900  T0202;                  主轴正转，转速 900r/min，调 2 号螺纹车刀，导入 2 号刀补
N90  G00  X32.0  Z2.0  M08;             到螺纹循环起点位置，切削液开
N100  G76  P020060  Q100  R0.2;         采用螺纹复合切削循环加工外螺纹
N110  G76  X28.38  Z-40.0  P974         设置螺纹复合切削循环参数
      Q500  F1.5;
N120  G00  X100.0  Z100.0  M09;         返回换刀点
…                                       ……
```

单侧刃加工螺纹时，切削刃容易损伤和磨损，从而使螺纹面不直，造成牙型精度变差。因此，在切削较高精度螺纹时，可先用 G76 指令进行粗加工，然后用 G92 指令精车。加工时须注意两把刀具的循环起点要准确，否则会产生“乱扣”现象。

本单元小结

FANUC 0i 系统复合形状多重循环编程应用一览表如下。

种　类	指令格式	应　用
内、外圆粗、精车复合切削循环	G71 U_ R_; G71 P_ Q_ U_ W_ F_ S_ T_; … G70 P_ Q_; 零件的形状，*X* 轴与 *Z* 轴都必须是单调增大或减小 优点：水平车削走刀平稳 缺点：受零件外形的限制，不能带凹槽	对径向尺寸要求比较高，且轴向切削尺寸大于径向的毛坯零件车削循环
端面与内腔粗、精车复合切削循环	G72 W_ R_; G72 P_ Q_ U_ W_ F_ S_ T_; … G70 P_ Q_; 零件的形状，*X* 轴与 *Z* 轴都必须是单调增大或减小 优点：车削走刀平稳 缺点：受零件外形的限制，不能带凹槽	一般用于盘类及内腔零件
封闭轮廓粗、精车复合切削循环	G73 U_ W_ R_; G73 P_ Q_ U_ W_ F_ S_ T_; … G70 P_ Q_; 优点：不受零件外形的限制 缺点：轮廓线车削，走刀不平稳	零件毛坯可以是锻件、铸件，也可以是圆棒料，一般带凹槽的零件都用该指令编程
端面槽（钻孔）复合切削循环	G74 R_; G74 X(U)_ Z(W)_ P_ Q_ R_ F_;	一般应用于轴向端面宽槽的多刀断屑加工
外圆槽复合切削循环	G75 R_; G75 X(U)_ Z(W)_ P_ Q_ R_ F_;	一般应用于径向外圆宽槽的多刀断屑加工
螺纹复合切削循环	G76 P___ Q_ R_; G76 X(U)_ Z(W)_ R_ P_ Q_ F_; 特点如下 1）退尾处按45°角 *Z* 向退刀 2）编定单线螺纹灵活方便，螺纹加工程度简洁，但指令复杂，参数多	一般应用于圆柱螺纹与圆锥螺纹加工程序的编写

一、问答题

1. 在 FANUC 0i 系统中，G70 指令与 G71、G72、G73 配合使用。如果将它取消，能否还能进行粗、精车？为什么？

2. 在 G72 指令的起始程序段中，不应包含 X 向移动指令。若不慎编入了 X 向移动指令，那么会出现什么结果？

3. G71 指令的起始程序段必须为 G00/G01 指令，即从刀具起刀点到精加工路径起始点的动作必须是直线或点定位运动。如果采用 G02/G03 会如何循环走刀？会出现什么结果？

4. 如何使用 G76 螺纹复合切削循环车削双线螺纹零件？

二、编程题

1. 图 7-18 所示为一销轴零件，试用复合切削循环指令 G71 完成零件外轮廓的粗、精车编程(毛坯尺寸：ϕ30mm×50mm，材料为 45 钢)。

2. 图 7-19 所示为一销轴综合件，试用封闭轮廓粗、精车复合切削循环指令 G73 完成零件外轮廓的粗、精车及槽、螺纹的编程(毛坯尺寸：ϕ38mm×100mm，材料为 45 钢)。

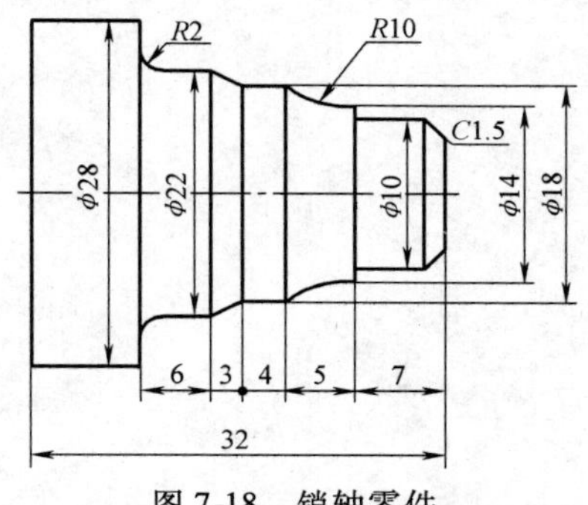

图 7-18 销轴零件

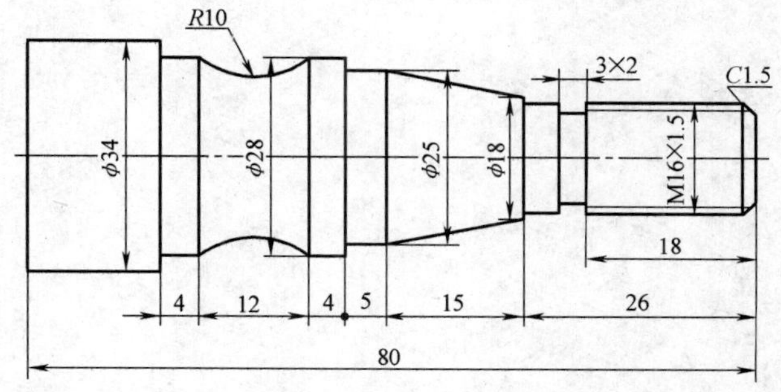

图 7-19 销轴综合件

3. 图 7-20、图 7-21 所示为内腔零件，外圆与内通孔 ϕ18mm 均已加工，试用复合切削循环指令 G71/72 完成内腔编程(毛坯：ϕ68mm×38mm、ϕ48mm×50mm 材料为 45 钢)。

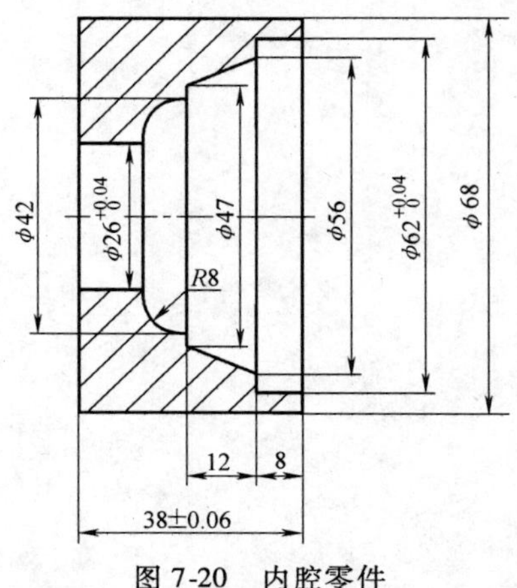

图 7-20 内腔零件

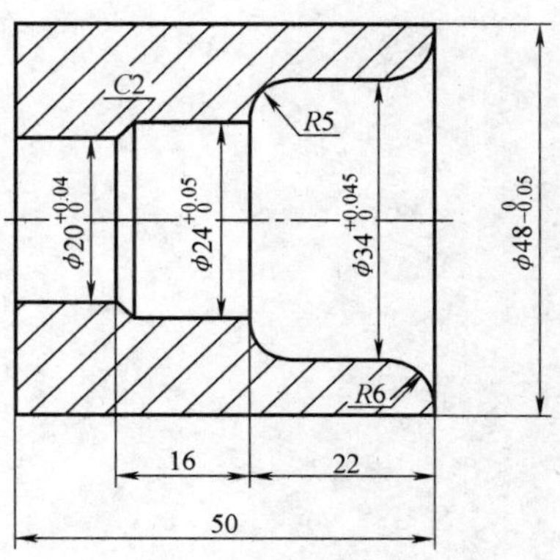

图 7-21 内腔零件

下篇 实践篇

数控车床的基本操作

学习目标

1. 熟悉 FANUC 0i 数控车床操作面板的结构和特点。
2. 掌握数控系统操作面板上各键、旋钮及显示菜单的用途、使用方法与基本操作过程。
3. 明确工件坐标系的建立，对刀原理、方法及对刀过程、补偿及修订等。
4. 理解对刀的概念，会在自动转位刀架上进行各种方式的对刀。

第一节　FANUC 数控系统编辑面板的基本操作

下面以 FANUC 0i—TC 系统为例介绍其编辑面板的操作过程。该数控系统的编辑面板由 CRT 显示器和 MDI 键盘两部分组成。

一、CRT 显示器/MDI 键盘

CRT 显示器可以显示机床的各种参数和功能，如机床参考点坐标、刀具起始点坐标、

图 8-1　FANUC 0i Mate—TC 数控系统编辑面板

指令数据、刀具补偿量数据、报警信号、自诊断结果、滑板快速移动的速度及间隙补偿值等。MDI 键盘由地址/数字键区、功能键区、程序编辑键区、光标页面区及复位键、切换键、CAN 取消键、输入键、帮助键等组成，如图 8-1 所示。

二、MDI 键盘的布局及各键的功能

FANUC 0i Mate—TC 数控系统 MDI 键盘的布局、各键的名称和功能如图 8-2 所示。

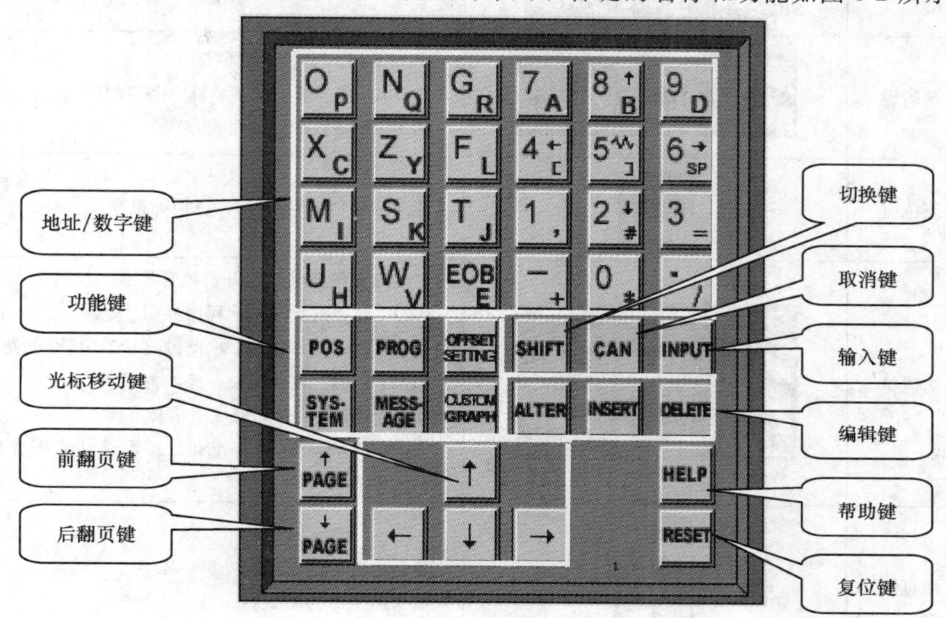

图 8-2　MDI 键盘的布局、各键的名称和功能示意图

三、软键和功能键的功能

软键位于 CRT 显示器屏幕的下方，共有七个键。在选择时，按下与屏幕文字相对的软键，就可以选择与所选功能键相关的界面。MDI 键盘功能说明见表 8-1。

表 8-1　MDI 键盘功能说明

序号	名称	按键示意图	功能说明
1	软键		中间五个分别与屏幕显示定义软键相对应。左侧带箭头键为菜单返回键，右侧带箭头键为菜单继续键
2	地址/数字键		共 24 组键，可输入字母、数字及其他字符

（续）

序号	名称	按键示意图	功能说明
3	光标移动键	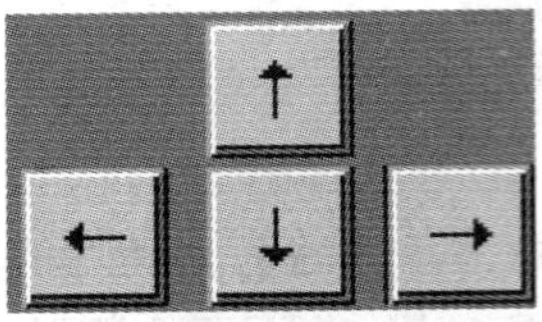 ↑ ← ↓ →	→：右移或前进方向移动 ←：左移或倒退方向移动 ↑：上移或倒退方向移动 ↓：下移或前进方向移动
4	编辑键	 ALTER INSERT DELETE	ALTER 键：替换当前字符 INSERT 键：用于程序编辑中字符的插入 DELETE 键：删除整段程序
5	复位键	 RESET	按此键可使 CNC 复位，以消除报警
6	功能键	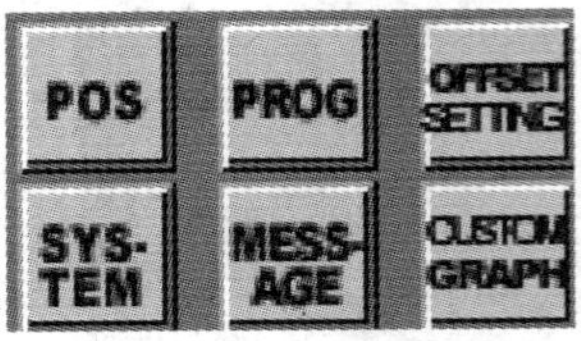 POS PROG OFFSET SETTING SYS-TEM MESS-AGE CUSTOM GRAPH	POS 键：按此键显示开机位置界面 PROG 键：按此键显示程序界面 OFFSET SETTING 键：按此键显示刀偏量/设置界面 SYSTEM 键：按此键显示系统界面 MESSAGE 键：按此键显示信息界面 CUSTOM GRAPH 键：按此键显示会话式宏界面/模拟刀具轨迹界面
7	翻页键	 ↑ PAGE ↓ PAGE	箭头向上的为朝前翻一页 箭头向下的为朝后翻一页
8	取消键	 CAN	删除已输入缓冲器的最后一个字符或符号
9	输入键	 INPUT	数据输入到寄存器中，并在 CRT 显示器上显示出来，用于参数或补偿值的输入
10	切换键	 SHIFT	对于键上有两个字符的，按此键可相互切换
11	帮助键	 HELP	对于操作存在疑问的，按此键可获得帮助

第二节　FANUC 数控系统控制面板的基本操作

CAK6136/750 数控系统控制面板的基本组成如图 8-3 所示。

数控系统控制面板是由机床生产厂家配合数控系统自主设计制造的。不同的生产厂家生产的控制面板是不尽相同的，甚至同一生产厂家不同生产批次的控制面板也有所不同。

图 8-3　CAK6136/750 数控系统控制面板的基本组成

一、数控机床控制面板各主要功能键与旋钮的功能

CAK6136/750 数控系统控制面板各主要功能键与旋钮的功能见表 8-2。

表 8-2　CAK6136/750 数控系统控制面板各主要功能键与旋钮的功能

名　称	功　　能
电源	按此键数秒后，屏幕出现显示，表示机床控制系统已接通电源
急停	当机床遇到紧急情况时，按下急停按钮，机床紧急停止、系统清零
写保护	用开关钥匙打开，打开后用户加工程序可以进行修改编辑，关闭则程序写保护
主轴倍率开关	此开关在任何工作状态下均可以调整主轴转速，使之按主轴调整范围的 50% ~120% 的倍率发生变化
进给倍率开关	刀架进行自动进给时调整进给倍率，在 0 ~120% 区间调节
循环启动	按此键使采用编辑及手动方式输入数控系统内的程序被自动执行。执行程序时，该键内的指示灯亮，执行完毕后指示灯灭
手轮倍率	手摇方式下，通过选择手轮相应的倍率来控制机床刀架移动的快慢，并配合增量方式，通过挡位变换从而控制机床在 +*X*、-*X*、+*Z*、-*Z* 方向的进给当量，对应 0.001 ×1%、0.01 ×25%、0.1 ×50%、1 ×100%
MDI	手动数据输入方式，一般情况下“MDI”方式是用来进行单段程序的输入，并按“循环启动”控制机床执行
编辑	编辑零件加工程序
自动	程序自动运行方式
手动	按此键指示灯亮进入手动，可进行 *X* 轴、*Z* 轴连续移动
回零	机床回零方式，长按 +*X*、+*Z* 按键不松手，指示灯亮表示回零结束

（续）

名　称	功　　能
X 手摇、Z 手摇	按下“X 手摇”或“Z 手摇”按键指示灯亮，再用手轮控制 X、Z 向移动，速度可由手轮倍率进行调节
机床锁住	执行加工程序时，机床不移动但显示器上各轴位置在变化
单段	程序每执行一段即停止，再按一下“循环启动”又执行下一行程序段
快移	当此按键与点动按键同时按下时，刀架按快速移动指令 G00 所规定的速度和运动方向运行
跳步	当执行到前面带有“/”的程序段时，将跳开此段程序向下运行
空运行	不夹零件时，检查机床刀架的运行情况
方向键“←”“→”“↑”“↓”	此键配合手动键、快移键可进行刀架的方向移动

二、数控机床控制面板的使用

数控机床手动操作主要包括：机床的起动与关闭、机床手动回参考点、刀架手动进给、手摇脉冲移动刀架等内容。

1. 机床的起动与关闭

数控机床的起动与普通机床相似。机床上电前，首先检查外部情况、冷却润滑状态、急停开关是否关闭等。无误后，按照通电顺序打开电源开关→打开系统电源→打开急停按键（接通电源后，该系统会显示液压报警信息，如图 8-4 所示。这是因为油泵要人工开启）→按下液压按键（油泵起动后，报警消除，进入正常界面，如图 8-5 所示）。操作者须对显示器所显示的内容及机床各种工作状态指示灯作进一步的检查，然后进行下一步的操作。对于绝大多数机床，主轴还须低速运行 10min 左右，以提高设备运行的稳定性。关闭数控机床时，按照先系统后机床的顺序，即先关闭急停按键再关闭电源。

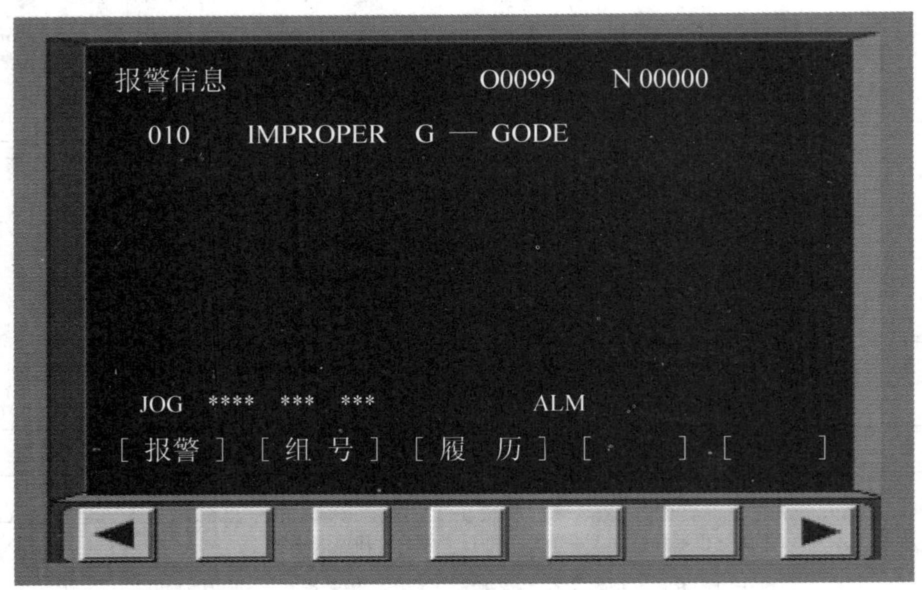

图 8-4　报警界面

图 8-5 开机位置界面

2. 机床回参考点

数控车床若采用绝对编码器，可以不用回零；若采用增量式检测反馈装置，没有绝对测量参考点，必须回零。将系统控制面板的“回零”按键按下（回零灯亮），按住“X 轴回零”按键和“Z 轴回零”按键，此时两个坐标轴将进行回零刀架移动，相应坐标轴回零指示灯亮后说明回零完成；也可采用 MDI 方式“G28 U_ W_;”回零。在使用机床锁住功能后必须回零。为防止机床误动作，一般单件加工编程时在程序开始应加入 G28 指令。

3. 刀架手动连续进给

按下“手动”按键同时指示灯亮，系统将处于连续点动运行方式。使用机床控制面板上的进给倍率开关可以修调进给速度。根据需要移动的方向，按控制面板中相应的方向键。

4. 手轮（手摇脉冲发生器）**进给**

将工作方式选为手摇方式“X 手摇”或“Z 手摇”，调节手摇倍率“×1%”、“×25%”、“×50%”、“×100%”中任意一个后转动手摇脉冲发生器，即可进行坐标轴的连续移动。手摇脉冲发生器旋转一个分度值时，刀具移动的最小距离等于最小输入增量单位。如该系统的最小增量单位是 0.001mm，则移动量可按每摇一个分度值刀台走 0.001mm 计算。刀台的前后、左右移动可通过顺时针、逆时针转动手摇脉冲手轮的方式实现。注意，转动手轮时转动不能过快，以不超过 5r/s 为宜。

5. 电动刀架手动控制选刀

电动刀架可通过 T 码自动转位选刀，也可以利用按键手动选刀。手动时，在点动状态下按“手动选刀”按键，则刀架按一个方向转过一个工位，并在最近的一个工位停止并锁紧。如继续按下不松开，则刀架始终转位。在 MDI 方式下手动转位失效。

三、手动数据输入方式（MDI 方式）

在 MDI 运行方式下，用编辑面板上的按键，在程序显示界面可编制零件加工程序。

1）按编辑面板上的 PROG 功能键选择程序界面。

2）按机床控制面板上的 MDI 键（同时指示灯亮），将出现如图 8-6 所示界面。

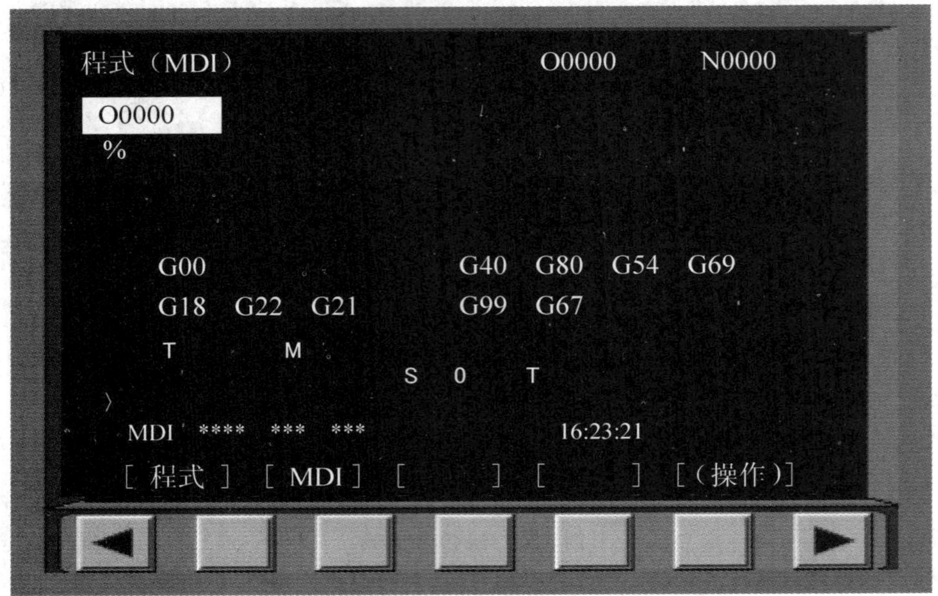

图 8-6 MDI 编程界面

3）在 MDI 方式下可建立程序。字的插入、修改、删除，字的检索，地址的检索以及程序的检索都是有效的。

4）如要删除 MDI 方式下建立的程序，可输入地址“O××××”，然后按“DELETE”键。

5）要执行 MDI 程序，须将光标移动到程序头或中间一个要删除的位置。按控制面板上的“循环启动”按钮，程序开始执行。程序执行结束后，该程序将自动删除而且运行结束。

6）要停止 MDI 运行，可按机床控制面板上的“进给暂停”按键，“进给暂停”灯亮而“循环启动”灯灭。终止 MDI 运行，可按机床控制面板上“RESET”键，自动运行结束并进入复位状态。在移动期间复位时，移动减速然后停止。

四、程序编辑方式

程序编辑是数控机床操作中经常用到的。它主要包括新程序的建立，程序的检索，字的插入、修改、删除和替换等编辑方式。程序编辑操作还包括整个程序的删除和自动插入顺序号等。

编辑操作主要包括程序编辑键区各键、地址/数字键区各键和切换键等功能键的使用和相应的功能操作。

1. 程序的创建步骤

1）按控制面板“编辑”键进入 EDIT 方式。

2）按“PROG”键，再按［ LIB ］软键，如果有储存的程序，则显示当前选择的程序。图 8-7 所示为已登录程序数量 2 个，剩余数量 55 个；已用磁盘空间 562KB，剩余内存量

3090KB；已储存的程序号为 O0100、O4750。

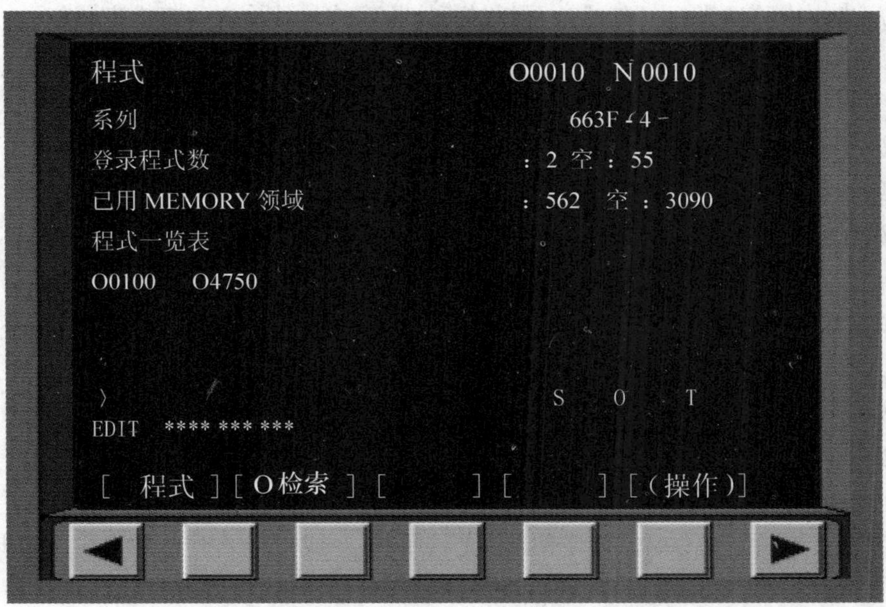

图 8-7　显示存储内容界面

3）若无储存程序，则需输入新的程序。按地址键“O”并输入欲储存的程序号如“O0122”，新程序建立界面如图 8-8 所示，再按“INSERT”键，则储存了一个新的程序号“O0122”，而后在编辑面板上依次输入程序的内容即可。每输入一个程序段后，按回车键“EOB_E”换行表示语句的结束，再按“INSERT”键将该语句输入。

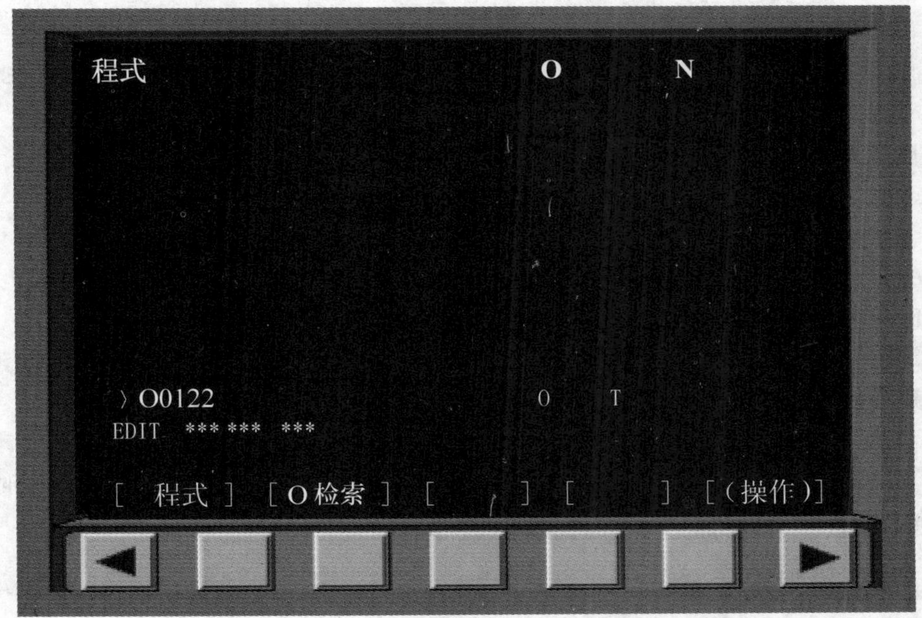

图 8-8　新程序建立界面

2. 字的检索

在程序文本中移动光标（扫描）可以进行字检索或地址检索，扫描步骤如下。

1）按光标移动键[→]时，光标在屏幕上向前逐字移动，光标在选择字处显示，持续按不松手则连续扫描。

2）按光标移动键[←]时，光标在屏幕上往后逐字移动，光标在选择字处显示，持续按不松手则连续扫描。

3）按光标移动键[↑]时，光标在前一个程序段的第一个字处被检索，持续按不松手则移动到尾。

4）按光标移动键[↓]时，光标在下一个程序段的第一个字处被检索，持续按不松手则移动到程序开头。

5）按翻页键[↑PAGE]时，显示上一页并检索到该页的第一个字，持续按页显示。

6）按翻页键[↓PAGE]时，显示下一页并检索到该页的第一个字，持续按页显示。

3. 编辑程序

（1）程序号检索　当存储器中存有若干个程序时，可以进行程序号检索，检索步骤如下。

选择编辑方式→按“PROG”显示程序界面→键入地址“O”及要检索的程序号→按［O 检索］软键（此时目录中的下一个程序被检索）。检索操作完成以后，在屏幕的右上角显示出被检索的程序号，若没有找到则产生 P/S 报警 71 号。

（2）字的插入、修改和删除

1）插入步骤。

将光标移动键移动到要插入字的前一个位置如“X10.0”的位置→键入“Z－100.0”→按“INSERT”键完成插入。

2）修改步骤。

① 方法一。检索或扫描要修改的字→键入要插入的地址→键入数据→按“ALTER”键。

② 方法二。将光标移动键移动到检索字如“Z－32.0”的位置→字修改，如改成“Z－30.0”。

3）删除步骤。

检索或扫描要删除的字→按“DELETE”键。

（3）一个程序段及多个程序段的删除步骤

① 一个程序段的删除步骤。检索或扫描要删除程序段的地址 N→按“EOB_E”键→按“DELETE”键。

② 多个程序段的删除步骤。检索或扫描要删除部分第一个程序段的字 → 键入地址“N”→键入要删除部分最后一个程序段的顺序号→按“DELETE”键。

（4）指针指向程序开头的步骤　将光标放在程序的起始位置，此功能称为指针指向程序开头。在编辑方式下选择程序界面时，按“RESET”复位键，则在执行该程序时将从程序头开始。

五、图形模拟显示方式

程序编写完之后可以通过图形模拟功能在界面上显示程序的刀具轨迹，以检查走刀加工的过程，但不能检查零件尺寸的正误。图形可以放大或缩小，但在显示刀具轨迹前必须设定好界面坐标参数和绘图参数。

按“CUSTOM GRAPH”显示会话式宏界面/模拟刀具轨迹界面键，显示界面如图 8-9 所示。

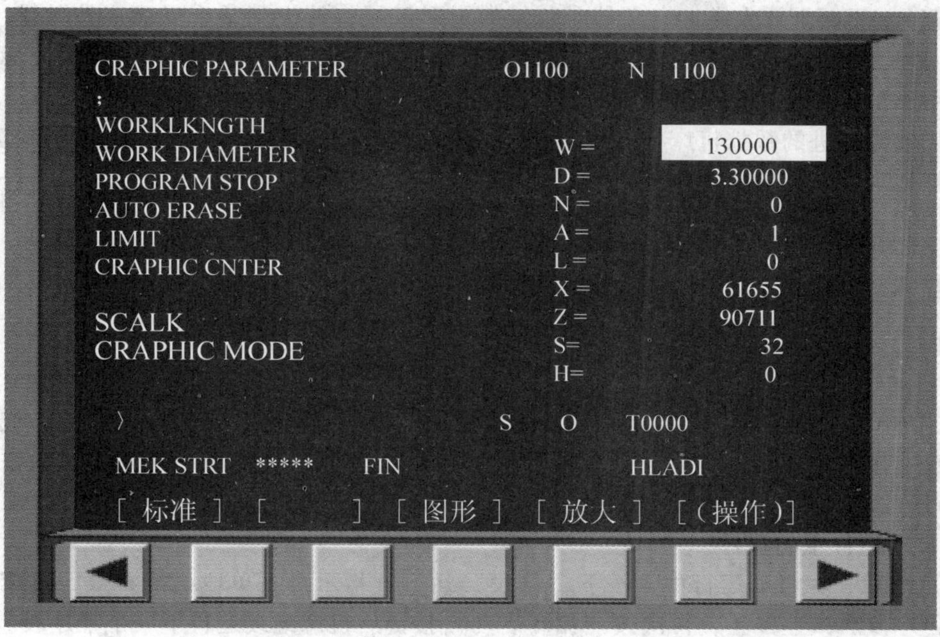

图 8-9　图形模拟参数显示界面

若不显示该界面，按软键“[参数]”→将光标移动到所需设定的参数处→输入数据→按“INPUT”键（再设定其他参数时重复此过程）→按软键“[图形]”→按下软键“[EXEC]”，于是在界面上开始模拟刀具的运动轨迹，如图 8-10 所示。

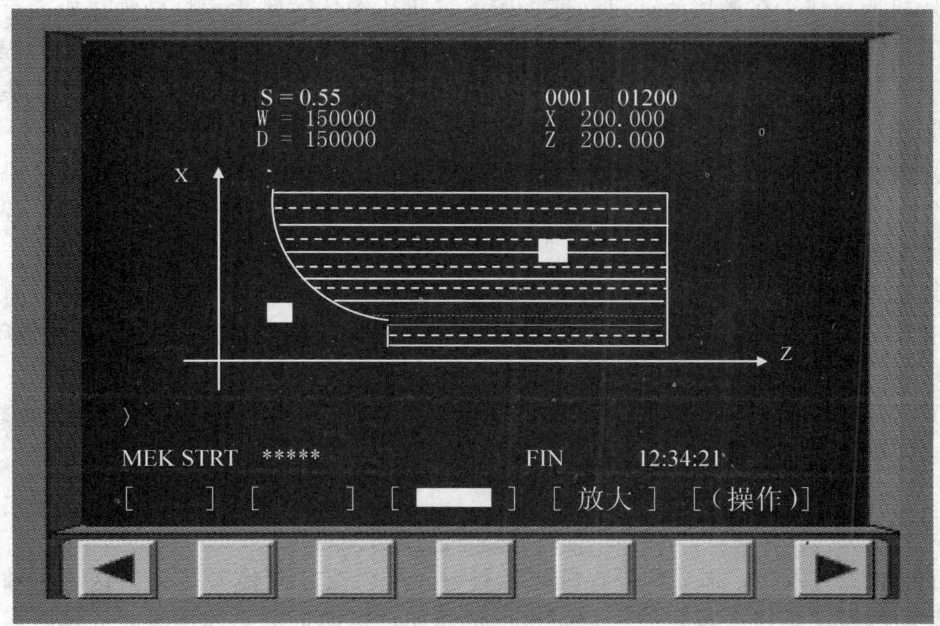

图 8-10　图形模拟放大界面

对图形可整体或局部放大，具体方法如下。

按“CUSTOM GRAPH”键→按软键“[放大]”以显示放大图形，放大界面有两个放大光标（■），用两个放大光标定义的对角线的矩形区域将放大到整个界面→按软键“［上/下]”，激活放大光标，激活后的放大光标会闪烁不停，用光标移动键移动放大光标，若使原来的图形消失，按“ERASE”键。

一般较为先进的数控机床都有图形模拟显示功能。输入程序后，可以调用图形模拟显示功能详细地观察刀具的运动轨迹，以便检查刀具与工件或夹具是否有可能碰撞。

六、程序自动运行加工

数控车床在起动、程序编辑、刀具安装、工件安装找正、对刀等一系列操作后，便可进入自动加工状态，完成工件最终的实际切削加工。

1. 自动运行的起动

按“PROG”键输入要运行的程序号，检索加工程序→按“RESET”复位键，光标指向程序开头→按控制面板上“自动”（或“单段”、“空运行”、“跳步”等）键，系统便进入自动运行方式中的一种或多种→按“循环启动”键便开始自动加工运行。

2. 自动运行中的操作

（1）单段　在自动运行中，按下“单段”运行键指示灯亮单段机能有效，机床在执行完一个程序段后减速停止，再次按“循环启动”按键后机床继续运行下一个程序段。

（2）空运行　在循环运行启动前，按“空运行”键指示灯亮空运行机能有效。此时按“循环启动”键，机床将忽略程序指定的进给速度，以系统设定的进给速度运行程序。“空运行”常与“机床锁住”功能一起用于程序的校验，利用机床的“空运行”功能可以检查走刀轨迹的正确性。

（3）机床锁住　在循环运行启动前，按下“机床锁住”键指示灯亮锁住机能有效，机床可以在刀架不移动但机床主轴运转的情况下，屏幕显示程序中坐标的变化来运行程序，以校验程序是否正确。“机床锁住”解开后注意一定要重新进行回零操作，否则将发生意想不到的后果。

（4）跳步　在循环运行启动后机床自动运行过程中，按“跳步”键指示灯亮跳步机能有效。这时运行程序中带“/”标记的程序段将不执行，也不能进入缓冲寄存器，程序执行时转到跳步程序段的下一段，即无“/ ”标记的程序段继续运行。

（5）选择停　机床在自动运行过程中，按“选择停”键指示灯亮选择停机能有效。此时程序中有 M01（选择停）指令处，机床将停止工作，若要继续运行应再按“循环启动”键。

（6）机床倍率的调整　机床在自动运行过程中，可以利用主轴倍率开关修调主轴转速，可以利用进给倍率开关修调进给速度。

七、安全功能操作

为了防止意外发生，需立即停止机床运行时，可以按“急停”按钮，这时主轴马上停转紧急制动。当“急停”按钮按下后，机床被锁住，电动机电源被切断。故障因素解除以后应将“急停”按钮复位，机床必须重新回零。

当机床移动到工作区间以外时，限位开关被压住，系统将出现超程报警。此时机床处于报警状态而不能工作。FANUC 0i 数控系统具有软件超程保护和硬件超程保护两种保护功能，其中软件超程保护必须使机床重新回零才有效。

八、其他辅助功能操作

（1）冷却控制　机床自动工作时，“冷却”按键按下指示灯亮冷却机能有效，再按则停止。在程序中，若给出切削液开指令 M08，则冷却指示灯亮冷却功能有效；若给出切削液关指令 M09，则冷却指示灯灭冷却功能无效。

（2）数据保护　为了防止系统内程序被改动、删掉，用户可以对程序进行保护。当在“0”状态时，程序保护有效；当在“1”状态时，程序保护无效，可以对加工程序进行修改编辑。

（3）导轨润滑　此键有手动和自动两种状态。自动时，系统通电后，机床自动间歇润滑，直到系统断电为止；手动时，按下此键指示灯亮，导轨润滑。

（4）机床关机　先按下控制面板上“急停”按钮，断开伺服电源后，再断开数控机床电源，否则将会增加设备的电流冲击，降低系统的寿命。

第三节　FANUC 系统数控车床的对刀操作

普通数控车床一般均采用四刀位自动回转刀架。装夹刀具时须调整刀尖，使之与主轴轴线等高，调整办法用顶尖法或试切法；刀杆伸出长度应为刀杆厚度的 1.5 ~ 2 倍。采用自动定心卡盘装夹工件，工件的装夹、找正与在卧式车床上基本相同。对于圆棒料，在装夹时应将其水平放置在卡盘的卡爪中，并经找正后旋紧卡盘，工件夹紧的同时找正随即完成。

加工一个零件往往需要几把不同的刀具，而每把刀具在机床刀架上都是随机装夹的。这样在刀架转位调用刀具时，刀尖所处的位置是不相同的。但系统要求在加工一个零件时，调用的任何一把刀具的进给走刀路线都应严格按照编程所设定的刀号轨迹运行。因此需要对每一把刀具进行严格对刀。

对刀操作也称为刀偏量的设置。数控车床常用的对刀方法有三种：试切对刀、机械对刀仪对刀和光学对刀仪对刀，这里仅介绍常用的试切对刀。

试切对刀也可以分为三种形式：G50 方式、G54 ~ G59 方式和 T 指令方式。

一、采用工件坐标系设定方式对刀

1. 采用工件坐标系 G50 对刀方式

（1）对刀原理　采用工件坐标系设定方式“G50　X100.0　Z100.0;”程序段对刀时，必须通过调整机床刀架，将刀尖放在程序所要求的起刀点位置如点（X100.0，Z100.0）上。因为系统在执行该程序段时，车刀是不动的，默认刀尖当前点为工件坐标系下的点（X100.0，Z100.0），故在移动刀具时可以使用 MDI 方式操作。

（2）对刀方法及过程

1）将工件坐标系原点设定在工件前端面与主轴轴线交点处。

2）返回参考点，建立机床坐标系。

3）试切外径并测量如图 8-11 所示，计算坐标增量。以程序段“G50 X100.0 Z100.0;”为例，用外圆车刀在工件外圆上试切一刀，沿 Z 轴的正方向退刀，用千分尺测量工件直径如为 $\phi38.42$mm，计算刀尖当前位置移动到起刀点位置所需的距离为 $X=100\text{mm}-38.42\text{mm}=61.58\text{mm}$。此时用增量方式将刀尖由当前位置沿 X 轴正方向退 61.58mm 的距离，并记录下 CRT 显示“机床实际坐标”一栏“X”值，如“-77.164”。在工件右端面试切一刀，沿 X 轴正方向退刀，并记录下 CRT 显示“机床实际坐标”一栏“Z”值，如“-395.255”，计算刀尖由当前位置移动到起刀点位置所需的距离为：$Z=-395.255\text{mm}+100.0\text{mm}=-295.255\text{mm}$。

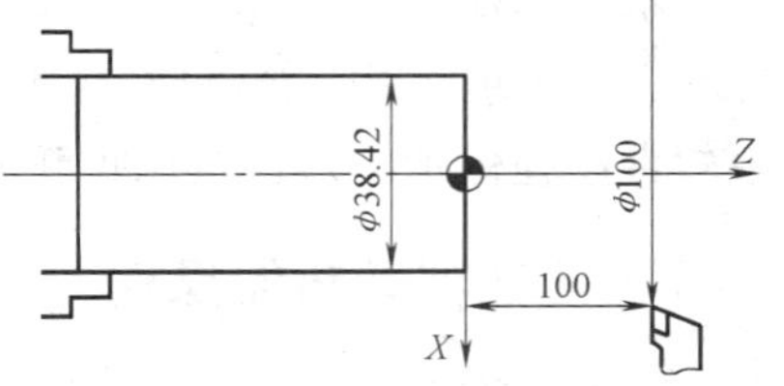

图 8-11 试切外径并测量

（3）对刀操作 根据算出的坐标增量，用手摇脉冲发生器或采用 MDI 方式移动刀具，将其移动到 CRT 显示机床实际坐标（-77.164，-295.255）的位置上。

（4）建立工件坐标系 当前刀尖所处的位置在机床坐标系下的值为（-77.164，-295.255），这点与当前刀尖在工件坐标系中的值（X100.0，Z100.0）是同一点。这时若执行程序段“G50 X100.0 Z100.0”，则数控系统用工件坐标系坐标值取代了机床坐标系坐标值。

设定工件坐标系偏置量的步骤如下。

按“OFFSET SETTING”键→连续两次按 ▶ 软键→显示如图 8-12 所示刀偏量/设置界面→按“［工件移］”软键→将光标置于坐标系需要偏置的轴上→输入偏置量并按下软键“［INPUT］”即可。

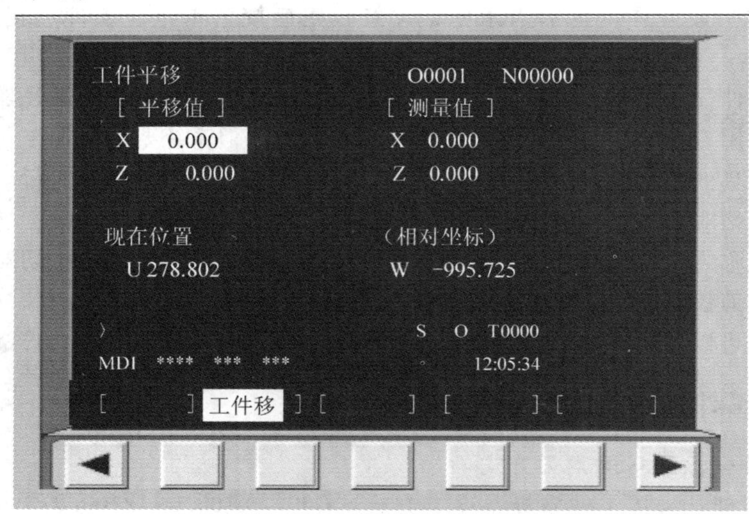

图 8-12 刀偏量/设置界面

由于用 G50 方式对刀过程比较麻烦，系统又不能自动记忆，不能将所用的刀具一起都对出来，只能用一次对一次，所以应用面窄，建议一般少使用。

2. 采用工件坐标系（G54～G59）方式对刀

（1）对刀原理 在普通数控车床上通常使用四把刀具，要分别依次对刀，现以第一把刀具为例进行对刀。首先将第一把刀具定义为 T01 并在 G54 上实现工件坐标系原点偏置的设定。如测得试切后零件外圆 a 及编程原点到工件右端面的距离 b 值，将屏幕上显示的机床坐标系下的实际坐标值 X、Z 分别减去 a、b 值得到的新值，分别输入到零点偏置的 G54 中相应的 X、Z 值中去，退出界面即可。若要对其他的刀具，则可依次定义为 T02、T03、T04，使其分别和 G55/ G56/ G57/对应并重复 T01 的过程，可依次对多把刀。将不同的零点偏置数据 X、Z 输入后系统能自动记忆直至被新的数据取代为止。

（2）对刀方法及过程

1）返回参考点，建立机床坐标系。

2）工件坐标系原点设定在工件前端面与主轴轴线交点处。

3）试切外圆并测量，如图 8-13 所示。

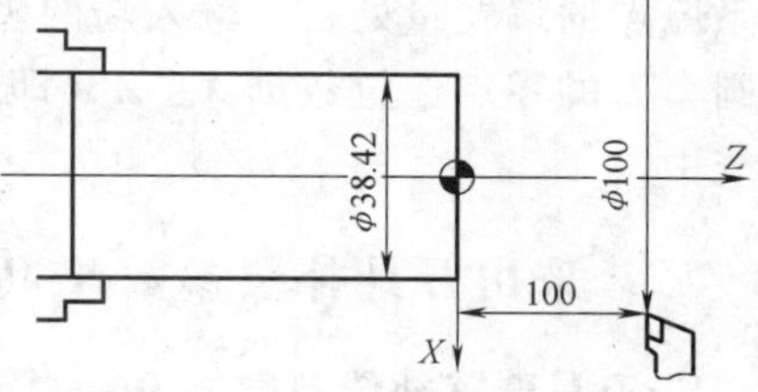

图 8-13　试切外径并测量示意图

4）计算零点偏置值。以程序段"G54　X100.0 Z100.0;"为例，选用所使用的刀具在手动方式下试切工件外圆，沿 Z 轴的正方向退刀，用千分尺测量工件直径如为 ϕ38.42mm，同时记录下 CRT 显示"机床实际坐标"一栏"X"值，如为 -182.124mm，将工件直径 ϕ38.42 取负值，并与 -182.124mm 相加得：X = （-182.124mm） + （-38.42mm） = -220.544mm。

在工件右端面试切一刀，沿 X 轴的正方向退刀，并记录下 CRT 显示"机床实际坐标"一栏"Z"值，如为 -315.225mm，即 Z = -315.225mm。

5）输入零点偏置值。按"OFFSET SETTING"键→按软键"[坐标系]"显示工件坐标系设定界面（工件坐标系原点偏置量的界面有几页，可通过翻页键显示）→将光标置于所要改变的工件坐标系原点的偏置量处→用数字键输入所需的数值→按"[INPUT]"键→输

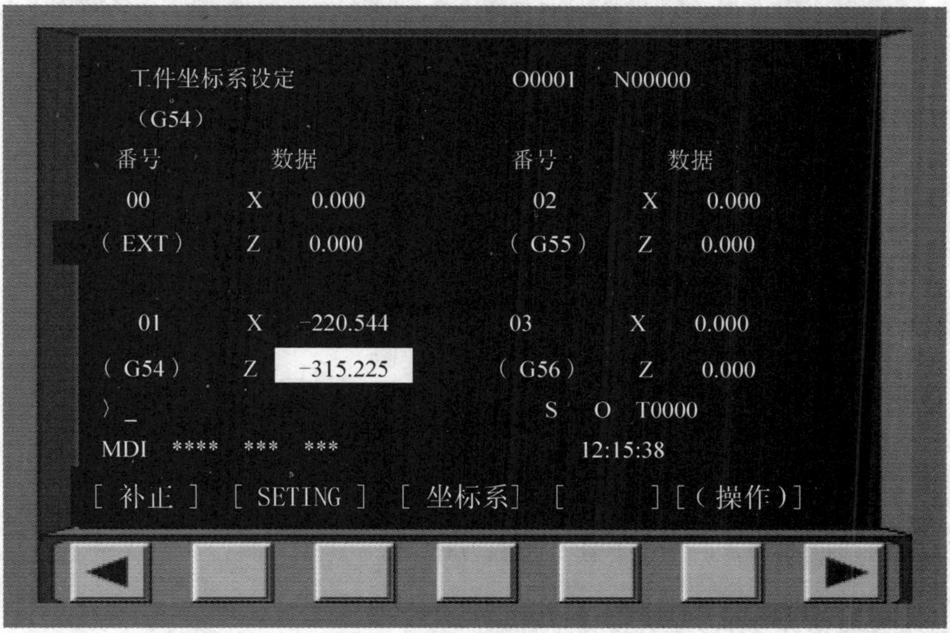

图 8-14　工件坐标系原点偏置的设定

入的值被指定为工件坐标系原点偏置量（或用数字键直接输入所需的值，然后按软键“［+INPUT］”,则输入值与原有值相加。这时所输入的值将自动记忆到系统中。修改其他偏置量重复以上步骤即可）。退出界面以后执行自动加工时，无论刀具当前点处在何位置，刀具总能找到在工件坐标系下所给出“G54　X100.0　Z100.0;”程序段所偏置的值，即数控系统用新的工件坐标系取代了回参考点时所建立的机床坐标系。

在图 8-14 所示工件坐标系原点偏置的设定显示方式下，将光标置于所要改变的工件坐标系原点的偏置量处，并输入新的坐标值（X－220.544，Z－315.225）。此时系统便将一号外圆车刀的零点偏置数据 *X*、*Z*（即工件坐标系零点在机床坐标系下的坐标值）自动记忆到系统中。

二、采用刀具补偿参数 T 功能对刀

1. 刀具形状补偿参数的设置

采用刀具补偿参数 T 功能对刀的过程如下：按“OFFSET SETTING”键显示刀偏量/设置界面→按软键“［形状］”显示形状补偿，如图 8-15 所示界面。

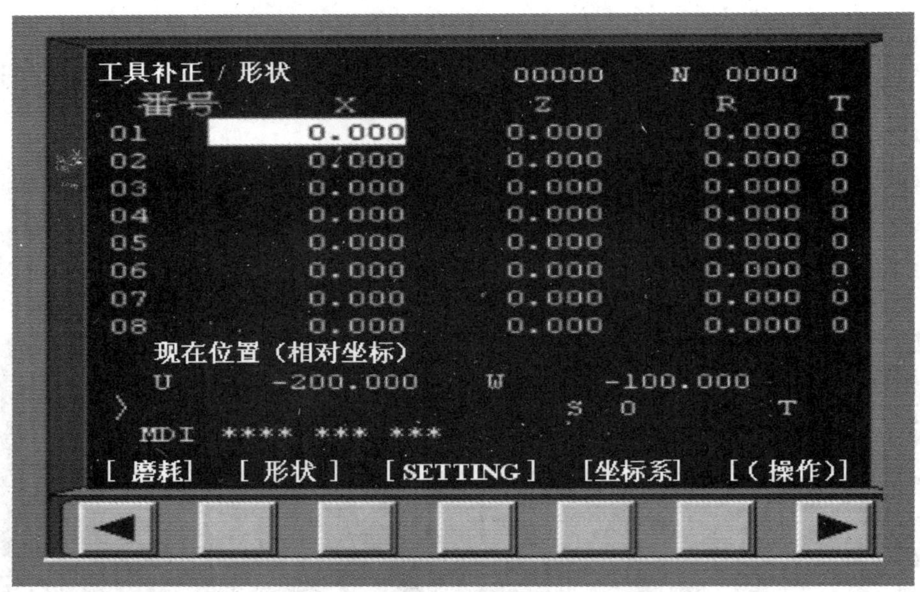

图 8-15　刀具形状补偿参数设置界面

（1）*X* 轴的对刀方法　以图 8-16 为例，试切外圆后沿 *Z* 向退刀，如测直径为 ϕ28.58mm，并将光标移置到要设置的 01 号刀具对应 *X* 的位置上，在界面下方“>”后输入“X28.58”，如图 8-17 所示。

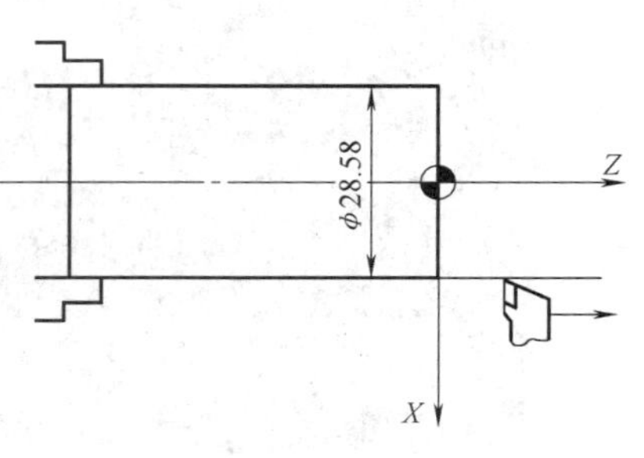

图 8-16　试切外圆

按软键“［测量］”确认数据，系统自动计算刀补值进入图 8-18 所示界面。至此 1 号刀 *X* 轴刀补值设置完成。

（2）*Z* 轴的对刀方法　手动试切工件端面后沿 *X* 轴方向退刀，如图 8-19 所示。将编程原点设置在工件

工具补正 00000 N 0000

番号	X	Z	R	T
01	0.000	0.000	0.000	0
02	0.000	0.000	0.000	0
03	0.000	0.000	0.000	0
04	0.000	0.000	0.000	0
05	0.000	0.000	0.000	0
06	0.000	0.000	0.000	0
07	0.000	0.000	0.000	0
08	0.000	0.000	0.000	0

现在位置（相对坐标）

U -200.000 W -100.000

>X28.58 S 0 T

MDI **** *** ***

[NO检索] [测量] [C 输入] [+输入] [输入]

图 8-17 *X* 轴刀补值输入前界面

工具补正 00000 N 0000

番号	X	Z	R	T
01	-228.580	0.000	0.000	0
02	0.000	0.000	0.000	0
03	0.000	0.000	0.000	0
04	0.000	0.000	0.000	0
05	0.000	0.000	0.000	0
06	0.000	0.000	0.000	0
07	0.000	0.000	0.000	0
08	0.000	0.000	0.000	0

现在位置（相对坐标）

U -200.000 W -100.000

> S 0 T

MDI **** *** ***

[NO检索] [测量] [C 输入] [+输入] [输入]

图 8-18 *X* 轴刀补值输入后界面

右端面与主轴轴线交汇处，因此试切端面的 *Z* 轴坐标值为零。将光标移置到要设置的 01 号刀具对应 *Z* 的位置上。

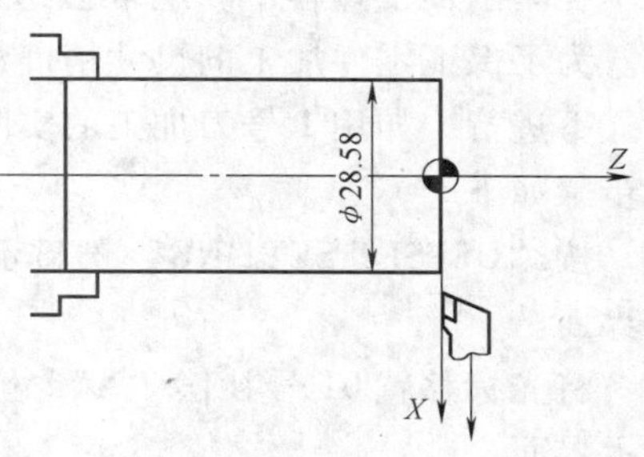

图 8-19 试切端面

如图 8-20 所示，在界面下方“ > ”后输入“Z0”，按软键“［ 测量 ］”确认数据，系统自动计算刀补值进入图 8-21 所示界面。至此 1 号刀 *Z* 轴刀补值设置完成。

与 01 号刀具 *X*、*Z* 轴的对刀法相同，其他刀具也采用相同的对刀方法。

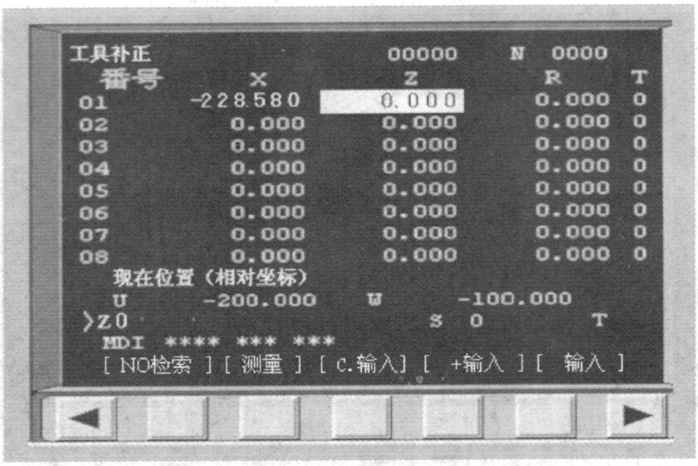

工具补正　　O0000　N 0000

番号	X	Z	R	T
01	-228.580	0.000	0.000	0
02	0.000	0.000	0.000	0
03	0.000	0.000	0.000	0
04	0.000	0.000	0.000	0
05	0.000	0.000	0.000	0
06	0.000	0.000	0.000	0
07	0.000	0.000	0.000	0
08	0.000	0.000	0.000	0

现在位置（相对坐标）
U　-200.000　W　-100.000
>Z0　S 0　T
MDI **** *** ***
[NO检索] [测量] [C.输入] [+输入] [输入]

图 8-20　*Z* 轴刀补值输入前界面

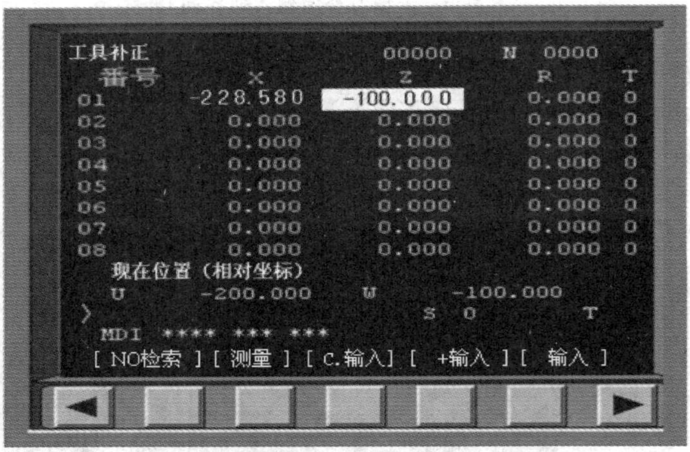

工具补正　　O0000　N 0000

番号	X	Z	R	T
01	-228.580	-100.000	0.000	0
02	0.000	0.000	0.000	0
03	0.000	0.000	0.000	0
04	0.000	0.000	0.000	0
05	0.000	0.000	0.000	0
06	0.000	0.000	0.000	0
07	0.000	0.000	0.000	0
08	0.000	0.000	0.000	0

现在位置（相对坐标）
U　-200.000　W　-100.000
>　S 0　T
MDI **** *** ***
[NO检索] [测量] [C.输入] [+输入] [输入]

图 8-21　*Z* 轴刀补值输入后界面

三、刀具补偿值的修改

在车削加工过程中，经常会遇到刀具轻微磨损和对刀误差造成零件尺寸精度超差的现象。为了保证零件加工的尺寸精度，需要对刀具补偿值进行修改。这种操作通常在磨耗补正方式下进行，如用 1 号刀加工的实际外圆直径比零件图标注的直径大 ϕ0.024mm，则具体补偿步骤如下。

按“OFFSET SETTING”键显示刀偏量/设置界面→按软键“［ 磨耗 ］”进入图 8-22 所示界面。

将光标移置 01 号补偿“X”处→在界面下方“ > ”后面输入“ - 0.024”值，如图 8-23 所示界面。

按“INPUT ”键确认数据，系统自动将该值填入到光标所在位置。输入后进入图 8-24 所示界面。至此 1 号刀 *X* 轴刀具磨耗补偿值设置完成。

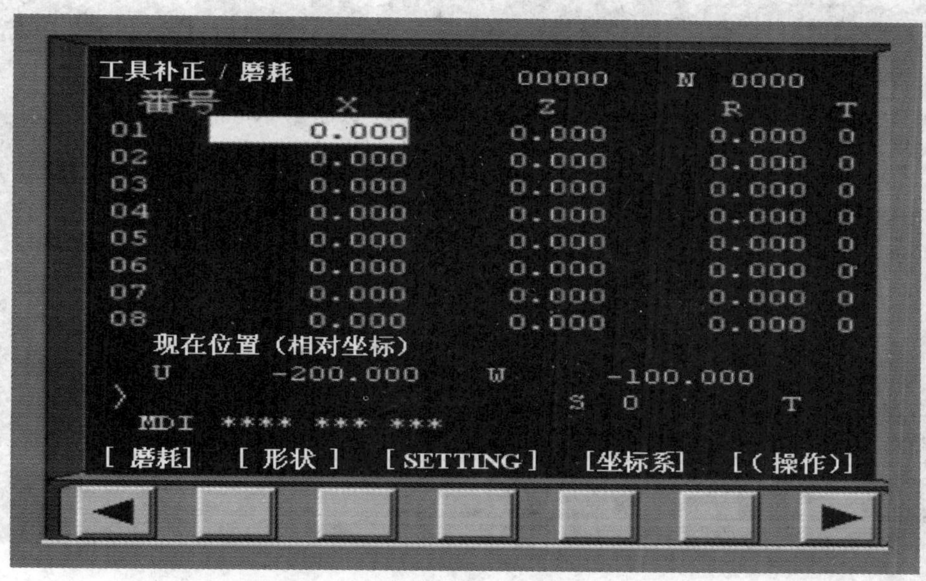

图 8-22　刀具补正/磨耗设置界面

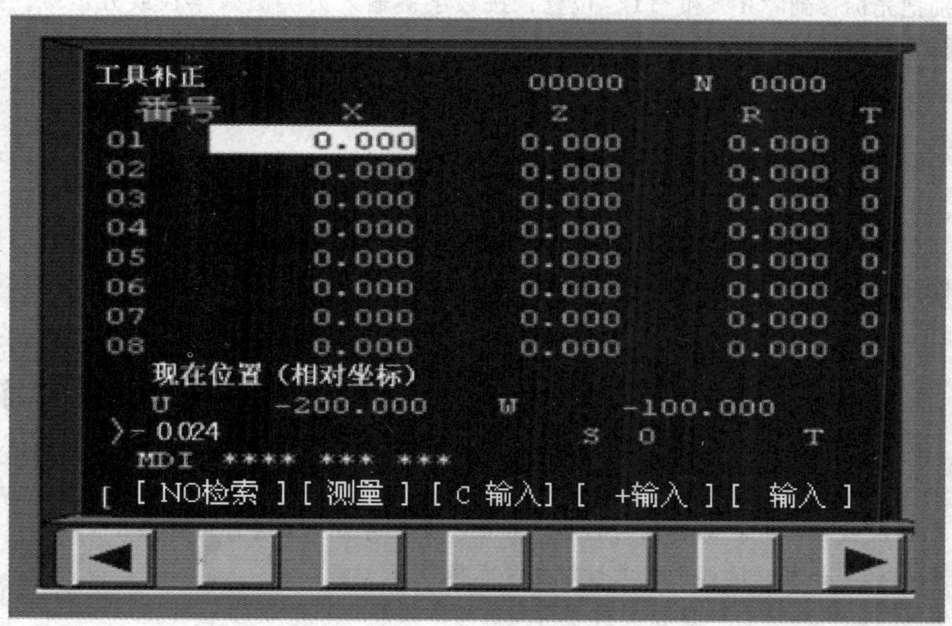

图 8-23　磨耗补偿值输入前界面

1 号刀 Z 轴和其他刀具磨耗补偿值的设定方法与之相同。另外，试切对刀的精度主要取决于试件的测量精度，因此对测量时使用的量具应加以注意，以保证对刀时的准确性。

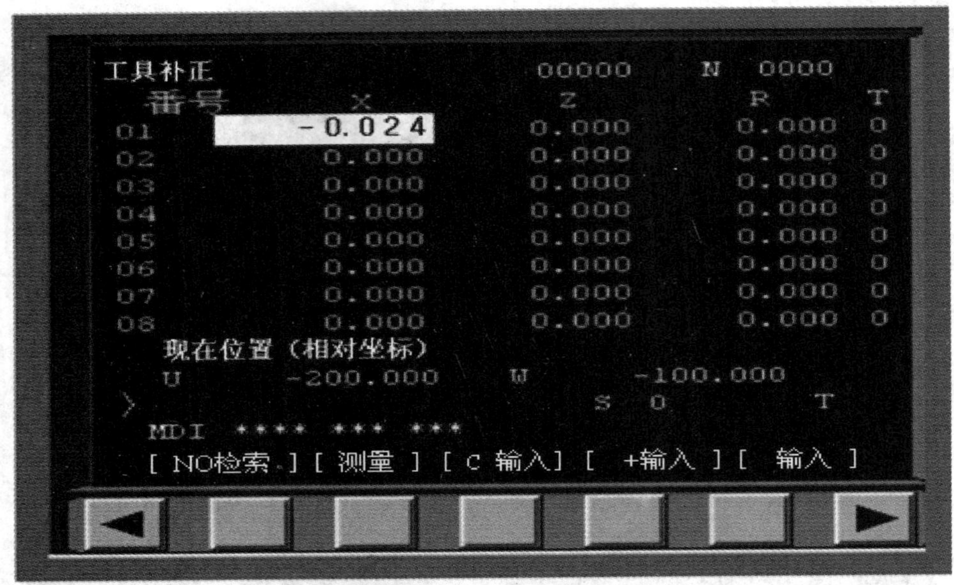

图 8-24　磨耗补偿值输入后界面

四、输入刀尖圆弧半径和方位号

分别把光标移到“R”和“T”位置，按数字键输入刀尖圆弧半径或方位号，按软键“[+输入]”即可。

五、注意事项

1）确定每一把车刀的刀号时，其顺序应与其进入切削加工的先后次序一致，以节省转刀时间。

2）试切对刀的精度主要取决于试件的测量精度，因此对测量时使用的量具应加以注意，以保证对刀时的准确性。

思考练习题

一、问答题

1. 简述 FANUC 0i 系统数控机床的回零过程。

2. 简述数控机床开机与关机的顺序。开机、关机时首先应进行何种操作？

3. 数控机床在哪些情况下要进行回参考点操作？

4. FANUC 0i 数控系统自动方式下可完成机床的哪些种操作？

5. 在数控机床上如何手动完成各种速率修调操作？

6. 在 FANUC 0i 数控系统中，指令“T0101”与指令“T0110”使用的刀具补偿值是否为同一刀补存储器中的补偿值？为什么？

7. MDI 键盘上的“INSERT”与“INPUT”键有何区别？各适用于什么场合？

8. MDI 键盘上的“DELETE”与“CAN”键有何区别？各适用于什么场合？

9. 如何进行程序的检索？如何进行程序段的检索？

二、读图题

图 8-25 所示为对刀示意图，使用的 90°外圆车刀对刀操作如下：当试切工件前端面时，在机床实际坐标系下的读数为（X－95.35，Z－230.56）；当试切工件外圆时，在机床实际坐标系下的读数为（X－85.45，Z－254.36）；试切后测量工件直径为 ϕ19.65mm。

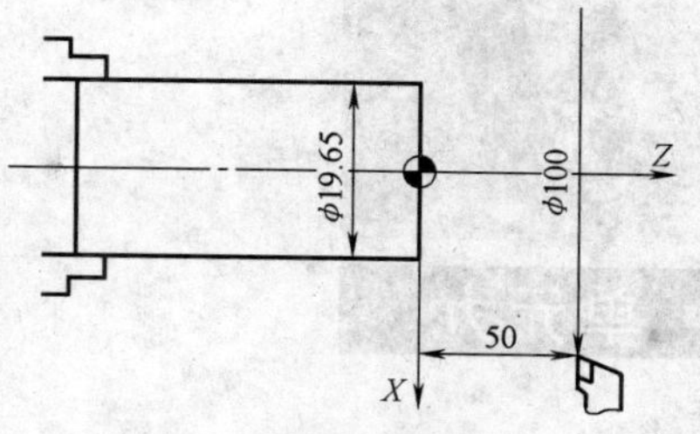

图 8-25　对刀示意图

回答问题：

1）当采用 G50 指令建立坐标系编程时，刀具起点在机床坐标系下的坐标值是多少？

2）当采用 G54 指令建立坐标系编程时，零点偏置值是多少？

单元九

外圆柱、台阶与外圆锥面类零件的编程与训练

学习目标

1. 掌握简单固定循环车端面、外圆柱、外圆锥面的基本方法及确定有关切削用量等。
2. 掌握外圆锥加工的相关编程方法与技巧、工艺分析、刀具选择与切削用量的选用。

第一节　外圆柱、台阶零件

一、相关知识

一般外圆柱面类零件除了尺寸精度、表面粗糙度要求外，还有几何精度要求，具体要看零件图的要求。在车削外圆柱、外圆锥时首先应看零件的轴向尺寸长短，判断其是否属于细长件，另外还要看机床的刚性是否满足要求。粗车选择切削用量时应把背吃刀量放在首位，使其尽可能大；其次是进给量；最后是切削速度。用硬质合金车刀精车时，应尽量提高切削速度和采用较小的背吃刀量。

1）背吃刀量。在机床功率、夹具、刀具及工艺系统刚性允许的条件下，尽可能选取较大的背吃刀量，以减少走刀次数、提高生产率，精加工一般留 0.1～0.5mm 单边余量。

2）进给量。进给量是指工件每转一转刀具沿进给方向移动的距离。一般情况下，粗加工外圆时进给量可选择 0.3～0.8mm/r，精加工时为 0.1～0.3mm/r，切断时为 0.05～0.2mm/r。

3）主轴转速。主轴转速一般根据被加工部位的直径，并按零件材料的硬度、刀具的材料和加工性质等条件所允许的切削速度来确定，可通过查表、计算及实际经验选取。对一般调质钢来说，粗车外圆时主轴转速应在 1000r/min 以下，精车外圆时应在 1000 r/min 以上；车螺纹时，主轴转速将受螺纹螺距（导程）的影响，即主轴每转一转，刀具移动一个螺距（导程），所以主轴转速一般为 800r/min 以下。

4）车削阶梯轴时，首先应车直径较粗的一端，以免过早地降低零件的刚性。在车削时，应采用90°正偏刀，工件若过长应采用一夹一顶的装夹方式，这种方式在编程退刀时应注意刀具不能与尾座相撞。

5）车削端面时，为减少换刀次数、方便对刀，对余量小于1mm的端面，一般采用90°正偏刀车削。刀尖一定与主轴轴线等高，否则将在端面中心处产生小凸台，或将刀尖损坏。

6）车削阶梯轴时不用加入刀具补偿，切削圆弧与斜面时需加入刀具补偿指令G41、G42，但不能用错，否则将发生过切或尺寸错误。

二、典型实例

【实例】　图9-1所示为一阶梯轴零件，毛坯尺寸 $\phi30\text{mm}\times110\text{mm}$，材料为45钢（单件加工）。

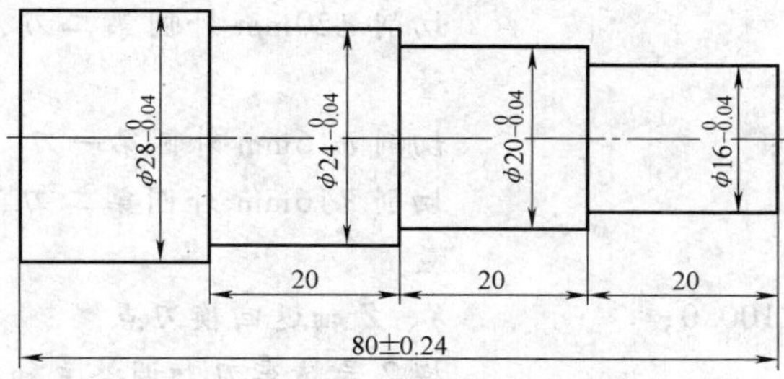

图9-1　阶梯轴零件

1. 工艺分析

用自定心卡盘夹持毛坯左端，棒料伸出卡爪外90mm。工件坐标系原点选在右端面与主轴轴线交汇点，粗车后直径方向留精车余量 $\phi0.8$mm、轴向留0.2mm，手动操作用切断刀在工件长度80mm处切断。

2. 应用简单固定循环指令G90编程

3. 确定加工路线

单件手动车平右端面，从右端向左端加工。①粗车 $\phi28$mm外圆→$\phi24$mm外圆→$\phi20$mm外圆→$\phi16$mm外圆。②精车 $\phi16$mm外圆→$\phi16\sim\phi20$mm圆环→$\phi20$mm外圆→$\phi20\sim\phi24$mm圆环→$\phi24$mm外圆→$\phi24\sim\phi28$mm外圆→$\phi28$mm外圆。

4. 相关计算

公差取其中间值（本书以后均采用此种方式）。

5. 选择刀具与切削用量

刀具与切削用量的选择见表9-1。

表9-1　刀具与切削用量的选择

工步	工步内容	刀具号	刀具名称	主轴转速 /r·min⁻¹	进给量 /mm·r⁻¹	背吃刀量/mm
1	粗、精车端面	T03	机夹45°正偏刀	800	手动	手动
2	粗车外圆	T01	机夹90°正偏刀	800	0.6	1.0
3	精车外圆	T02		1800	0.2	0.41

6. 参考程序

```
O0031;                                   程序名
N10  G28  U0  W0;                        返回参考点
N20  G50  S2000;                         主轴限速，最大不超过2000r/min
N30  G99  G97  S800  M03  T0101;         主轴正转800r/min，导入1号车刀刀补
N40  G00  X30.0  Z2.0  M08;              快进至切削循环起点，切削液开
N50  G90  X28.8  Z-85.0  F0.6;           切削φ28mm外圆，X向留0.8mm精车余量，给切断让5mm
N60  X26.8  Z-59.8;                      切削φ24mm外圆第一刀
N70  X24.8;                              切削φ24mm外圆第二刀，X向留0.8mm精车余量
N80  X22.8  Z-39.8;                      切削φ20mm外圆第一刀
N90  X20.8;                              切削φ20mm外圆第二刀，X向留0.8mm精车余量
N100  X18.8  Z-19.8;                     切削φ16mm外圆第一刀
N110  X16.8;                             切削φ16mm外圆第二刀，X向留0.8mm精车余量
N120  G00  X100.0  Z100.0;               X、Z轴返回换刀点
N130  T0202  S1800;                      换2号精车刀，调整主轴转速为1800r/min
N140  G00  X15.98  Z2.0;                 快进至精车循环起点
N150  G01  Z-20.0  F0.2;                 精车φ16mm外圆，设定精车进给量0.2mm
N160  X19.98;                            精车φ16～φ20mm圆环面
N170  W-20.0;                            精车φ20mm外圆
N180  X23.98;                            精车φ20～φ24mm圆环面
N190  W-20.0;                            精车φ24mm外圆
N200  X27.98;                            精车φ24～φ28mm圆环面
N210  Z-80.0;                            精车φ28mm外圆
N220  G28  U10.0  W10.0;                 返回参考点
N230  M09;                               切削液关
N240  M30;                               程序结束
```

7. 注意事项

1）首次加工时，应先熟悉数控车床的操作，如回零、工件的装夹、坐标系的设定、刀补的设定和换刀点的确定等。另外，编好程序后应先试运行确定程序无误后再进行试切。试切时应采用单段运行方式，并调低进给倍率及快速进给速度。

2）阶梯轴在编程时，刀具起始位置要考虑毛坯的实际尺寸，换刀位置要考虑刀架与零件及尾座空间距离的大小，在回转时不能发生碰撞，应尽量沿着 *X*、*Z* 轴分别退刀。

第二节　外圆锥面零件

一、相关知识

1. 圆锥种类

（1）莫氏圆锥　如车床主轴锥孔、钻头锥柄、顶尖锥柄、铰刀锥柄等，分七个号码：0、1、2、3、4、5、6，最小为0号，最大为6号。号数不同，圆锥半角和尺寸也不同。它是从寸制换算过来的，需要时可以查有关手册。

（2）米制圆锥　有八个号码：4、6、80、100、120、140、160和200号。它的号码是指大端直径。其特点是号数不同锥度不变，都是$C=1:20$，圆锥半角$\alpha/2=1°25'56''$。

2. 圆锥锥度

大端直径与小端直径之差和圆锥长度之比称为圆锥锥度，$C=(D-d)/L$。锥度一旦确定，圆锥角也就确定了。

3. 锥度测量

锥度一般用圆锥环规、圆锥塞规检验，用涂色法检验其接触面积大小确定锥度的正确性。用圆锥塞规检验锥孔时，涂层应薄而均匀，套合时用力要轻，转动量一般在半圈以内，转动量过多不便于观察，以致误判，要求圆锥塞规和锥孔的接触面积达60%以上。若发现只有大端部分接触，则说明圆锥角太小；反之，若发现只有小端部分接触，则说明圆锥角太大。

锥径一般可用圆锥套规或圆锥环规检验，当工件的端面在其台阶或两刻度线中间时即为合格。

圆锥面的应用很广。当圆锥面的锥角较小（3°以下）时，可以传递很大的转矩；圆锥面配合同轴度较高，能做到无间隙配合，进行多次装卸后仍能保持精确的定心作用。

4. 圆锥面参数计算

圆锥面四个参数之间的关系式为

$$\frac{\tan\alpha}{2}=\frac{(D-d)}{2L}$$

圆锥半角$\alpha/2$须查三角函数表，也可用近似公式求得

$$\frac{\alpha}{2}=28.7°\frac{(D-d)}{L}$$

$$\frac{\alpha}{2}\approx 28.7°C$$

二、典型实例

【实例一】　图9-2a所示为一柱面、锥体零件，毛坯尺寸$\phi30\text{mm}\times60\text{mm}$，材料为45钢（单件加工）。

1. 工艺分析

1）手动切削右端面。

2）用自定心卡盘夹持左端，棒料伸出卡爪外45mm，粗车后径向留精车余量（双边）0.8mm，轴向留0.2mm。手动操作用切断刀在工件长度38mm处切断。

3）应用简单固定循环指令G90编程。

2. 相关计算

（1）计算圆锥面大端直径 D

$$\frac{D-d}{L}=C$$

则
$$D=CL+d$$

代入数值，得

$$D=24\text{mm}$$

（2）计算"R"的值

如图9-2b所示，车锥面时，刀具从 $Z=-10\text{mm}$ 处起刀，由三角形相似计算有：$4\text{mm}/R=16\text{mm}/18\text{mm}$，得 $R=4.5\text{mm}$，即 $Z=-10\text{mm}$ 处直径为 $\phi15\text{mm}$。

（3）确定加工路线

从右端向左端加工，手动车平右端面。粗车 $\phi28$mm外圆→$\phi10$mm外圆→$\phi16\sim\phi24$mm圆锥面，精车 $\phi10$mm外圆→$\phi10\sim\phi16$mm圆环→$\phi16\sim\phi24$mm圆锥面→$\phi24\sim\phi28$mm圆环→$\phi28$mm外圆。

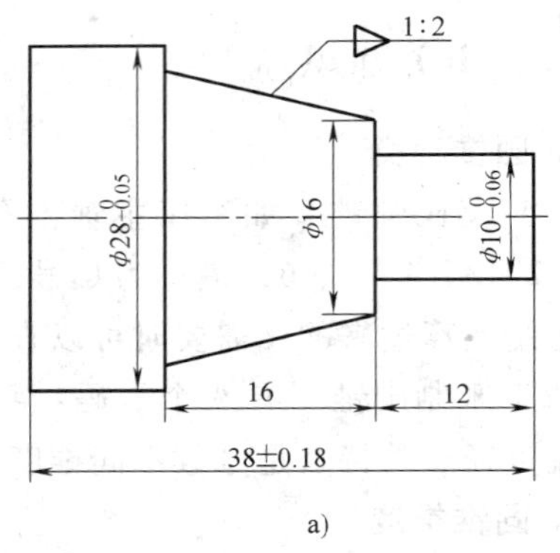

a)

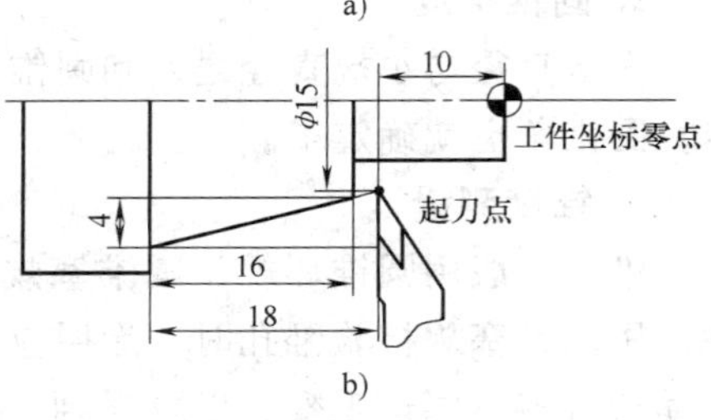

b)

图9-2 柱面、锥体零件
a）零件图 b）"R"值计算

3. 选择刀具与切削用量

刀具与切削用量的选择见表9-2。

表9-2 刀具与切削用量的选择

工步	工步内容	刀具号	刀具名称	主轴转速 /r·min^{-1}	进给量 /mm·r^{-1}	背吃刀量 /mm
1	车端面	T04	机夹45°正偏刀	800	手动	手动
2	粗车外圆	T01	机夹90°正偏刀	800	0.6	1.5
3	精车外圆	T02		1800	0.2	0.41

4. 加工程序

程序	说明
O0232;	程序名
N10 G28 U0 W0 T0100;	返回参考点，取消1号刀补
N20 G50 S2500;	主轴限速最大不超过2500r/min
N30 G99 G97 M03 S800 T0101;	主轴正转800r/min，调1号刀，导入1号刀补
N40 G00 G42 X30.0 Z2.0 M08;	快进至切削循环起点，打开切削液
N50 G90 X28.8 Z-43.0 F0.6;	切削 $\phi28$mm外圆，X向留0.8mm精车余量，给切断让5mm
N60 X25.0 Z-11.8;	切削 $\phi10$mm外圆切削循环第一刀，Z向留0.2mm精车余量

N70　X22.0;	ϕ10mm 外圆切削循环第二刀
N80　X19.0;	ϕ10mm 外圆切削循环第三刀
N90　X16.0;	ϕ10mm 外圆切削循环第四刀
N100　X13.0;	ϕ10mm 外圆切削循环第五刀
N110　X10.8;	ϕ10mm 外圆切削循环第六刀，X 向留 0.8mm 精车余量（双边）
N120　G00　X30.0;	快进至锥面 X 轴切削循环起点
N130　Z-10.0;	快进至锥面 Z 轴切削循环起点
N140　G90　X38.0　Z-27.8　R-4.5　F0.6;	切削锥面第一刀
N150　X35.0;	切削锥面第二刀
N160　X31.0;	切削锥面第三刀
N170　X28.0;	切削锥面第四刀
N180　X24.8;	切削锥面第五刀，X 向留 0.8mm 精车余量
N190　G00　G40　X100.0　Z100.0;	X、Z 返回换刀点
N200　T0202　S1800;	换 2 号刀，导入 2 号刀补，主轴正转 1800r/min
N210　G00　G42　X9.97　Z2.0;	快进至 ϕ10mm 精车起点
N220　G01　Z-12.0　F0.2;	精车 ϕ10，进给量 0.2mm
N230　X16.0;	精车 ϕ10 ~ ϕ16mm 圆环
N240　X24.0　Z-28.0;	精车 ϕ16 ~ ϕ24mm 锥面
N250　X27.985;	精车 ϕ24 ~ ϕ28mm 圆环
N260　Z-43.0;	精车 ϕ28mm 外圆
N270　G00　G40　X100.0　Z100.0;	X、Z 返回换刀点，取消刀补
N280　M09;	切削液关闭
N290　M02;	主程序结束

5. 注意事项

1）对于单件车削，一般先车平端面，这样有利于确定长度方向的尺寸。对于铸件，应先车倒角以免刀尖与外皮接触量较大或与砂型接触从而造成刀尖损坏。

2）对于尺寸精度、表面粗糙度要求较高的工件，应分粗车、半精车、精车几个加工阶段。如果毛坯余量较大，则必须用45°端面车刀粗车端面。

3）当工件存在锥面时，一定要加刀具补偿。

4）对于单件加工，端面在对刀时采用手动车削，编程时可以不将端面加工程序编出。

【实例二】　图 9-3 所示为一双头锥体零件，毛坯尺寸 ϕ30mm × 100mm，材料为 45 钢（单件加工）。

1. 工艺分析

1）用自定心卡盘夹持左端，棒料伸出卡爪外 76mm。粗、精车采用同一把机夹 90°正偏刀，粗车后留径向精车余量 0.8mm，应用子程序编程。

2）确定加工路线。从右端到左端加工，单件手动车平右端面。粗车 ϕ10mm 外圆→ϕ10 ~ ϕ24mm 正锥体→ϕ24mm 外圆→ϕ24 ~ ϕ10mm 倒锥体→ϕ10mm 外圆→ϕ10 ~ ϕ20mm 圆环→

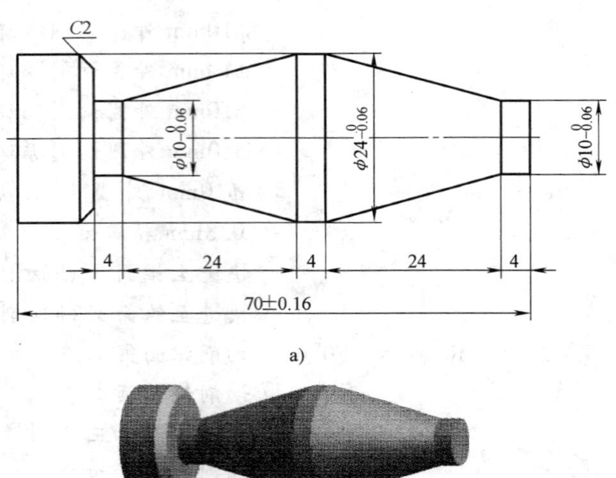

a)

b)

图 9-3　双头锥体零件

C2mm 倒角→φ24mm 外圆。精车加工路线同粗车路线。

2. 相关计算

毛坯外径 φ30mm，设起刀点为（X28，Z2），工件 X 向最后精车时起刀车削尺寸为 φ10mm，但须留精车余量 0.8mm，因此最后一次粗车起刀车削尺寸为 φ10.8mm。所以 X 轴的总切削深度为 $\sum X = 28\text{mm} - 10.77\text{mm}$（加入公差中间值 0.03mm）$= 17.77\text{mm}$。

设定总切削次数为 6 次。6 次切削需分成 5 等份车削才能完成，则每次直径进刀量为 17.77mm/5 = 3.554mm（背吃刀量为 3.554mm/2 = 1.777mm）。

3. 选择刀具与切削用量

刀具与切削用量的选择见表 9-3。

表 9-3　刀具与切削用量的选择

工步	工步内容	刀具号	刀具规格	主轴转速 /r·min⁻¹	进给量 /mm·r⁻¹	背吃刀量 /mm
1	车端面	T03	机夹 45°端面车刀	800	手控	手控
2	粗车外圆	T01	机夹 90°正偏刀	800	0.6	1.777
3	精车外圆			恒线速 150m/min	0.2	0.4

4. 参考程序

```
O0033;                                主程序名
N10  G28  U0  W0  T0100;              返回参考点，取消 1 号刀补
N20  T0101;                           调 1 号刀，导入 1 号刀补
N30  G99  G97  M03  S800;             主轴正转，转速 800r / min
N40  G00  G42  X28.0  Z2.0;           快速进给到粗车起点
N50  M98  P60451;                     调用子程序，并循环 6 次
N60  G00  X28.0;                      X 轴返回粗车起点
N70  Z2.0;                            Z 轴返回粗车起点
```

```
N80   G96   S150;                              采用恒线速度切削，线速度150 m/min
N90   G00   X9.97;                             X轴快速到精车起点
N100   G01   Z-4.0   F0.2;                     精加工φ10mm外圆
N110   X23.97   Z-28.0;                        精加工φ10～φ24mm正锥体
N120   Z-32.0;                                 精加工φ24mm外圆
N130   X9.97   W-24.0;                         精加工φ24～φ10mm倒锥体
N140   W-4.0;                                  精加工φ10mm外圆
N150   X20.0;                                  精加工φ10～φ20mm圆环
N160   X24.0   W-2.0;                          精加工C2mm倒角
N170   Z-70.0;                                 精加工φ24mm外圆
N180   G00   G40   G97   S800   X100.0;        X轴返回换刀点，取消恒线速度与刀补
N190   Z100.0;                                 Z轴返回换刀点
N200   M02;                                    主程序结束
%                                              %
O0451;                                         子程序名
N10   G01   W-6.0   F0.6;                      粗加工φ10mm外圆
N20   U14.0   W-24.0;                          粗加工φ10～φ24mm正锥体
N30   W-4.0;                                   粗加工φ24mm外圆
N40   U-14.0   W-24.0;                         粗加工φ24～φ10mm倒锥体
N50   W-4.0;                                   粗加工φ10mm外圆
N60   U10.0;                                   粗加工φ10～φ20mm圆环
N70   U4.0   W-2.0;                            粗加工C2mm倒角
N80   W-8.0;                                   粗加工φ24mm外圆
N90   G00   U4.0;                              离开已加工表面，退刀
N100   W72.0;                                  回到循环起点处
N110   U-21.554;                               调整每次循环的切削量（留精加工余量）
N120   M99;                                    子程序结束，并回到主程序
```

5. 注意事项

1）在主程序中，子程序调用完成返回后的语句一定要设置正确的绝对坐标指令，否则将继续执行增量坐标运动方式，将会产生位置错误甚至撞刀事故。

2）在车削倒锥时一定要注意锥度与车刀副后角的关系，不能出现刀具干涉现象。

3）循环车削圆锥的车削路线应保持与锥体素线相平行，车削次数可采用下式进行计算：$n=(D-d)/2a_p$，其中 D 为圆锥大端直径，d 为圆锥小端直径，a_p 为背吃刀量（单边尺寸）。

若计算所得的循环次数 n 为小数，则只取整数，循环完成后再车一刀至尺寸；若须精车，则先留出精车余量后再计算循环次数，最后一刀精车至尺寸。

4）注意圆锥面产生双曲线误差的判别，分析其产生的原因。

5）车内圆锥面时要注意由于受到刀杆刚性、排屑及车床机械精度等多种因素影响产生的振动和“让刀”，应考虑适当调整有关切削用量等措施。

6）双曲线误差的产生及消除。

根据圆锥体形成的原理，圆锥体母线是一条直线。如果用一个平行于圆锥轴线的剖切面将圆锥切开，则剖切面的外形是双曲线。若在车削圆锥时，车刀刀尖没有与车床主轴轴线等高，则加工后的圆锥表面就会产生双曲线误差。这个误差只有将刀尖严格与车床主轴轴线等高后才能消除。

思考练习题

1. 图9-4、图9-5所示为柱锥体零件，试完成零件的粗、精车编程及加工（毛坯尺寸 ϕ30mm×70mm，材料45钢）。

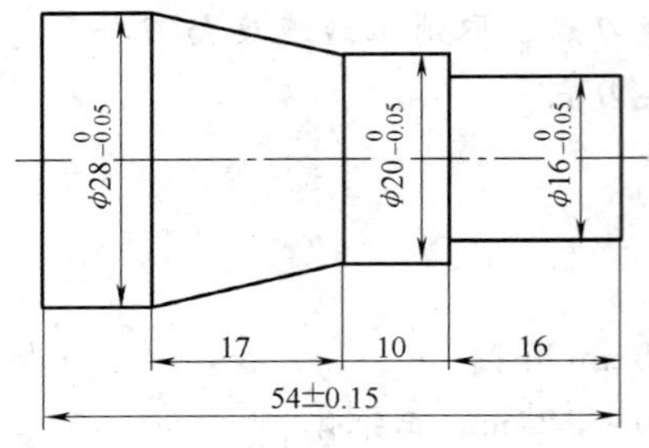

图9-4　柱锥体零件一

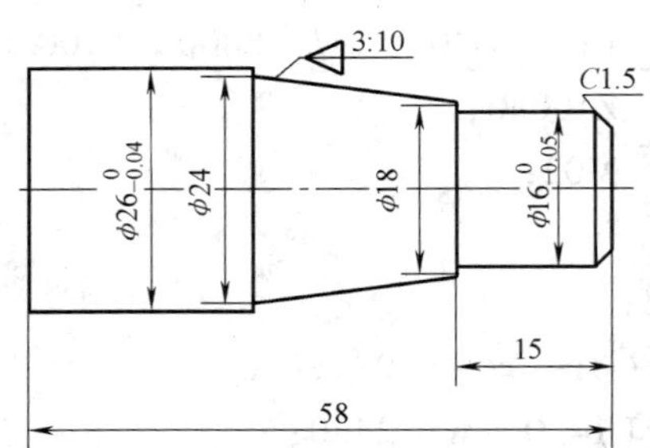

图9-5　柱锥体零件二

2. 图9-6所示为一销轴零件，试完成零件的粗、精车编程及加工（毛坯尺寸 ϕ30mm×90mm，材料45钢）。

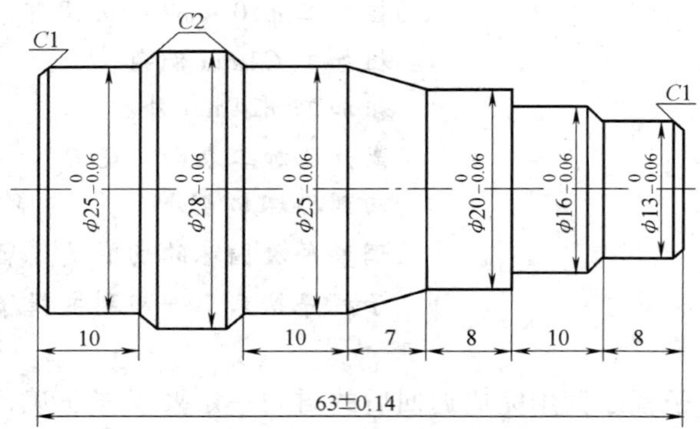

图9-6　销轴零件

单元十

切断与槽类零件的编程与训练

学习目标

1. 掌握车槽刀的选择、刀头几何尺寸的确定、刃磨、装夹和对刀的基本方法。

2. 明确车槽的相关编程方法与技巧、工艺分析与切削用量的选用，在数控加工过程中的应急处理及选择切断与车槽的最佳途径。

第一节　切断与径向槽零件

一、相关知识

在零件加工过程中，经常需要切断零件。在车削螺纹时为退刀方便，并使零件装配有一个正确的轴向位置须开设退刀槽；在加工变径轴过程中也常用排刀切削等加工零件，因此车槽或切断是机械加工过程中不可缺少的一个环节。

1. 车槽与切断加工的特点

（1）切削力大　由于加工此类零件时切屑与刀具、工件有摩擦，另外由于加工时被切金属的塑性变形大，因此，在相同切削条件下，车槽（切断）的切削力比一般车削外圆时的切削力大20%　~25%左右。

（2）切削变形大　加工时刀具的主切削刃和左、右副切削刃同时参与切削，切屑排出时，受到槽两侧的摩擦、挤压作用。随着切入的增加，直径不断减小，切削速度也不断减小，挤压现象更为严重，以致切削变形大。

（3）切削热集中　在加工时，摩擦剧烈、切削热多。另外，刀具处于封闭状态下工作，同时刀具切削部分的散热面积小，切削时温度较高使切削热集中在刀具的切削刃上。因此会加速刀具的磨损。

（4）刀具刚性差　由于刀头的主切削刃窄且狭长，因此，刀具的刚性差，加工时易产生振动。

（5）排屑困难　由于切屑是从狭窄的切削槽中排出的，会受到槽壁摩擦阻力的影响，因此切屑排出比较困难，且有可能卡在槽内，从而引起振动或损坏刀具。加工时应使切屑按一定方向卷曲，使其顺利排出。

2. 切断与车槽常用刀具

切断与车槽以横向进给为主。刀具前端的切削刃为主切削刃，有两个刀尖，两侧为副切削刃，刀头窄而长、强度差；主切削刃太宽会引起振动，切断时浪费材料，太窄又会削弱刀头的强度。其刀头部分的几何尺寸如下。

（1）主切削刃宽度

$$a \approx (0.5 \sim 0.6)\sqrt{D}$$

式中 a——主切削刃的宽度，单位为 mm；

D——待加工零件（实心）表面直径，单位为 mm。

（2）刀头工作部分长度

$$L = h + (2 \sim 3)\text{mm}$$

式中 L——刀头长度，单位为 mm；

h——切入深度，单位为 mm。

3. 车槽工序安排及加工方法

车槽一般安排在粗车和半精车之后，精车之前。若零件的刚性好或精度要求不高，也可以在精车后再车槽。其加工方法有直进法、左右借刀法。

二、切削用量的确定

（1）背吃刀量 a_p　横向切削时，切断与车槽刀的背吃刀量等于刀的主切削刃宽度（$a_p = a$），所以只需确定切削速度和进给量。

（2）进给量 f　由于刀具的刚性差、强度及散热条件差，所以应适当地减小进给量。过大时容易使刀折断，太小时刀的后面与工件产生强烈的摩擦会引起振动。另外，还要根据机床的功率、工件的硬度、刀具材料来综合考虑。当采用高速工具钢刀具车削钢料时，可选择 0.05 ~ 0.1mm/r，车削铸铁时可选择 0.1 ~ 0.2mm/r；当采用硬质合金刀具车削钢料时，可选择 0.1 ~ 0.2mm/r，车削铸铁时可选择 0.15 ~ 0.25mm/r。

（3）切削速度 v　切断与车槽刀的实际切削速度随着刀具的切入越来越低，因此，加工时切削速度可选高一点。当采用高速工具钢刀具车削钢料时，可选择 30 ~ 40m/min，车削铸铁时可选择 15 ~ 25m/min；当采用硬质合金刀具车削钢料时，可选择 80 ~ 120m/min，车削铸铁时可选择 60 ~ 100m/min。

三、典型实例

【实例一】　图10-1 所示为一单槽类零件，试编写该零件的加工程序，毛坯尺寸 ϕ30mm ×70mm、材料 45 钢（批量加工）。

1. 工艺分析

1）用自定心卡盘夹持左端，棒料伸出卡爪外 55mm，批量生产需自动车平右端面。

2）应用基本指令编程

3）确定加工路线。从右端到左端加工，自动车平右端面→粗车 ϕ28mm 外圆→粗车

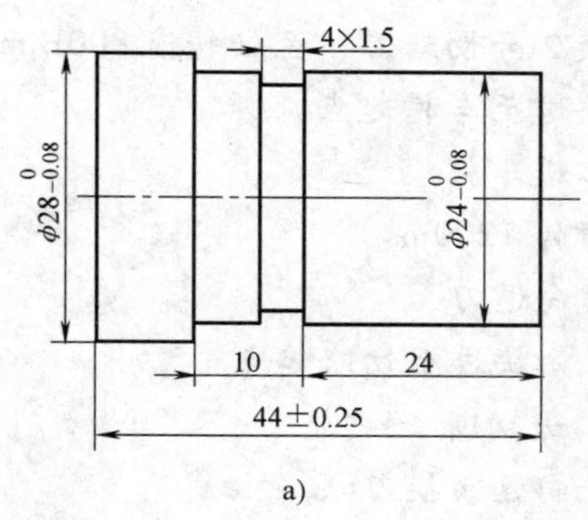

a)

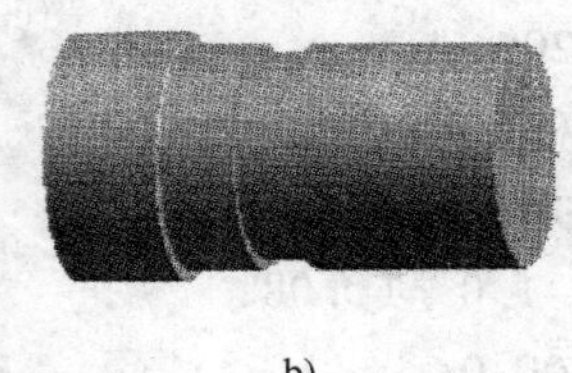
b)

图 10-1　单槽类零件

φ24mm 外圆→精车 φ24mm 外圆→精车 φ24 ~ φ28mm 圆环→精车 φ28mm 外圆→车槽 4mm × 1.5mm→切断。

2. 选择刀具与切削用量

刀具与切削用量的选择见表 10-1。

表 10-1　刀具与切削用量的选择

工步	工步内容	刀具号	刀具名称	主轴转速 /r · min⁻¹	进给量 /mm · r⁻¹	背吃刀量 /mm
1	车端面	T04	机夹 45°端面车刀	900	0.2	2
2	粗、精车外圆	T01	机夹 90°正偏刀	900 / 1900	0.6/0.2	(0.6 ~ 2)/0.4
3	车槽、切断	T02	机夹切断刀	800	0.08	4

3. 参考程序

```
O0031;                                    程序名
N10   G28   U0   W0;                      返回参考点
N20   G99   G97   S900   M03   T0404;     主轴正转 800 r / min，调 4 号刀，导入 4 号刀补
N30   G00   X30.0   Z2.0   M08;           快进至端面切削起点，切削液开
N40   G94   X0   Z0   F0.2;               车平右端面
N50   G00   X100.0   Z100.0;              X、Z 向退刀，返回换刀点
N60   T0101;                              调 1 号机夹 90°正偏刀，导入 1 号刀补
N70   G00   X30.0   Z2.0;                 快进至外圆切削起点
N80   G90   X28.76   Z-50.0   F0.6;       粗车 φ28mm 外圆（为切断留量 6mm）
N90   X24.76   Z-33.8;                    粗车 φ24mm 外圆
N100   G00   X30.0   Z2.0;                返回起刀点，准备精车
N110   S1900;                             换精车主轴转速 1900r/min
N120   G00   X23.96;                      快进至外圆精车起点
N130   G01   Z-34.0   F0.2;               精车 φ24mm 外圆
N140   X27.96;                            精车 φ24 ~ φ28mm 圆环
N150   Z-50.0;                            精车 φ28mm 外圆（为切断留量 6mm）
N160   G00   X100.0   Z100.0;             返回换刀点
```

```
N170  S800  T0202;               换2号切断刀，主轴转速800r/min
N180  G00  X26.0  Z-28.0;        快进至车槽起点
N190  G01  X20.96  F0.08;        工进车槽
N200  G04  P1200;                暂停1200ms
N210  G00  X30.0;                X向退刀
N220  Z-48.0;                    Z向快进至切断起点
N230  G01  X-1.0  F0.08;         工进切断
N240  G00  X100.0;               X向返回换刀点
N250  Z100.0;                    Z向返回换刀点
N260  M09;                       切削液关
N270  M30;                       主程序结束并复位
```

4. 注意事项

1）车矩形外沟槽车刀的主切削刃应安装于车床主轴轴线等高的位置上，过高过低都不利于切断。退刀时一定先沿 X 轴完全退出后再退 Z 轴，否则会发生碰撞。

2）切断过程中若出现切断平面呈凸、凹形等、切断刀主切削刃磨损及“扎刀”，要注意调整车床主轴转速和加工程序中有关的进给速度数值。

3）对于实心工件，切断时工件半径应小于切断刀刀头的长度。由于切断刀伸入工件被切削的槽内，周围被工件和切屑所包围，散热情况极为不利，为此应加注切削液进行冷却。对于空心工件，工件的壁厚应小于切断刀刀头的长度。在切断较大直径的工件时，不能将工件直接切断，应采取其他办法防止发生事故。

【实例二】 图10-2所示为一多槽类零件，试编写该零件的加工程序，毛坯尺寸 $\phi30$mm ×80mm、材料45钢（批量加工）。

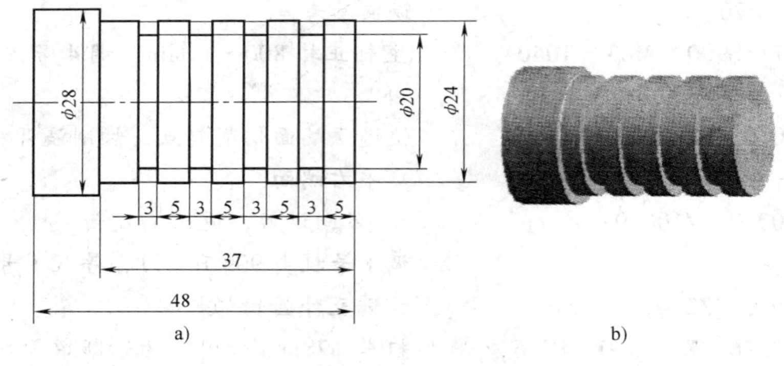

图10-2 多槽类零件

1. 工艺分析

1）用自定心卡盘夹持左端，棒料伸出卡爪外63mm，批量加工需自动车平右端面。

2）用G75外圆槽复合切削循环指令编程。

3）确定加工路线。从右端到左端加工，自动车平右端面→粗车 $\phi28$mm 外圆→精车 $\phi28$mm 外圆→粗车 $\phi24$mm 外圆→精车 $\phi24$mm 外圆→精车 $\phi24\sim\phi28$mm 圆环→车槽。

2. 选择刀具与切削用量

刀具与切削用量的选择见表10-2。

表 10-2 刀具与切削用量的选择

工步	工步内容	刀具号	刀具名称	主轴转速 /r·min⁻¹	进给量 /mm·r⁻¹	背吃刀量 /mm
1	车削端面	T01	80°端面车刀	1200	0.2	2
2	粗、精车外圆	T02	93°外圆车刀	1800	0.7/0.2	1.4/0.4
3	粗、精加工槽	T03	车槽刀	800	0.08	3

3. 参考程序（端面、外圆加工程序略）

```
O2312;                                        程序名
N10  G28  U0  W0;                             返回参考点
N10  G99  G97  S1200  M03  T0101;             主轴正转，调1号80°端面车刀，导入1号刀补
N20  G00  X30.0  Z2.0;                        到端面切削起点
N30  G94  X0  Z0  F0.2;                       工进切削端面
N40  G00  X100.0  Z100.0;                     X、Z向退刀，返回换刀点
N50  S1800  T0202;                            换主轴转速，调2号外圆车刀，导入2号刀补
N60  G00  X30.0  Z2.0;                        到外圆切削起点
N70  G90  X28.8  Z-48.0  F0.7;                粗车φ28mm外圆到φ28.8mm
N80  X28.0  Z-48.0  F0.2;                     精车φ28mm外圆
N90  X26.0  Z-36.8  F0.7;                     第一次粗车φ24mm外圆到φ26mm
N100  X24.8  Z-36.8  F0.2;                    第二次粗车φ24mm外圆到φ24.8mm
N110  X24.0;                                  精车φ24mm外圆
N120  Z-37.0;                                 精车φ24mm外圆
N130  X28.0;                                  精车φ24~φ28mm圆环
N140  G00  X100.0  Z100.0;                    X、Z返回换刀点
N150  T0303  S800;                            换主轴转速，调3号车槽刀，导入3号刀补
N160  G00  X26.0  Z-8.0;                      到第一个槽切削起点
N170  G75  R0.3;                              设定车槽循环每次退刀量
N180  G75  X20.0  Z-32.0  P1500               设定车槽循环参数
      Q8000  F0.08;
N190  G00  X100.0;                            X返回换刀点
N200  Z100.0;                                 Z返回换刀点
N210  M30;                                    主程序结束并复位
```

【实例三】 图10-3 所示为一宽槽类零件，试编写该零件的加工程序，毛坯尺寸 φ30mm × 70mm，材料 45 钢（批量加工）。

1. 工艺分析

1）用自定心卡盘夹持左端，棒料伸出卡爪外 55mm，批量生产需自动车平右端面。

2）应用 G75 外圆槽复合切削循环指令编程。执行第一次时在 Z 轴方向 -26.0mm 位置车槽，每切削完一次槽后退回到 X 轴方向 30.0mm，再向前移动一个由“Q”指定的 Δk（2.8mm），采用微米制即 2800μm，再执行下次槽的加工。

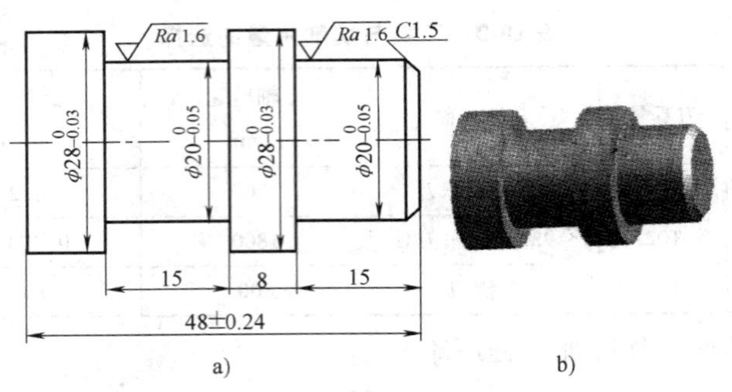

图 10-3　宽槽类零件

3）确定加工路线。从右端到左端加工，自动车平右端面→倒角 C1.5mm→粗、精车 ϕ20mm 外圆→粗、精车 ϕ28mm 外圆→粗、精加工宽槽至尺寸。

2. 选择刀具与切削用量

刀具与切削用量的选择见表 10-3。

表 10-3　刀具与切削用量的选择

工步	工步内容	刀具号	刀具名称	主轴转速 /r · min^{-1}	进给量 /mm · r^{-1}	背吃刀量 /mm
……						
2	粗、精加工槽	T02	车槽刀	1000	0. 15/0. 08	3

3. 参考程序（端面、外圆加工程序略）

```
…                                          ……
N200  G99  G97  M03  S1000  T0202;         主轴正转，调 2 号车槽刀，导入 2 号刀补
N210  G00  X30. 0  Z－26. 0;               到车槽循环起点
N220  G75  R0. 4;                          设定车槽循环每次退刀量
N230  G75  X20. 5  Z－38. 0  P2000         设定车槽循环指令参数
      Q2800  F0. 15;
N240  G01  X19. 98  F0. 08;                X 向到精车槽底处
N250  Z－38. 0;                            工进精车槽底
N260  G00  X100. 0;                        X 向返回换刀点
N270  Z100. 0;                             Z 向返回换刀点
…                                          ……
```

4. 注意事项

1）多槽切削加工采用子程序编程时须用增量形式。采用 G75 外圆槽复合切削循环指令时，只需设定车槽起刀点与终刀点坐标即可。槽宽小于等于 5mm 时，应使刀宽与工件槽宽相等。

2）在数控机床上，一次车槽的宽度取决于车槽刀的宽度。宽槽可以用多次排刀法切削，也可以用 G75 外圆槽复合切削循环指令编程。槽的形状取决于车槽刀的形状。

3）当主轴的径向圆跳动误差较大或槽既深又窄且切屑不易断时可采用反切法，其加工程序不变。

第二节　端面槽零件

【实例】　图10-4 所示为一端面槽类零件，毛坯尺寸 ϕ35mm ×40mm，材料 45 钢（单件加工）。

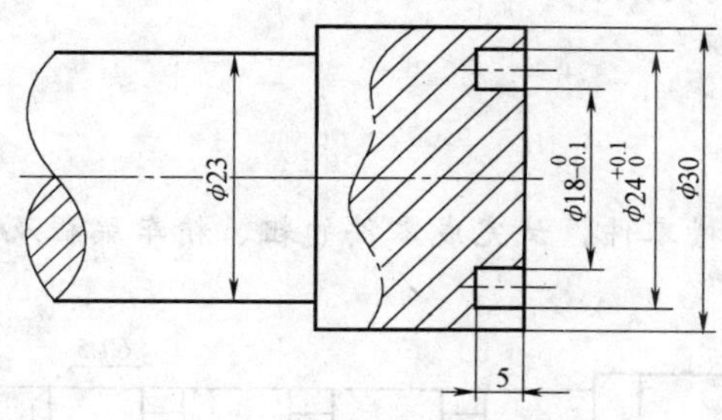

图 10-4　端面槽类零件

1. 工艺分析

1）用自定心卡盘夹持左端 ϕ23mm 处找正后夹紧。

2）应用基本指令编程。

3）确定加工路线。从右端向左端加工，单件手动车平右端面→粗、精车 ϕ30mm 外圆→（换刀）粗、精车端面槽。

2. 选择刀具与切削用量

刀具与切削用量的选择见表 10-4。

表 10-4　刀具与切削用量的选择

工步	工步内容	刀具号	刀具名称	主轴转速 /r · min⁻¹	进给量 /mm · r⁻¹	背吃刀量 /mm
……						
3	端面车槽刀	T02	机夹端面车刀	1000	0.1/0.08	3

3. 参考程序（外圆程序略）

```
O2104;                                    程序名
…                                         ……
N200  G99  G97  S1000  M03  T0202;        主轴正转，调 2 号刀，导入 2 号刀补
N210  G96  S210;                          恒线速度切削，线速度 210m/min
N220  G00  X24.0  Z2.0;                   快速移动到切削起点处
N230  G01  Z-4.5  F0.1;                   第一次粗车进刀切削至端面深度 4.5mm
N240  G00  Z-4.0;                         Z 向退刀
N250  G01  Z-5.0  F0.08;                  第二次精车进刀切削至端面深度 5mm
N260  G04  P1200;                         暂停 1200ms
N270  G00  Z100.0;                        Z 轴退刀至换刀点处
…                                         ……
```

4. 注意事项

1）端面车槽刀的主切削刃应安装得和车床主轴轴线平行等高。由于主切削刃的宽度较

大、刀头的强度低，因此进刀时进给量要小。

2）端面车槽刀在刃磨时，副后面必须按略小于端面槽外圈圆弧半径刃磨成圆弧形，以免车槽时副后面刮伤外圈槽壁。

3）车削外槽时，要明确循环起点的 Z 轴坐标与刀宽的关系；加工端面槽时，要明确循环起点的 X 轴坐标与刀宽的关系。

思考练习题

1. 图 10-5 所示为一多槽零件，试完成零件的粗、精车编程及加工（毛坯尺寸 ϕ30mm × 90mm，材料 45 钢）。

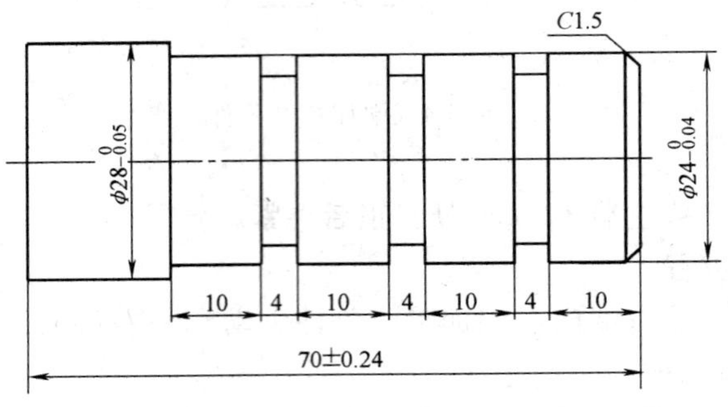

图 10-5　多槽零件

2. 图 10-6 所示为一宽槽零件，试完成零件的粗、精车编程及加工（毛坯尺寸 ϕ20mm × 70mm，材料 45 钢）。

3. 图 10-7 所示为一端面槽零件，试完成零件的粗、精车编程及加工（毛坯尺寸 ϕ45mm × 50mm，材料 45 钢）。

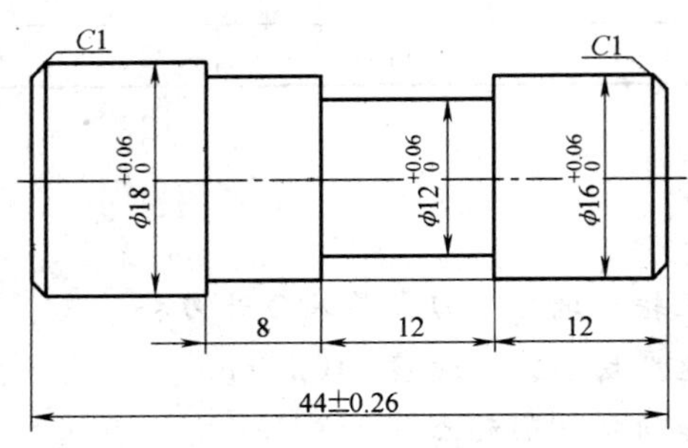

图 10-6　宽槽零件

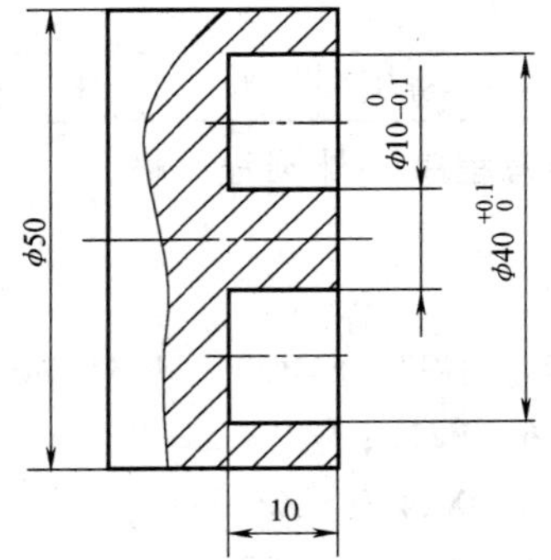

图 10-7　端面槽零件

单元十一

外圆弧类零件的编程与训练

学习目标

1. 熟练掌握在数控车床上车削外圆弧的基本方法。

2. 掌握圆弧车削的相关编程方法与技巧、工艺路线分析、刀具选择与切削用量的选用。分析质量异常的原因和解决的途径。

第一节　简单外圆弧零件

一、相关知识

在数控机床加工过程中，经常遇到一些轮廓由单一圆弧或圆弧和直线相交而构成的成形面零件，常见的如零件圆弧凹槽等。

1. 圆弧类零件的编程

在对圆弧类零件进行编程时，经常会遇到圆弧与圆弧相切、相交的情况。这时可通过结构图上的圆弧、圆心坐标等利用勾股定理、三角函数、平面几何等相关数学计算来得到基点坐标。对于复杂回转体零件的圆弧与圆弧相切、相交，则要通过给定零件图上的相关尺寸，采用解析几何列出方程来求解。对于一些特殊复杂的成形面，可以在计算机上应用绘图软件（如 Auto CAD 等）精确绘出零件轮廓，然后利用软件的测量功能进行精确测量，即可得出各点的坐标值。

（1）利用基本指令法编程

1）利用同心圆法。在车削圆弧时，不可能一次走刀就将圆弧加工好，可采用不同的半径圆弧来车削，最后将所需的圆弧加工出来。另外，利用圆弧形车刀加工时，可采用改变运动轨迹的半径按顺逆往复的切削形式进行编程，这时编程应将刀尖圆弧半径考虑进去。

2）车锥加工圆弧法。在车削圆弧时，先车削一个圆锥再去车削圆弧。但要注意车锥时起点和终点的确定。若确定不好，则可能导致圆弧表面的过切。这时必须进行精确的计算。

（2）利用子程序法编程　在利用子程序编程时，应注意计算的正确性，否则会出现尺寸上的错误。

（3）利用循环指令编程　对于大多数凹槽类圆弧成形面零件，在刀具不干涉的情况下，可利用 G73 循环指令编程加工。

2. 圆弧零件加工刀具

在加工圆弧成形面时，圆弧形车刀是较为特殊的数控加工刀具。其特征是：构成主切削刃的切削刃形状是一圆度误差或轮廓度误差很小的圆弧形，如图 11-1 所示。

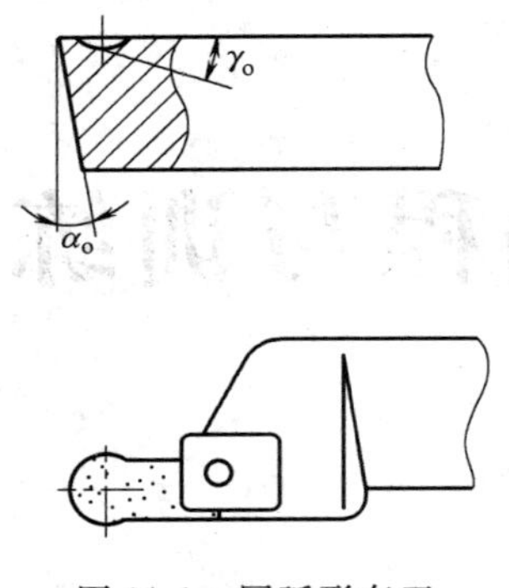

图 11-1　圆弧形车刀

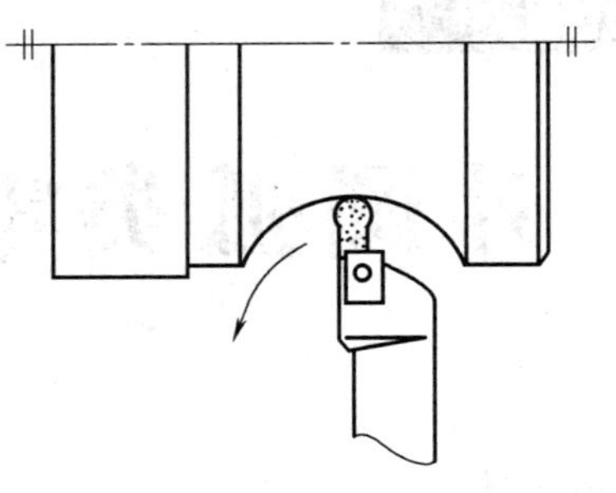

图 11-2　圆弧加工示意图

该车刀圆弧刃上的每一点都是圆弧形车刀的刀尖，因此刀位点不在圆弧上，而在该圆弧的圆心点上。在车削时，圆弧形车刀的切削刃与被加工轮廓曲线作相对“滚动”运动，如图 11-2 所示。这时，车刀在不同的切削位置上，其刀尖也在圆弧切削刃上有不同的位置即“切点”。也就是说，圆弧形车刀切削刃对零件的车削是以无数个连续变化位置的“刀尖”进行的。为了使这些不断变化位置的“刀尖”能按加工要求运动，所以规定圆弧形车刀的刀位点必须在圆弧刃的圆心位置上。

除了前角及后角外，圆弧形车刀主要的几何参数为车刀圆弧切削刃的形状及半径。

选择车刀圆弧半径的大小时，应考虑以下两点。

1）车刀切削刃的圆弧半径应当小于或等于零件凹形轮廓上的最小半径，以免发生干涉。

2）车刀切削刃的圆弧半径不宜选择得太小，否则刀头强度太弱或刀体散热能力差，会使刀具受到损坏。

圆弧形车刀前角、后角的选择原则与普通车刀相同，其前面一般为凹球面。形成的特殊形状是为了满足在切削刃的每一个切削点上，都有恒定的前角和后角，以保证切削过程的稳定性和加工精度。

在加工凹圆弧时，当加工不受外圆车刀副切削刃干涉的情况下，一般优选普通机夹外圆车刀进行加工；只有受到外圆车刀副切削刃干涉时，才选择圆弧形车刀加工圆弧。

二、典型实例

【实例】　图11-3 所示为一单一圆弧成形面零件，毛坯材料为 65 钢，尺寸为 ϕ65mm × 100mm（批量加工）。

1. 工艺分析

（1）装夹工件　用自定心卡盘夹持左端，棒料伸出卡爪外 90mm。粗车后留双边余量

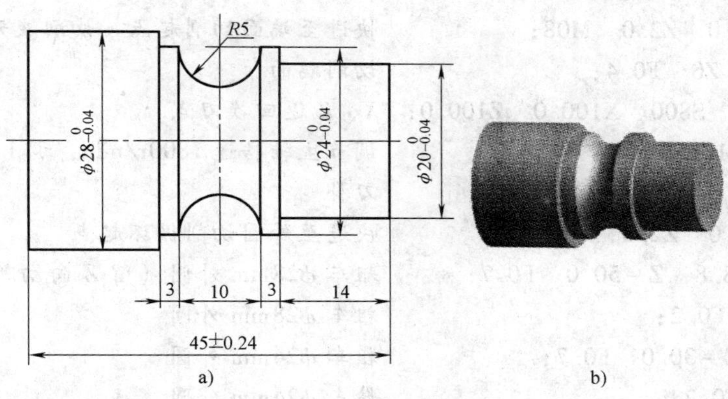

图 11-3　单一圆弧成形面零件

0.8mm。

(2) 编程　用基本指令编程（圆弧形车刀以刀具圆弧圆心编程）。

(3) 确定加工路线　从右端到左端开始加工，批量加工应自动车平右端面，自动切断。

1）粗、精车右端面→粗、精车 φ28mm 外圆→粗、精车 φ24mm 外圆→粗、精车 φ20mm 外圆。

2）粗、精车 *R*5mm 圆弧槽。

3）切断。

2. 圆弧分析

采用同心圆法利用圆弧形车刀顺逆车削 *R*5mm 圆弧。该圆弧为 1/2 圆，可选择 *R*2.5mm 圆弧形车刀，以圆弧形车刀圆弧中心点（刀位点）对刀，粗加工两次。第一次粗车起刀圆弧刀位点位置（X32，Z－22），径向刀位点进至 *X*＝24mm；第二次粗车起刀圆弧刀位点位置（X32，Z－20）（留精加工余量 0.8mm），径向刀位点切进 *X*＝24mm 后顺时针切圆；第三次精车起刀圆弧刀位点位置（X 32，Z－19.5），径向刀位点切进 *X*＝24mm 后顺时针切圆。

3. 选择刀具与切削用量

刀具与切削用量的选择见表 11-1。

表 11-1　刀具与切削用量的选择

工步	工步内容	刀具号	刀具名称	主轴转速 /r·min⁻¹	进给量 /mm·r⁻¹	背吃刀量 /mm
1	车端面	T04	机夹 45°正偏刀	800	0.4	0.5
2	粗、精车外圆	T01	机夹 90°正偏刀	1800	0.7/0.2	1.6/0.4
3	粗、精车圆弧槽	T02	机夹 *R*2.5mm 圆弧形车刀	1800	0.1/0.08	2.5/0.4
4	切断	T03	机夹切断刀	900	0.05	3

4. 参考程序

```
O0041;                                  程序名
N10  G28  U0  W0;                       返回参考点
N20  G50  S2000;                        主轴限速，最大不超过2000r/min
N30  G99  G97  S800  M03  T0404;        主轴正转800r/min，调4号刀，导入4号刀补
N40  G96  S200;                         采用恒线速度切削，线速度200m/min
```

程序	说明
N50 G00 X30.0 Z2.0 M08;	快进至端面切削起点，切削液开
N60 G94 X0 Z0 F0.4;	切削端面
N70 G00 G97 S800 X100.0 Z100.0;	X、Z 返回换刀点
N80 S1800 T0101;	调节主轴转速 1800r/min，调 1 号刀，导入 1 号刀补
N90 G00 X30.0 Z2.0;	快进至外圆切削循环起点
N100 G90 X28.8 Z-50.0 F0.7;	粗车 $\phi28$mm 外圆（留 Z 向切断量 5mm）
N110 X27.98 F0.2;	粗车 $\phi28$mm 外圆
N120 X24.8 Z-30.0 F0.7;	粗车 $\phi24$mm 外圆
N130 X24.0 F0.2;	精车 $\phi24$mm 外圆
N140 X20.8 Z-14.0 F0.7;	粗车 $\phi20$mm 外圆
N150 X20.0 F0.2;	精车 $\phi20$mm 外圆
N160 G00 X100.0;	X 向返回换刀点
N170 Z100.0;	Z 向返回换刀点
N180 S800 T0202;	调节主轴转速 800r/min，调 2 号刀，导入 2 号刀补
N190 G00 X32.0 Z-22.0;	快进至第一刀圆弧粗车起点
N200 G01 X24.0 F0.1;	X 向直进切入，刀位点至 $X=24$mm
N210 G00 X32.0;	X 向快退至 $X=32$mm 处
N220 Z-20.0;	Z 向退至 $Z=-20$mm 第二刀圆弧起点，留 0.5mm 余量
N230 G01 X24.0 F0.1;	X 向直进切入，刀位点至 $X=24$mm 处
N240 G02 W-4.0 R2.0;	圆弧粗车，刀位点运动半径 $R=2.0$mm（留精车余量）
N250 G00 X32.0;	X 向快退至 $X=32$mm 处
N260 Z-19.5;	Z 向快退至 $Z=-19.5$mm 圆弧精车起点处
N270 G01 X24.0 F0.08;	X 向直进切入，刀位点至 $X=24$mm 处
N280 G02 W-5.0 R2.5;	圆弧精车，刀位点运动半径 $R=2.5$mm
N290 G00 X100.0;	X 向返回换刀点
N300 Z100.0;	Z 向返回换刀点
N310 S900 T0303;	调节主轴转速 900r/min，调 3 号刀，导入 3 号刀补
N320 G00 X32.0;	X 向快进至切断起点
N330 Z-48.0;	Z 向快进至切断起点
N340 G01 X-1.0 F0.05;	工进切断
N350 G00 X100.0;	X 轴返回换刀点
N360 Z100.0 M09;	Z 轴返回换刀点，切削液关
N370 M30;	主程序结束并复位

5. 注意事项

1）在数控车床上车削圆弧面时要注意副切削刃的角度要较大，不能与工件产生干涉，

必要时可用圆弧形车刀。在利用圆弧形车刀编程时应用其圆心编程，这时刀具行走的轨迹要把刀尖圆弧半径考虑进去。

2）圆弧形车刀在对刀时一定对在刀位点上，即圆弧的中心点上，不加圆弧半径补偿。

3）若直径量相差比较大，应设定为主轴线速度恒定，如切削端面、圆弧面等时。

第二节　复杂外圆弧零件

一、相关知识

复杂外圆弧零件包括圆弧和圆弧、圆弧和直线相切而构成的一些成形面零件，典型的如各类手柄等。由于加工圆弧所使用的圆弧形车刀在编写程序前需要设计并需计算走刀路径，比较麻烦，因此加工圆弧时在不发生干涉的情况下，尽量使用90°正偏刀，不要使用圆弧形车刀。使用外圆车刀时一定要注意刀尖圆弧半径的补偿，并相应设定主轴线速度恒定。

二、典型实例

【实例】　图11-4所示为一圆弧组合手柄，毛坯尺寸 ϕ40mm × 120mm，材料为65钢（批量加工）。

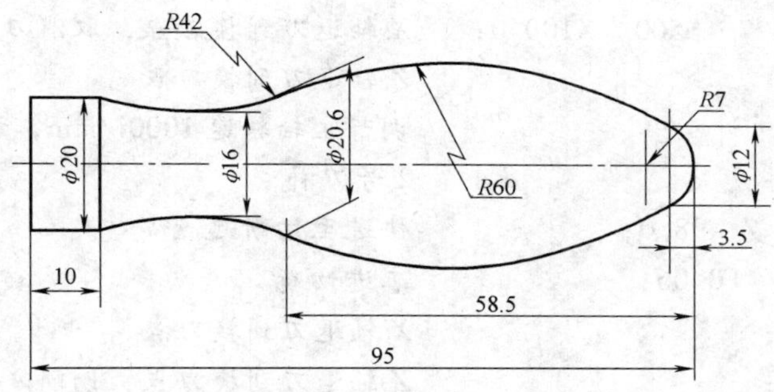

图 11-4　圆弧组合手柄

1. 工艺分析

1）用自定心卡盘夹持左端，棒料伸出卡爪外105mm。粗车后留精车双边余量0.8mm。

2）用复合切削循环指令编程。

2. 加工路线

从右端到左端加工。粗、精车 *R*7mm 圆球头 →粗、精车 *R*60mm 凸圆弧→粗、精车 *R*42mm 凹圆弧→粗、精车 ϕ20mm 外圆。

3. 选择刀具与切削用量

刀具与切削用量的选择见表11-2。

表 11-2　刀具与切削用量的选择

工步	工步内容	刀具号	刀具名称	主轴转速 /r · min^{-1}	进给量 /mm · r^{-1}	背吃刀量 /mm
1	粗、精车外圆	T01	机夹90°正偏刀	800/1800	0.6/0.2	分层/0.4
2	切断	T02	切断刀	1000	0.06	3

4. 参考程序

程序	说明
O0142;	程序名
N10 G28 U0 W0 T0100;	返回参考点，取消 1 号刀补
N20 G99 G97 S500 M03 T0101;	主轴正转，转速 500r/min，调 1 号刀，导入 1 号刀补
N30 G96 S210;	采用恒线速度 210m/min
N40 G00 X40.0 Z2.0 M08;	快进到循环切削起点，切削液开
N50 G73 U11.6 W2.0 R9;	设定复合切削循环 *X*、*Z* 总退刀量，切削次数
N60 G73 P70 Q120 U0.8 W0.2 F0.6 S800;	设定复合切削循环精车余量、粗车进给量及转速
N70 G00 G42 X0 S1800;	快进至工件 *X* 轴精车起点，加入右刀补
N80 G01 Z0;	快进至工件 *Z* 轴精车起点
N90 G03 X12.0 Z-3.5 R7.0;	精车 *R*7mm 圆球
N100 G03 X20.6 Z-58.5 R60.0;	精车 *R*60mm 凸圆弧
N110 G02 X20.0 Z-85.0 R42.0;	精车 *R*42mm 凹圆弧
N120 G01 Z-95.0;	精车 ϕ20mm 外圆
N130 G70 P70 Q120 F0.2;	设定精车循环、精车进给量
N140 G00 G40 G97 S500 X100.0;	*X* 轴退刀到换刀点，取消刀补
N150 Z100.0;	*Z* 轴退刀到换刀点
N160 S1000 T0202;	调节主轴转速 1000r/min，调 2 号切断刀，导入 2 号刀补
N170 G00 X40.0 Z-98.0;	快进至切断起点
N180 G01 X-1.0 F0.06;	工进切断
N190 G00 X100.0;	*X* 轴退刀到换刀点
N200 Z100.0 M09;	*Z* 轴退刀到换刀点，切削液关
N210 M30;	主程序结束并复位

5. 注意事项

1）球面上各点的斜率不同，所以在车削时要设定主轴线速度恒定，退刀后还应取消线速度恒定。

2）凹圆槽处容易发生刀具干涉，必要时可以改变一下刀杆角度，使主偏角减小、副偏角增大。

思考练习题

1. 图 11-5 所示为一单一圆弧成形体零件，试完成零件的粗、精车编程及加工（毛坯尺寸 ϕ30mm×70mm，材料 45 钢）。

2. 图 11-6、图 11-7 所示为圆弧组合体零件，试完成零件的粗、精车编程及加工（毛坯尺寸 ϕ30mm×40mm、ϕ35mm×60mm，材料 45 钢）。

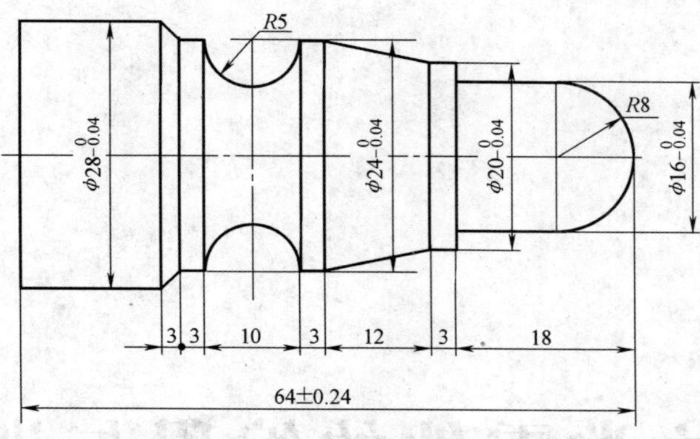

图 11-5　单一圆弧成形体零件

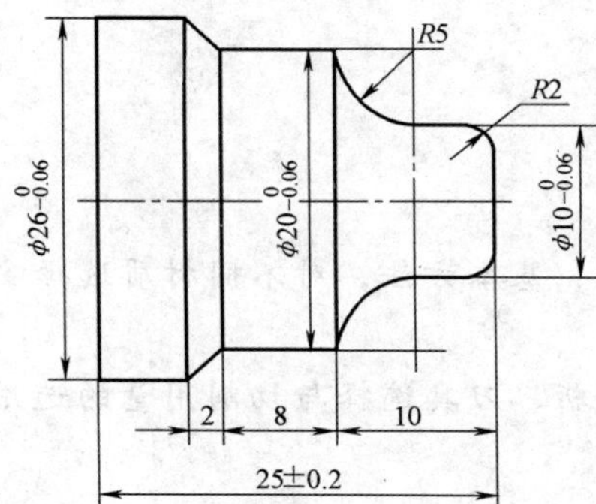

图 11-6　圆弧组合体零件一

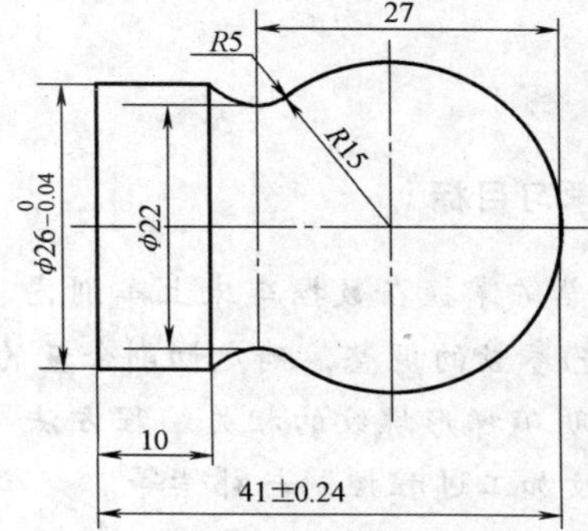

图 11-7　圆弧组合体零件二

螺纹类零件的编程与训练

学习目标

1. 熟练掌握在数控车床上车削内、外螺纹的原理、基本方法，对不同材质选择主轴转速及工艺参数的调整，确定切削余量的合理分配。

2. 明确梯形螺纹的相关编程方法与技巧、工艺分析、刀具选择与切削用量的选用、对刀、螺纹加工过程控制与补偿等。

第一节　普通外螺纹零件

一、相关知识

普通螺纹即三角形螺纹，它在机械制造业中应用极为广泛，常用于联接、紧固、调节等。其特点是：螺距小、一般螺纹长度短。轴向截面牙型角必须正确，两侧面表面粗糙度值小，中径尺寸要符合精度要求，螺纹与工件轴线应保证同轴。

1. 螺纹的标记与尺寸

一个完整的普通螺纹标记是由特征代号、尺寸代号、公差带代号和其他有必要作进一步说明的个别信息组成。如 M30×1.5-5g6g-L-LH：“M30×1.5”为螺纹特征代号 M（普通螺纹）及尺寸代号，公称直径（大径）ϕ30mm，细牙普通螺纹，螺距为 1.5mm（粗牙普通螺纹不标注）；“5g6g”为螺纹公差带代号，其中“5g”为螺纹中径公差带代号，“6g”为螺纹顶径公差带代号，当其顶径公差带与其中径公差带相同时，则标注一个即可，“L”为螺纹旋合长度；“LH”为左旋标记。

2. 三角形螺纹车刀的装夹

（1）刀尖高　无论装夹内外螺纹车刀，其刀尖点应与车床主轴轴线等高，否则将出现“扎刀”、“阻刀”、“让刀”及螺纹面不光等现象。但是高速切削螺纹时，为了防止振动和“扎刀”，硬质合金车刀的刀尖应略高于车床主轴轴线 0.1 ~0.3mm。

（2）牙型半角　螺纹车刀两侧切削刃相对于牙型对称中心线的牙型半角应各等于牙型

角的一半，通过牙型对称中心线与车床主轴轴线处于垂直位置的安装要求而实现。如果把车刀装歪，所车螺纹会产生牙型歪斜等不正等现象。

（3）锥螺纹　车削锥螺纹时，一定要使螺纹车刀刀杆轴线与锥面垂直，否则将会出现不等边螺纹。

（4）刀头的伸出长度　刀头一般不要伸出过长，约为刀杆厚度的 1～1.5 倍。内螺纹车刀的刀头加上刀杆后的径向长度应比螺纹底孔直径小 3～5mm，以免退刀时碰伤牙顶。

3. 车螺纹的安排

在数控设备上车螺纹一般安排在精车之后。

4. 螺纹的检测

大径公差一般较大，可用游标卡尺或千分尺测量；中径可用螺纹千分尺测量；螺纹的综合尺寸精度检测可用螺纹环规进行。

二、外螺纹典型实例

【实例一】　图12-1 所示为一外螺纹零件，试进行编程加工（单件加工）。

1. 工艺分析

1）用自定心卡盘夹持左端，棒料伸出卡爪外 55mm。外圆、槽编程略。

2）应用 G92 与 G76 循环切削指令编程。

3）确定加工路线。从右端到左端加工，车平右端面→粗、精车 ϕ28mm 外圆→粗、精车 ϕ24mm 外圆→精车 ϕ24～ϕ28mm 圆环→（换刀）车 3mm × 1.5mm 槽→（换刀）车 M24 × 1.5 螺纹。

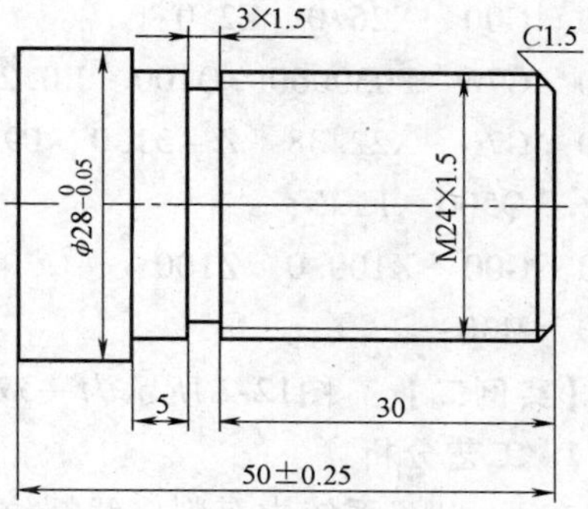

图 12-1　外螺纹零件

2. 相关计算

1）使用机夹螺纹车刀加工外螺纹时，外圆应车削到直径为 ϕ24mm。

2）车螺纹时螺纹小径应车削到的尺寸为：

$$d = 公称直径 - 1.08P$$

即

$$d = 24\text{mm} - 1.08 \times 1.5\text{mm} = 22.38\text{mm}$$

3. 选择刀具与切削用量

刀具与切削用量的选择见表 12-1。

表 12-1　刀具与切削用量的选择

工步	工步内容	刀具号	刀具名称	主轴转速 /r · min^{-1}	进给量 /mm · r^{-1}	背吃刀量 /mm
……						
4	车螺纹	T03	机夹 60°螺纹车刀	800	1.5	分层

4. 参考程序

（1）使用 G92 循环切削指令，外圆、槽加工程序略

…　　　　　　　　　　　　　　　　……

N110　M03　S800　T0303；　　　　　　主轴正转 800r/min，调 3 号刀，导入 3 号刀补

```
N120  G00  X26.0  Z2.0;                  到螺纹切削循环起点，升速进刀段2mm
N130  G92  X23.2  Z-31.0  F1.5;          螺纹车削第一刀，背吃刀量0.4mm，降速退刀段1mm
N140  X22.7;                             第二刀，背吃刀量0.25mm
N150  X22.5;                             第三刀，背吃刀量0.1mm
N160  X22.38;                            第四刀，背吃刀量0.06mm
N170  X22.38;                            第五刀，光整加工
…                                        ……
```

（2）使用G76复合循环切削指令，外圆、槽加工程序略 G76指令中“P”、“Q”、“R”等地址后的数值应以无小数点形式表示，其单位为微米制，参数取值：精整次数取3、刀尖角取60、最小背吃刀量取100μm、精加工余量取0.2mm、螺纹高度（半径量）取974μm、第一次背吃刀量取500μm、螺纹螺距为1.5mm。

```
…                                        ……
N100  G97  S800  M03  T0303;             调3号螺纹车刀，导入3号刀补，主轴正转
N110  G00  X26.0  Z2.0;                  到螺纹切削循环起点
N120  G76  P030060  Q100  R0.2;          设定复合切削循环指令
N130  G76  X22.38  Z-31.0  P974
      Q500  F1.5;
N140  G00  X100.0  Z100;                 返回换刀点
N150  M30;                               主程序结束
```

【实例二】 图12-2所示为一双线外螺纹零件，试进行编程加工（单件加工）。

1. 工艺分析

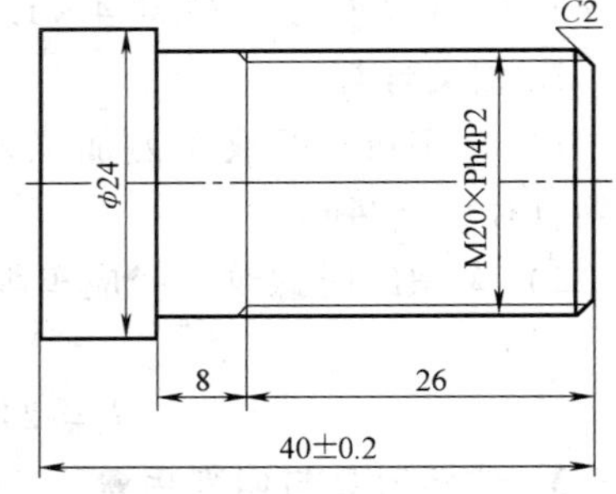

图12-2 双线外螺纹零件

在FANUC系统中车削多线螺纹最常见的方法是在加工完第一条螺纹后车刀沿轴向后退一个螺距再加工第二条螺纹（“F”为导程）。

带有退刀量的螺纹应设定45°，*Z*向退刀距离，可设定为（0.1～9.9）*F*（两位数）。

G76参数的取值：精整次数取 $m=3$、*Z*向退刀量（0.1～9.9）*F*取15、刀尖角取60、最小背吃刀量取100μm、精车余量取0.2mm、螺纹牙高（半径量）查表6-6取1299μm、第一次背吃刀量取500μm、螺纹导程取4mm。

2. 参考程序

```
…                                        ……
N100  G97  S800  M03  T0202;             调用2号螺纹车刀，主轴正转，导入2号刀补
N110  G00  X22.0  Z2.0;                  X、Z快速进给到第一条螺纹循环切削起点
N120  G76  P031560  Q100  R0.2;          设定复合切削循环指令
N130  G76  X18.38  Z-26.0  R0  P1299
      Q500  F4.0;
N140  G00  X22.0;                        X到第二条螺纹循环切削起点
```

```
N150  Z4.0;                                      Z到第二条螺纹循环切削起点
N160  G76  P031560  Q100  R0.2;                  设定复合切削循环指令
N170  G76  X18.38  Z-26.0  R0  P1200
      Q500  F4.0;
N180  G00  X100.0  Z100;                         返回换刀点
N190  M30;                                       主程序结束
```

3. 注意事项

1）从螺纹粗加工到精加工，进给速度倍率无效，主轴的转速被限制为100%。

2）在主轴没有停止的情况下，停止螺纹加工将很危险。因此螺纹加工时进给保持无效，若按下进给保持键，刀具在加工完螺纹后停止运动。

3）螺纹加工过程中不使用恒线速度控制。

4）螺纹切削深度可采用数次进给、每次进给背吃刀量按螺纹深度依次递减分配的方法。

【实例三】　图12-3所示为一单线圆锥螺纹零件，试进行编程加工。

1. 工艺分析

1）用自定心卡盘夹持左端，棒料伸出卡爪外60mm。外圆、槽编程略。

2）应用G76螺纹复合切削循环指令编程。

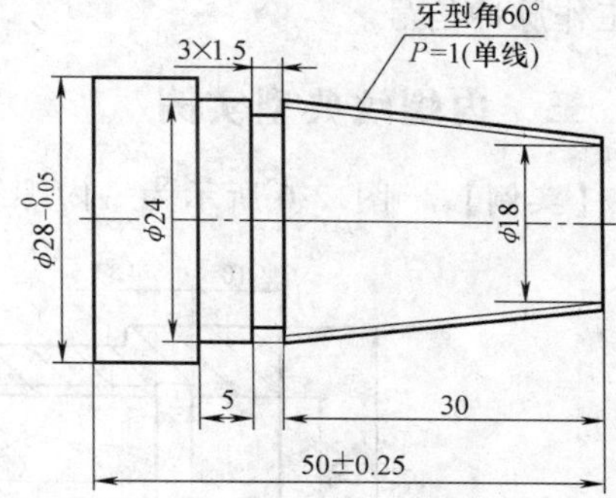

图12-3　单线圆锥螺纹零件

2. 相关计算

1）设定升速进刀段 δ_1 = 2.0mm，降速退刀段 δ_2 =1.5mm。

2）计算“R”值。

螺纹升速进刀段2mm，如图12-4所示，由两个直角三角形相似得 3mm/h = 30mm/32mm，即 h = 3.2mm。

即 Z=2 处直径为 24mm − 3.2mm × 2 = 17.6mm。

螺纹降速退刀段1.5mm，如图12-5所示，由两个直角三角形相似得 3mm/L = 30mm/31.5mm 即 L=3.15mm。

即 Z= −31.5 处直径为 24mm + （3.15−3）mm × 2 = 24.3mm。

可得　R =（24.3mm − 17.6mm）/ 2 = −3.35mm，螺纹终点 X=24.3mm − 1.08 × 1mm =23.22mm。

G76指令参数取值：精整次数取2、刀尖角取60、最小背吃刀量取100μm、精加工余量取0.15mm、螺纹牙高（半径量）取649μm、第一次背吃刀量取500μm、螺纹螺距为1.0mm。

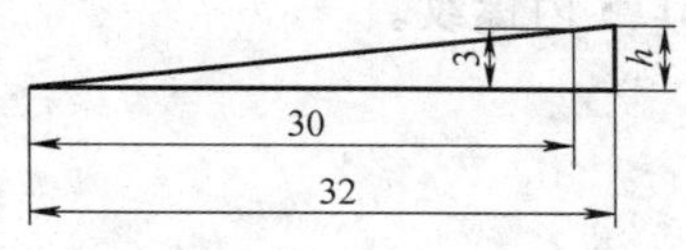

图12-4　“R”值的计算一

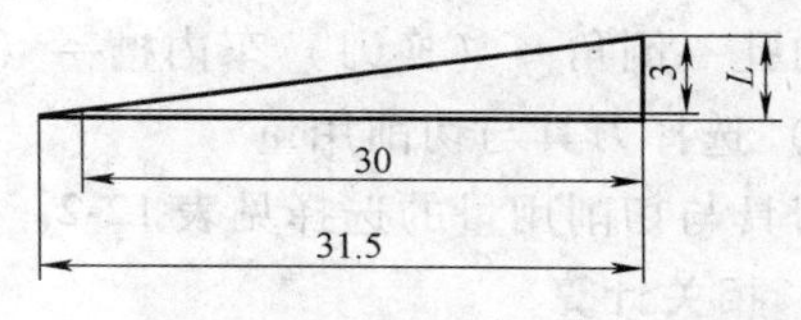

图12-5　“R”值的计算二

3. 参考程序

…	……
N100 M03 S700 T0303;	主轴正转，调3号螺纹车刀，导入3号刀补
N110 G00 X28.0 Z2.0;	到螺纹切削循环起点
N120 G76 P020060 Q100 R0.15;	设定复合切削循环指令
N130 G76 X23.22 Z-31.5 R-3350 P649 Q500 F1.0;	
N140 G00 X100.0 Z100.0;	退回换刀点
…	……

4. 注意事项

1）在编程时重点是计算“R”值，一定要按照实际锥度的入刀点与出刀点的位置来计算。

2）不允许在执行螺纹加工中暂停。

3）严禁在车床主轴旋转过程中用棉纱擦拭车出的螺纹表面，以免发生人身事故。

4）启动运行车削加工程序时，宜低速开动车床主轴，使主轴脉冲发生器按规定信号发出工作脉冲信号。

三、内螺纹典型实例

【实例】 图12-6 所示为一内螺纹零件，试进行编程加工。

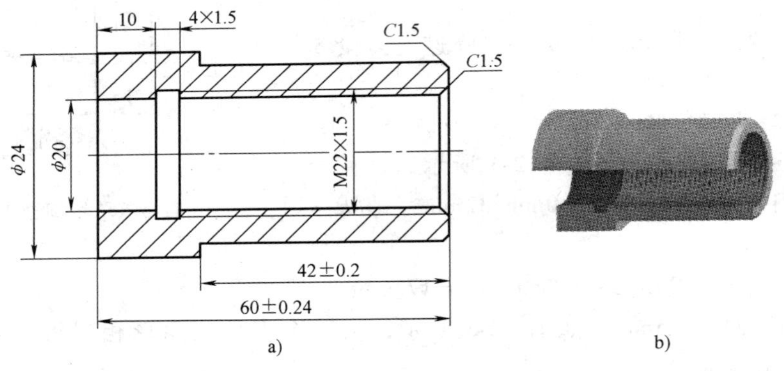

图 12-6 内螺纹零件

1. 工艺分析

1）用自定心卡盘夹持左端，棒料伸出卡爪外 40mm。

2）钻 ϕ18mm 通孔。外轮廓、内孔、槽加工编程略。

3）螺纹应用 G92 指令编程。

4）确定加工路线。从右端到左端加工，单件手动车平右端面。钻 ϕ18mm 通孔→粗、精镗内孔→倒角→（换刀）车内槽→（换刀）车 M22×1.5 内螺纹。

5）选择刀具与切削用量

刀具与切削用量的选择见表 12-2。

2. 相关计算

由于螺纹编程直接与内孔径相关联，所以应用内孔经验值尺寸公式计算内孔直径，即

$$D_1 = D - (1 \sim 1.1)P = 22\text{mm} - 1.5\text{mm} = 20.5\text{mm}$$

表 12-2 刀具与切削用量的选择

工步	工步内容	刀具号	刀具名称	主轴转速/r·min⁻¹	进给量/mm·r⁻¹	背吃刀量/mm
……						
4	车螺纹	T03	机夹60°螺纹车刀	800	1.5	分层

3. 参考程序

```
…                                        ……
N100  M03  S800  T0303;                  主轴正转，调3号刀，导入3号刀补
N110  G00  X20.0  Z2.0;                  快进至起刀点
N120  G92  X21.1  Z-47.0  F1.5;          螺纹车削第一刀，背吃刀量0.3mm
N130  X21.6;                             第二刀，背吃刀量0.25mm
N140  X21.9;                             第三刀，背吃刀量0.15mm
N150  X22.1;                             第四刀，背吃刀量0.1mm
…                                        ……
```

4. 注意事项

1）车削内螺纹不同于车削外螺纹，存在的缺点是：切屑不易排除、切削液不易进入切削区，因此切削温度高，冷却、观察、测量困难，加工质量难保证。

2）在车削过程中若出现啃刀现象，则是因为车刀安装得过高或过低、工件装夹不牢或车刀磨损过大。另外，工件装夹不牢、整体刚性差不能承受车削时的切削力，也可能产生较大的挠度，从而改变了车刀与工件的中心高度。

车刀安装得过高，则吃刀至一定深度时，车刀的后面顶住工件，增大摩擦力，甚至把工件顶弯，造成啃刀现象。

车刀安装得过低，则切屑不易排出，车刀径向力的方向是工件中心，加上横向滚珠丝杠间隙过大，致使吃刀量不断自动趋向加深，从而把工件抬起，出现啃刀。此时，应及时调整车刀高度，使刀尖与工件的轴线等高。在粗车和半精车时，刀尖位置应比工件的中心高出 $0.01D$ 左右（D 表示被加工工件直径）。

3）在车削过程中若出现乱扣现象，则原因是加工过程中调整了倍率开关，造成编码器定位不准。另外，编码器松动等也将造成 Z 轴脉冲信号反馈不对，出现乱扣现象。

第二节 梯形螺纹零件

一、相关知识

梯形螺纹是机械上最常用的传动结构零件，是应用广泛的传动螺纹。它的长度一般比较长，精度要求较高，如普通机床上的长、短丝杠等。

1. 梯形螺纹的种类

梯形螺纹可分为米制螺纹和英制螺纹两种。

2. 梯形螺纹的代号

梯形螺纹代号用“Tr”、公称直径、螺距、公差带代号等表示，左旋螺纹须在尺寸规格之后加注“LH”，右旋则不注出，如 Tr20×4LH、Tr50×6、Tr60×7LH-7e-L。

3. 梯形螺纹的车削方法

在数控车床上车削梯形螺纹的工艺、刀具与在普通机床上基本相同。切削过程中，每次往复行程后除了作横向进刀外，还要向左或向右作微量纵向进给粗车、半精车和精车。在数控车床上车削梯形螺纹时，当螺距大于 4mm 时，先采用直进法粗车，再用直进法左、右精车两侧面。当螺距较小时，一般不分粗、精车，用一把车刀采用直进法完成车削。

4. 梯形螺纹的中径公差带及牙型角

梯形外螺纹的推荐中径公差等级有 7、8、9 三种，公差带位置有 e、c 两种。梯形内螺纹的推荐中径公差等级有 7、8、9 三种，公差带位置只有 H 一种，其基本偏差为零。牙型角 $\alpha=30°$。

5. 梯形螺纹车刀常见的角度

1）两侧切削刃夹角。高速工具钢车刀一般取 $30°\pm10'$，硬质合金车刀一般取 $30°{}^{-5'}_{-15'}$。

2）横切削刃的宽度。$W_{刀}=0.366P-0.536a_c$。

3）牙顶间隙 a_c。当 $P=1.5\sim5\text{mm}$ 时，a_c 取 0.25mm；当 $P=6\sim12\text{mm}$ 时，a_c 取 0.5mm；当 $P=14\sim44\text{mm}$ 时，a_c 取 1mm。

4）纵向前角。一般取 0°，必要时也可以取 5°~10°，但其前面上的两侧切削刃夹角要作相应修改，否则将影响牙型角。

5）纵向后角。一般取 6°~8°。

6）两侧切削刃后角。

$$\alpha_{左}=(3°\sim5°)\pm\phi$$

$$\alpha_{右}=(3°\sim5°)\mp\phi$$

式中　ϕ——螺纹升角，$\tan\phi=P/\pi d_2=P/\pi D_2$，车右旋螺纹时，$\phi$ 取正号，车左旋螺纹时，ϕ 取负号。

二、典型实例

【实例】　图12-7 所示为一梯形内螺纹零件，毛坯尺寸为 ϕ40mm×150mm，材料为 45 钢（单件加工），试进行编程加工。

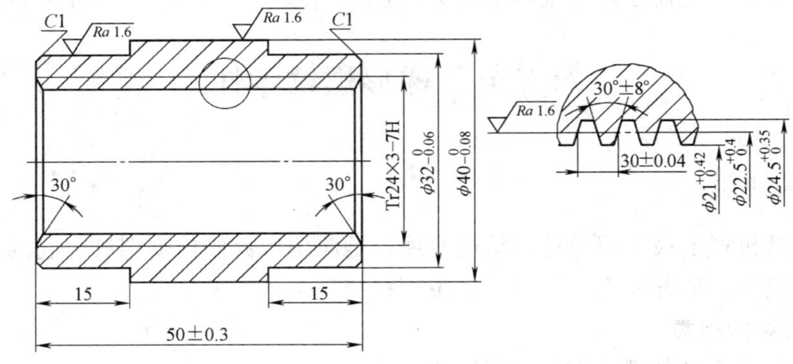

图 12-7　梯形内螺纹零件

1. 工艺分析

1）用自定心卡盘夹持左端，棒料伸出卡爪外60mm。

2）选择机夹梯形内螺纹车刀（螺距为3mm）。

3）确定加工路线。从右端到左端加工，单件手动车平右端面，钻通孔 ϕ16mm→粗、精镗内孔→（换刀）粗、精车梯形内螺纹→（换刀）精车外圆→检测。

2. 选择刀具与切削用量

表12-3　刀具与切削用量的选择

工步	工步内容	刀具号	刀具名称	主轴转速/r·min^{-1}	进给量/mm·r^{-1}	背吃刀量/mm
……						
4	车削梯形螺纹	T03	机夹梯形内螺纹车刀	150	3	自动分层

3. 参考程序

程序	说明
…	……
N110　G99　G97　M03　S150　T0303；	调3号梯形螺纹车刀，导入刀补，主轴转速150 r/min
N120　G00　X20.0　Z6.0　M08；	X、Z轴快速到切削循环点，切削液开
N130　G76　P030030　Q50　R－0.08；	设螺纹循环精车3次，收尾0，刀尖角30°，精车余量0.08mm，牙深1.75mm，第一次背吃刀量0.2mm、最小背吃刀量0.05mm
N140　G76　X24.52　Z－56.0　R0　P1750　Q200　F3.0；	
N150　G00　Z100.0；	X向退回换刀点
N160　X100.0　M09；	Z向退回换刀点，切削液关
N170　M02；	主程序结束

4. 注意事项

1）车削时主轴转速应采用低速运行。

2）装刀时，梯形内螺纹车刀横刃必须与车床主轴轴线平行并且等高，刀具两侧切削刃的直线度要好，表面粗糙度值小。车削完毕后，测量梯形螺纹中径尺寸宜采用三针法。

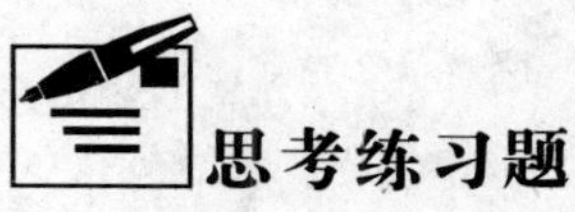

1. 图12-8、图12-9所示为螺纹零件，完成外轮廓编程及加工，再用G92或G76指令完

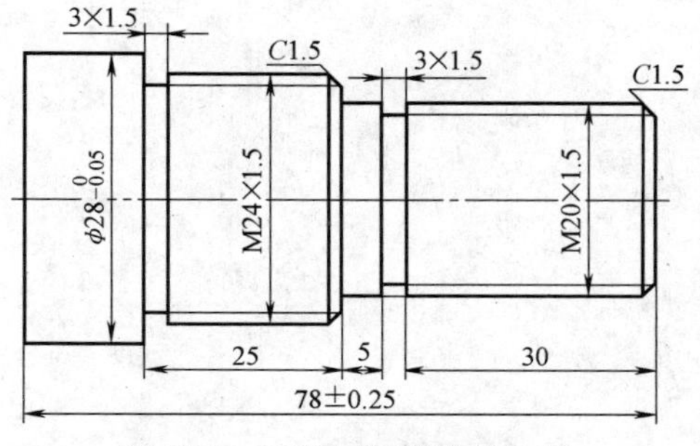

图12-8　双层同螺距螺纹零件

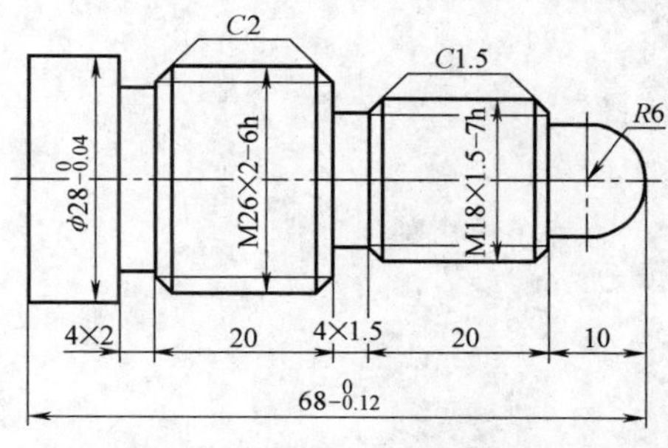

图12-9　双层非同螺距螺纹零件

成螺纹编程及加工。

2. 图 12-10 所示为一梯形外螺纹零件，完成外轮廓编程及加工，再用 G76 指令完成梯形螺纹的编程及加工。

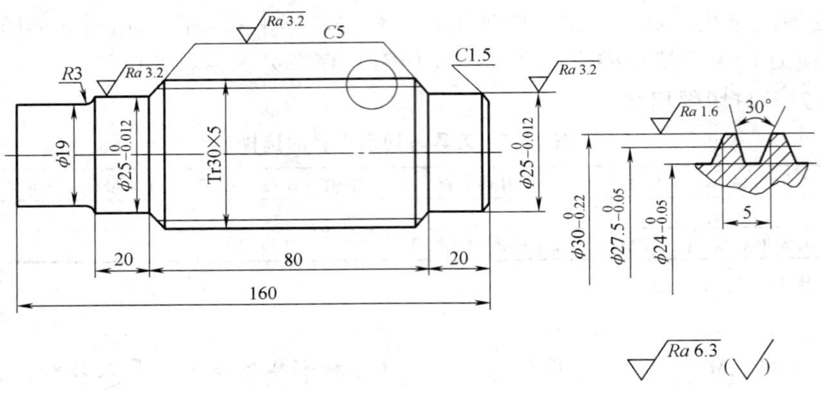

图 12-10　梯形外螺纹零件

单元十三

中等复杂零件类编程与训练

学习目标

1. 熟练掌握在数控车床上车削成形面的基本方法及加工成形面所选择刀具的装夹、刀尖圆弧半径补偿及对刀操作。

2. 掌握成形面的加工、测量、补偿、基点位置处理、刀具的干涉与解除、编程技巧、工艺分析、加工过程控制、刀具选择与切削用量的选用。

第一节　复杂圆弧外成形面零件

一、相关知识

将机械零件中一些回转体零件沿其轴向剖开，其剖面为各种倒角、圆柱、圆锥、圆弧、槽及曲线形等。将这些具有特征的表面称为成形面（或称特性面）。

一般成形面的编程主要在于编程方式的选择。简单件可用基本指令、固定循环指令编程，复杂件可选用子程序、复合循环指令等编程。在编写时，要注意零件上直接尺寸外的间接尺寸要经过计算，可以利用勾股定理、三角函数、相似比、定比分点公式等相关数学计算方法来得到基点坐标；复杂零件上的圆弧与圆弧相切、相交，圆弧与圆锥相切、相交的基点坐标，则要通过给定零件图的相关尺寸，采用解析几何列解方程来综合求解。

对于一些特殊复杂的成形面，还可以先在计算机上应用绘图软件（如：AutoCAD、CAXA 等软件）精确绘出零件轮廓，然后利用软件的测量功能进行精确的测量，即可得出各点的坐标值。对于一些计算量特别大的复杂成形面，要应用 CAM 软件自动编程。

二、典型实例

【实例】 图 13-1 所示为一圆弧外成形面零件，毛坯尺寸 $\phi32\text{mm}\times80\text{mm}$，材料为 45 钢（单件加工）。

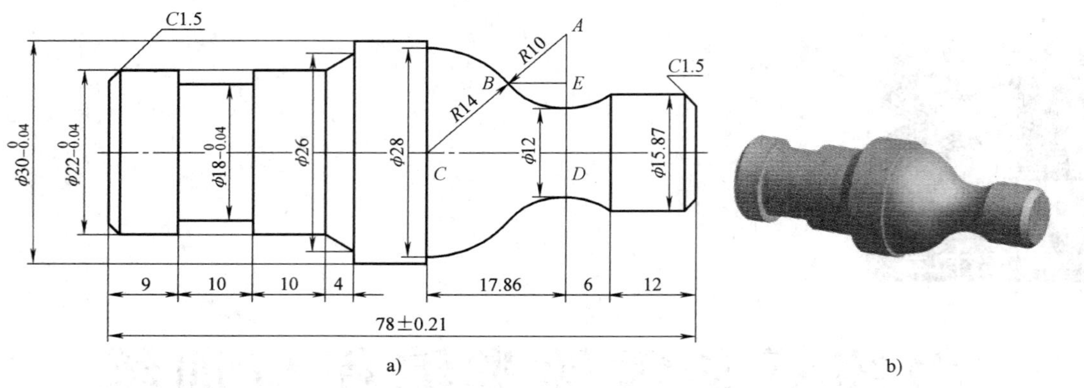

图 13-1 圆弧外成形面零件

1. 工艺分析

此件需要调头两端车削加工：先加工左端，为了使接刀无刀痕，应在 $\phi26$ ~ $\phi30$mm 过渡面处接刀，调头装夹 $\phi22$mm 外圆，再加工右端。

1）用自定心卡盘夹持右端，棒料伸出卡爪外 40mm。

2）左、右端确定加工路线。

单件手动车平左端面→粗、精车倒角→粗、精车 $\phi22$mm 外圆→粗、精车 $\phi22$ ~ $\phi26$mm 锥面→粗、精车 $\phi26$ ~ $\phi30$mm 圆环→（换刀）切 2mm × 10mm 宽槽。

调头手动车平右端面，保证长度 78 ± 0. 21mm→粗、精车倒角→粗、精车 $\phi15.87$mm 外圆→粗、精车 $R10$mm 凹圆弧面→粗、精车 $R14$mm 凸圆弧面→粗、精车 $\phi28$ ~ $\phi30$mm 圆环→粗、精车 $\phi30$mm 外圆。

2. 相关计算

1）编程时必须知道两个圆弧的相切点 B 的坐标。连接两个圆弧的中心，并作 $\triangle ABE$ 与 $\triangle ACD$。根据两个三角形相似，可得

$$\frac{BE}{CD}=\frac{AB}{AC}$$

即

$$BE=AB\cdot\frac{CD}{AC}=\frac{(10\text{mm}\times17.86\text{mm})}{24\text{mm}}=7.44\text{mm}$$

因此点 B 的 Z 坐标值为 7. 44mm + 6mm + 12mm = 25. 44mm。

利用勾股定理可求：AD 为 16. 04mm；AE 为 6. 68mm，即 $ED=AD-AE=9.36$mm。

因此点 B 的 X 坐标值为 2 × 9. 36mm = 18. 72mm。

2）设 X、Z 方向上的切削总量分别为 Δi、Δd（X 方向精车余量为 0. 8mm）。

$$\Delta i=\frac{(\text{待加工外径尺寸}-\text{工件最小尺寸}-\text{精加工余量})}{2}$$

所以

$$\Delta i=\frac{(32\text{mm}-12\text{mm}-0.8\text{mm})}{2}=9.6\text{mm}$$

分 8 次车削，Δd 取 1. 2mm。

3. 选择刀具与切削用量

刀具与切削用量的选择见表 13-1。

表 13-1　刀具与切削用量的选择

工步	工步内容	刀具号	刀具名称	主轴转速 /r · min^{-1}	进给量 /mm · r^{-1}	背吃刀量 /mm
左端加工						
1	车端面	T04	机夹 45°正偏刀	800	手控	手控
2	粗、精车外圆	T01	机夹 90°正偏刀	1000/2200	0.5/0.2	1.2/0.4
3	车槽	T02	机夹车槽刀	900	0.08/0.05	4
右端加工						
5	车端面	T04	机夹 45°正偏刀	800	手控	手控
6	粗、精车外圆	T01	机夹 90°正偏刀	1000/2200	0.5/0.2	1.2/0.4

4. 参考程序

零件左端

程序	说明
O0082;	程序名
N10　G28　U0　W0　T0100;	返回参考点，取消 1 号刀具补偿
N20　G50　S3000;	设定主轴最高转速，限制为 3000r/min 以内
N30　G99　G97　S800　M03　T0101;	主轴正转 800r/min，调用 1 号刀，导入 1 号刀补
N40　G00　X32.0　Z1.5　M08;	到循环起点，切削液开
N50　G71　U1.2　R1.0;	设定复合切削循环
N60　G71　P70　Q110　U0.8　W0.1　F0.5　S1000;	设定复合切削循环的粗加工、精车余量、进给量、主轴转速
N70　G00　G42　X16.0　S2200;	加入右刀补，到精车起点，设定精车主轴转速
N80　G01　X21.98　Z-1.5;	精加工 C1.5mm 倒角
N90　Z-29.0;	精加工 ϕ22mm 外圆
N100　X26.0　W-4.0;	精加工 $\phi22 \sim \phi26$mm 圆锥面
N110　X32.0;	精加工 $\phi26 \sim \phi30$mm 圆环面
N120　G70　P70　Q110　F0.2;	设定精车起始程序段、进给量
N130　G28　U10　W10　T0100;	返回参考点，取消 1 号刀补
N140　T0202;	调用 2 号车槽刀，导入 2 号刀补
N150　S900;	设定主轴转速为 900r/min
N160　G00　X25.0　Z-13.0;	到车槽起点
N170　G75　R0.3;	设定车槽循环参数
N180　G75　X19.0　Z-19.0　P2000　Q2500　F0.08;	设定车槽循环参数、进给量
N190　G01　X17.98　F0.05;	到精车槽 X 轴起点

N200 Z-19.0;	精车 ϕ18mm 槽底
N210 G00 X100.0;	X 轴返回换刀点
N220 Z100.0 M09;	Z 轴返回换刀点，切削液关
N230 M30;	主程序结束并复位

零件右端

O0083;	程序名
N10 G28 U0 W0 T0100;	返回参考点，取消 1 号刀具补偿
N20 G50 S3000;	设定主轴最高转速，限制在 3000r/min 以内
N30 G99 G97 S900 M03 T0101;	主轴转速 900r/min，调 1 号机夹 90°正偏刀，导入刀补
N40 G00 X32.0 Z1.5 M08;	到轮廓切削循环起点
N50 G73 U9.6 W2.0 R8;	设定复合切削循环 X、Z 回退量、车削次数
N60 G73 P70 Q130 U0.8 W0.1 F0.5 S1000;	设定复合切削循环的粗加工、精车余量、进给量、转速
N70 G00 G42 X10.0 S2200;	加入右刀补，到精车起点，设定精车转速
N80 G01 X15.87 Z-1.5;	精加工倒角 C1.5mm
N90 Z-12.0;	精加工 ϕ15.87mm 外圆
N100 G02 X18.72 Z-25.44 R10.0;	精加工 R10mm 凹圆弧
N110 G03 X28.0 Z-35.86 R14.0;	精加工 R14mm 凸圆弧
N120 G01 X29.98;	精加工 ϕ28 ~ ϕ30mm 圆环面
N130 Z-47.0;	精加工 ϕ30mm 外圆
N140 G70 P70 Q130 F0.2;	设定精车起始程序段、进给量
N150 G00 G40 X100.0 Z100.0 M09;	X、Z 轴返回换刀点、切削液关
N160 M30;	主程序结束并复位

5. 注意事项

1）手动车平端面时应注意工件断面不允许有凸台，以免影响零件的表面质量。

2）复杂的零件要经过两次装夹，因考虑刀具及刀架刀位的限制，一般应把第一端粗、精车，车槽、螺纹等全部完成后再调头。车削调头车削第二端时一般应先车端面，以确定轴向长度尺寸。

第二节 梯形槽外成形面零件

一、相关知识

对于梯形槽类零件，可以采用车槽刀进刀加工，以完成倒角、梯形槽、长圆弧槽的各种粗、精加工；也可以先用35°外圆车刀荒车，而后用车槽刀精车。

在车梯形槽时，如果刀宽等于梯形槽的底宽，则中间部位一次车槽到位后，再左右斜向走刀；若用较窄的车槽刀加工较宽的槽，则应分多次切入。当中间部位车好后，再左右斜向走刀，车左侧时左侧负荷重，车右侧时右侧负荷重，批量生产时刀具的磨损是均衡的。

车削时刀具首先以工进速度贴近工件外径，如果以左刀尖对刀轴向移动进刀时，编程尺寸为切削点位置加上刀宽距离，即用右刀尖车右侧梯形面。

二、典型实例

【实例】　图 13-2 所示为一梯形槽零件，试用复合切削循环指令编写加工程序。毛坯尺寸 $\phi35$mm × 65mm 材料 45 钢（单件加工）。

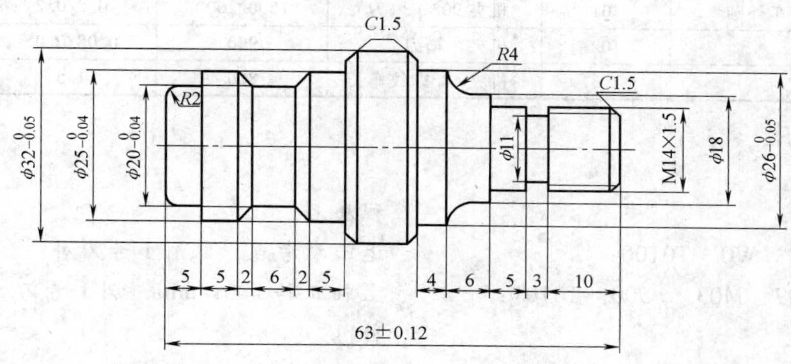

图 13-2　梯形槽零件

1. 工艺分析

1）按先主后次、先粗后精的加工原则确定加工路线，采用切削循环指令对外轮廓进行粗、精加工，然后车梯形槽、退刀槽，最后加工螺纹。

2）此件需要调头两端车削加工，先加工左端。

3）装夹，棒料伸出卡爪外 45mm，用 45°端面车刀手动车平左端面，后再用外圆车刀试切的同时完成对刀工作。

4）粗车、精车用一把车刀，用刀宽 3mm 的切断刀车槽，用 60°螺纹车刀车削螺纹。

5）用 45°端面车刀手动切削右端面，保证工件长度 63 ± 0. 12mm。

6）为了使接刀无刀痕，应在左端 $\phi32_{-0.05}^{\ 0}$mm 外圆结束点 $C1.5$mm 倒角处接刀。

2. 左端加工

单件手动车平左端面→粗、精车 $R2$mm 圆弧→$\phi20$mm 外圆→$\phi20$ ~ $\phi25$mm 圆环面→$\phi25$mm 外圆→$\phi25$ ~ $\phi29$mm 圆环面→$C1.5$mm 倒角→$\phi32$mm 外圆→（换刀）车梯形槽。

3. 右端加工

单件手动车平右端面（保证工件长度 63 ± 0. 12mm）→粗、精车 $C1.5$mm 倒角→$\phi14$mm 外圆→$\phi14$ ~ $\phi18$mm 圆环面→$\phi18$mm 外圆→$R4$mm 圆弧面→$\phi26$mm 外圆→$\phi26$ ~ $\phi29$mm 圆环面→$C1.5$mm 倒角→（换刀）车 3mm × 1.5mm 退刀槽→（换刀）车 M14 × 1.5 螺纹。

4. 选择刀具与切削用量

刀具与切削用量的选择见表 13-2。

表 13-2　刀具与切削用量的选择

工步	工步内容	刀具号	刀具名称	主轴转速 /r·min⁻¹	进给量 /mm·r⁻¹	背吃刀量 /mm
左端加工						
1	车端面	T04	机夹45°正偏刀	800	手控	手控
2	粗、精车外圆	T01	机夹90°正偏刀	1000/2000	0.5/0.2	1.2/0.4
3	车梯形槽	T02	机夹车槽刀	900	0.08/0.05	3
右端加工						
5	车端面	T04	机夹45°正偏刀	800	手控	手控
6	粗、精车外圆	T01	机夹90°正偏刀	1000/2000	0.5/0.2	1.2/0.4
7	车槽	T02	机夹车槽刀	900	0.08/0.05	3
8	车螺纹	T03	机夹60°螺纹车刀	800	1.5	分层

5. 参考程序

零件左端

程序	说明
O5460;	程序名
N10 G28 U0 W0 T0100;	返回参考点，取消1号刀补
N20 G99 G97 M03 S500 T0101;	主轴正转500r/min，调1号刀，导入1号刀补
N30 G00 X35.0 Z1.5 M08;	到循环起点，切削液开
N40 G71 U1.2 R1.0;	设定循环粗车总退刀量、切削次数
N50 G71 P60 Q140 U0.8 W0.1 F0.5 S1000;	设定复合切削循环参数：精车余量、粗车转速、进给量
N60 G00 G42 X15.98 S2000;	到精车起点、加右刀补、设定精车主轴转速
N70 G01 Z0;	工进贴近工件
N80 G03 X19.98 Z-2.0 R2.0;	精车 $R2$mm 圆弧
N90 G01 Z-5.0;	精车 $\phi20$mm 外圆
N100 X24.98;	精车 $\phi20 \sim \phi25$mm 圆环面
N110 Z-25.0;	精车 $\phi25$mm 外圆
N120 X29.0;	精车 $\phi25 \sim \phi29$mm 外圆
N130 X31.98 W-1.5;	精车 $C1.5$mm 倒角
N140 W-15.0;	精车 $\phi32$mm 外圆
N150 G70 P60 Q140 F0.2;	设定精车循环程序段、精车进给量
N160 G00 G40 X100.0 Z100.0;	X、Z 轴返回换刀点，取消1号刀补
N170 T0202;	换2号刀，导入2号刀补
N180 S900;	主轴正转900r/min
N190 G00 X28.0 Z-15.0;	到车槽循环起点
N200 G75 R0.3;	设定车槽循环参数
N210 G75 X21.0 Z-18.0 P2000 Q2100 F0.08;	设定车槽循环参数、进给量
N220 G00 X28.0;	到梯形槽切削 X 轴起点

N230　Z-13.0;　　到梯形槽切削 Z 轴起点
N240　G01　X24.98　F0.05;　　工进贴近 ϕ25mm 外圆
N250　X19.98　W-2.0　　切削梯形槽靠近左端部斜面
N260　W-3.0;　　切削梯形槽槽底
N270　X24.98　W-2.0;　　切削梯形槽另一侧斜面
N280　G00　X100.0;　　X 返回换刀点
N290　Z100.0　M09;　　Z 返回换刀点，切削液关
N300　M30;　　主程序结束并复位

零件右端

O5461;　　程序名
N10　G28　U0　W0　T0100;　　返回参考点，取消 1 号刀补
N20　G99　G97　S500　M03　T0101;　　主轴正转 500r/min，调一号刀，导入 1 号刀补
N30　G00　X35.0　Z1.5　M08;　　到循环起点，切削液开
N40　G71　U1.2　R0.5;　　设定复合切削循环参数
N50　G71　P60　Q140　U0.8　W0.1　F0.5　S1000;　　设定复合切削循环参数
N60　G00　G42　X8.0　S2000;　　到精车起点，加右刀补，设定精车主轴转速
N70　G01　X14.0　Z-1.5;　　车 C1.5mm 倒角
N80　Z-18.0;　　精车 ϕ14mm 螺纹外圆
N90　X18.0;　　精车 ϕ14 ~ ϕ18mm 圆环面
N100　W-2.0;　　精车 ϕ18mm 外圆
N110　G02　X26.0　W-4.0　R4.0;　　精车 R4mm 圆弧
N120　G01　W-4.0;　　精车 ϕ26mm 外圆
N130　X29.0;　　精车 ϕ26 ~ ϕ29mm 圆环面
N140　X31.98　W-1.5;　　车 C1.5mm 倒角
N150　G70　P60　Q140　F0.2;　　设定精车循环程序段、精车进给量
N160　G00　G40　X100.0　M09;　　X 轴返回换刀点，取消 1 号刀补
N170　Z100.0;　　Z 轴返回换刀点
N180　T0202;　　换 2 号车槽刀，刀宽 3mm，导入刀补
N190　S900;　　调整主轴转速 900r/min
N200　G00　X18.0;　　X 轴到车槽进刀安全位置
N210　Z-13.0;　　Z 轴到车槽起点
N220　G01　X11.0　F0.05;　　工进车退刀槽 ϕ11mm
N230　G04　P1000;　　暂停 1000ms，修光
N240　G00　X100.0;　　X 轴返回换刀点
N250　Z100.0;　　Z 轴返回换刀点
N260　M05;　　主轴停
N270　M00;　　程序暂停，检验

N280 T0303;		换螺纹车刀
N290 S800 M03;		主轴正转，转速 800r/min
N300 G00 X16.0 Z2.0;		到车螺纹起点
N310 G76 P020060 Q100 R0.5;		设置螺纹切削循环参数
N320 G76 X12.38 Z-11.0 P974 Q400 F1.5;		
N330 G00 X100.0;		X 返回换刀点
N340 Z100.0;		Z 返回换刀点
N350 M02;		主程序结束

6. 注意事项

1）在使用车槽刀时，应灵活运用，不仅能完成车槽、切断，也能用其左、右刀尖完成对零件梯形槽、圆弧槽等的切削加工。

2）较长工件应用顶尖装夹，在编程时应注意 Z 向退刀不要撞到尾座。

思考练习题

1. 图 13-3 所示为一圆弧销轴零件，试完成零件的粗、精车编程及加工（毛坯尺寸 $\phi30\text{mm}\times95\text{mm}$，材料 45 钢）。

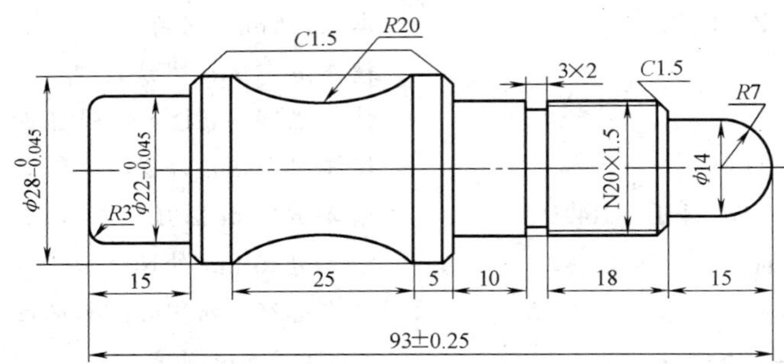

图 13-3 圆弧销轴零件

2. 图 13-4 所示为一球头销轴零件，试完成零件的粗、精车编程及加工（毛坯尺寸 $\phi35\text{mm}\times105\text{mm}$，材料 45 钢）。

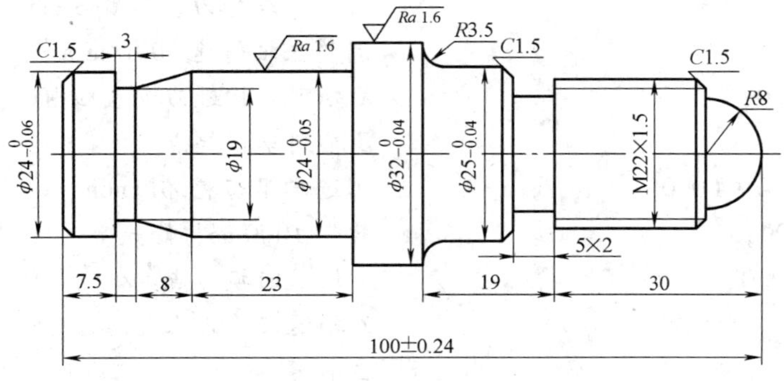

图 13-4 球头销轴零件

3. 试完成如图 13-5 所示圆弧槽零件的粗、精车编程及加工（毛坯尺寸 ϕ30mm×80mm，材料 45 钢）。

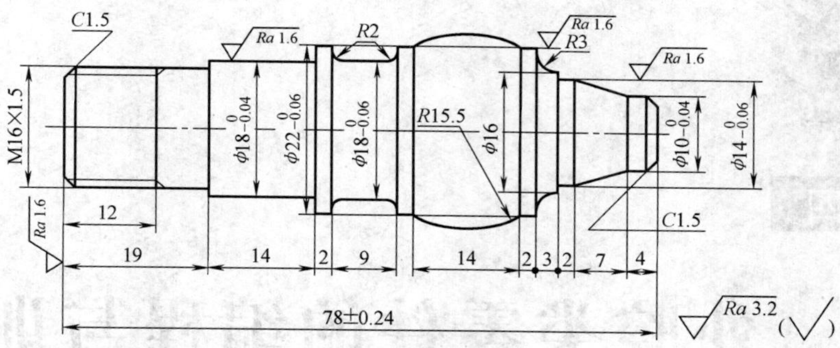

图 13-5　圆弧槽零件

4. 试完成如图 13-6 所示梯形槽零件的粗、精车编程及加工（毛坯尺寸 ϕ30mm×80mm，材料 45 钢）。

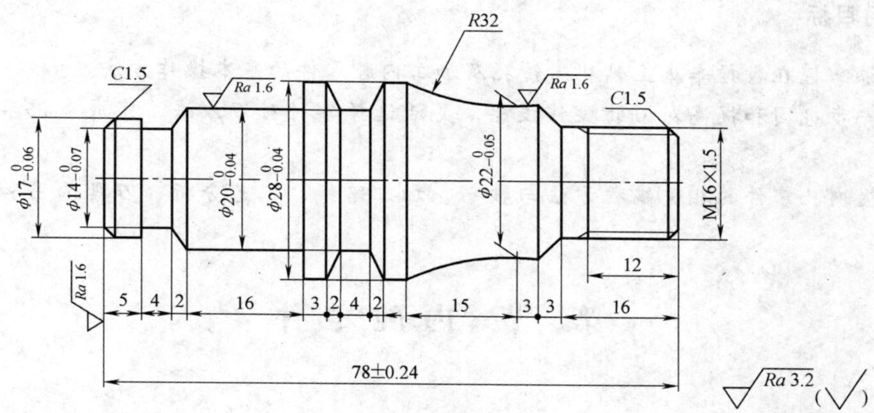

图 13-6　梯形槽类零件

单元十四

内、外腔类零件的编程与训练

学习目标

1. 熟练掌握在数控车床上钻孔、镗孔及加工内腔零件的基本操作方法。

2. 进一步巩固和提高对刀的操作技能，灵活选择各种对刀方法，完成多把车刀的对刀工作。

3. 掌握内孔零件的相关编程方法与技巧、加工路线、工艺分析、刀具选用和切削用量的确定。

第一节　内腔零件

一、相关知识

在机械设备上常见有各种轴承、齿轮及带轮等零件，因支承、定位及配合的需要，一般都将它们做成内孔、内锥、内槽、球窝及内螺纹等形状。此类零件称为内腔零件。加工内腔零件的前提是预先毛坯铸造内孔或钻孔。圆柱形孔、圆锥形孔或阶梯孔形状简单，工艺经常采用：钻→粗镗→精镗；小直孔可采用手动方式或MDI方式：钻→铰。

1. 钻孔加工

（1）钻头的装夹　麻花钻有直柄和锥柄两种：直柄可用钻夹头直接装夹，再将钻夹头的锥柄插入车床尾座套筒内使用；锥柄麻花钻可直接插入车床尾座套筒内或锥形套中过渡使用。大批量加工零件还可通过编程进行自动钻孔加工，这时可将钻头装夹在刀架上（需用开缝套夹），使钻尖横刃处轴线与主轴轴线重合，对刀建立工件坐标系。

（2）钻孔的方法　钻孔前先把工件端面车平，中心处不要留有凸台，否则会使钻头偏离轴线而不能正确定心。在加工孔前，可预先用中心钻定心。钻头装入尾座套筒后，必须找正钻头轴线，使之与工件回转中心线重合。钻头引入工件端面时，不可用力过大，以防止钻头折断。钻深孔时应有往复排屑动作。

（3）较长通孔的加工　加工较长通孔时，为了防止钻头跳动，可以在刀架上装夹一铜棒或软钢挡块，支撑在钻头的前部起到导向作用，然后缓慢进给。当钻头在工件上已正确定心，并钻出一定深度后，再将铜棒或软钢挡块退出。

（4）钻孔的冷却　钻削钢料时加切削液；钻削铸铁时不加切削液；钻削铝材时加煤油；钻削黄铜、青铜时一般不加切削液，如需要可加乳化液。

2. 内镗刀的使用

内镗刀可以用于粗加工，也可以用于精加工。内镗刀加工的尺寸公差等级一般可达 IT7 ~IT8；表面粗糙度 Ra 值可达 1.6 ~3.2μm，精车时 Ra 值可达 0.8μm 或更小。内镗刀可分为通孔刀和不通孔刀两种：通孔刀的几何形状基本上与外圆车刀相似，但为了防止刀具后面与孔壁摩擦又不使后角磨得太大，一般磨成两个后角。不通孔刀是用来车不通孔或台阶孔的，刀尖在刀杆的最前端。

镗刀装夹时，刀尖必须与工件轴线等高或稍高一些，以防止由于切削力的作用将刀尖扎入工件；镗刀杆伸出长度应尽可能短，以增强刀杆刚性，防止振动。换刀点的确定要考虑镗刀刀杆的方向和长度，以免换刀时刀具与工件、尾座（可能有钻头）发生干涉。

中空工件的刚性一般较差，装夹时应选好定位基准，控制夹紧力的大小，以防止工件变形，保证加工精度。对于薄壁零件，要注意夹紧力引起的工件变形。可采用开缝套筒或应用软卡爪装夹，以增大接触面积，使夹紧力增大的同时不易产生变形，还可以使粗、精加工分开进行，粗车时夹紧力大些，精车时夹紧力小些。

二、典型实例

【实例】　图 14-1 所示为一内套零件。毛坯尺寸 ϕ40mm×60mm，预先钻 ϕ14mm 通孔，材料 45 钢（批量加工）。

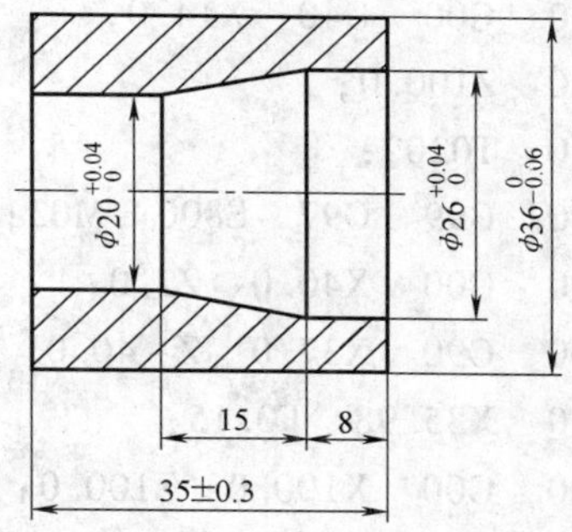

图 14-1　内套零件

1. 工艺分析

1）用自定心卡盘夹持左端，使工件外伸 42mm。

2）确定加工路线。从右端向左端加工，批量生产自动车平右端面。钻中心孔 ϕ3mm→手动钻通孔 ϕ14mm→粗车、精车 ϕ26mm 内孔→ϕ26 ~ϕ20mm 内圆锥→ϕ20mm 内孔→自动切断工件。

2. 选择刀具与切削用量

刀具与切削用量的选择见表 14-1。

表 14-1　刀具与切削用量的选择

工步	工步内容	刀具号	刀具名称	主轴转速 /r·min^{-1}	进给量 /mm·r^{-1}	背吃刀量 /mm
1	车端面	T04	机夹 45°端面车刀	900	0.2	2
2	粗、精镗孔	T01	内镗刀	800/1800	0.5/0.15	1.0/0.6
3	粗、精车外圆	T02	机夹 90°正偏刀	800/1800	0.4/0.15	1.5/0.51
4	切断	T03	机夹切断刀	700	0.05	4

3. 参考程序

程序	说明
O0451;	程序名
N10 G28 U0 W0;	返回参考点
N20 G99 G97 S900 M03 T0404;	主轴正转，调4号端面车刀，导入4号刀补
N30 G00 X40.0 Z2.0 M08;	到循环起点，切削液开
N40 G94 X0 Z0 F0.2;	切削右端面
N50 G00 X100.0 Z100.0;	X、Z 轴返回换刀点
N60 T0101;	调1号内镗刀，导入1号刀补
N70 G00 G40 X14.0 Z2.0;	到循环起点
N80 G71 U1.0 R0.5;	设定复合切削循环的背吃刀量、退刀量
N90 G71 P100 Q130 U-0.6 W0.1 F0.5 S1200;	设定复合切削循环的粗、精车余量，进给量，粗车转速
N100 G00 G41 X26.02 S1800;	到精车起点，加入左刀补，设定精车主轴转速
N110 G01 Z-8.0;	精加工 φ26mm 内孔
N120 X20.02 W-15.0;	精加工 φ26 ~ φ20mm 内锥
N130 Z-40.0;	精加工 φ20mm 内孔
N140 G70 P100 Q130 F0.15;	设定精加工复合切削循环程序段、精车进给量
N150 G00 G40 X14.0;	X 向退刀，取消刀补
N160 Z100.0;	Z 向返回换刀点
N170 T0202;	换2号机夹 90°正偏刀
N180 G99 G97 S800 M03;	主轴正转 800r/min
N190 G00 X40.0 Z2.0;	到外圆切削起点
N200 G90 X37.0 Z-40.0 F0.5;	第一次切削，背吃刀量 1.5mm
N210 X35.98 F0.15;	第二次精车，背吃刀量 0.51mm
N220 G00 X100.0 Z100.0;	X、Z 返回换刀点
N230 M05;	主轴停转
N240 M00;	进给暂停，检测
N250 G99 G97 S700 M03 T0303;	主轴正转 700r/min，调3号切断刀，导入刀补
N260 G00 X40.0 Z-39.0;	到切断起始点
N270 G01 X18.0 F0.05;	工进切断
N280 G00 X100.0;	X 轴返回换刀点
N290 Z100.0 M09;	Z 轴返回换刀点、切削液关
M300 M30;	程序结束并复位

4. 注意事项

镗孔加工时，为减小振动，应尽量增加刀杆的横截面积、在保证孔深度的同时尽量减小刀杆的外伸长度，以增强镗刀的刚性。

第二节　内、外腔零件

一、相关知识

将内腔（包括内曲面、内槽、内螺纹）与外轮廓结合在一起的零件称为内、外腔零件。加工内、外腔零件时应注意以下问题：

1）根据零件加工先内后外的原则，一般应先将内腔加工完后再加工外轮廓。

2）内腔加工时，由于受到孔径和孔深的限制，刀杆细而长、刚性差，刀具回转空间小，因而在切削用量的选择上，特别是进给量和背吃刀量要较切削外圆时稍小（约小30%～50%）。由于孔径较外廓直径小，因此，实际主轴转速应比切削外轮廓时大。

3）切削内孔时切削液不易进入切削区域，切屑不易排出，切削温度可能会较高，因而在镗深孔时可以工艺性退刀，以促进切屑排出。

4）内轮廓切削时切削区域不易观察，加工精度不易控制，大批量生产时测量次数需安排得多一些。

5）工件精度要求较高时，内、外轮廓切削粗、精加工交替进行，以保证几何精度。

二、典型实例

【实例】 图14-2所示为一内、外腔零件。毛坯尺寸 $\phi55\text{mm}\times70\text{mm}$，预先钻 $\phi14\text{mm}$ 通孔，材料45钢（批量加工）。

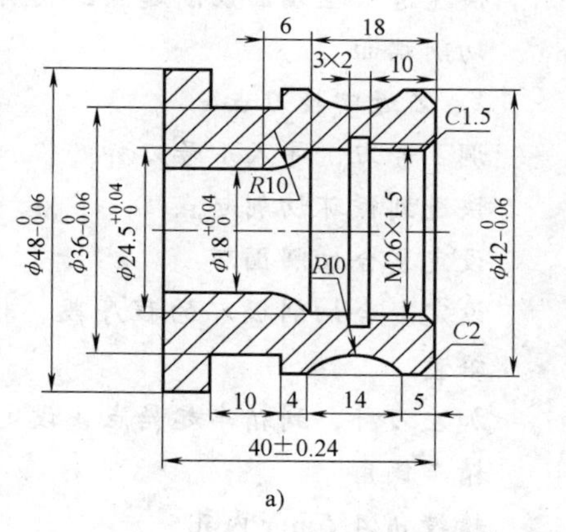

a)

b)

图14-2　内、外腔零件

1. 工艺分析

1）用自定心卡盘夹持左端，工件外伸50mm。

2）用 $\phi14\text{mm}$ 麻花钻钻通孔。

3）确定加工路线。从右端向左端加工，批量加工。自动车平右端面→粗、精镗内腔→车槽→车螺纹→粗、精车外轮廓→车外轮廓宽槽→切断。

2. 选择刀具与切削用量

刀具与切削用量的选择见表14-2。

表 14-2　刀具与切削用量的选择

工步	工步内容	刀具号	刀具名称	主轴转速 /r·min^{-1}	进给量 /mm·r^{-1}	背吃刀量 /mm
端面及内腔加工						
1	车端面	T04	机夹45°端面车刀	800	0.2	2
2	粗、精镗孔	T01	内镗刀	1200/2000	0.4/0.2	1.0/0.3
3	车内槽	T02	内车槽刀	900	0.05	3
4	车内螺纹	T03	机夹内螺纹车刀	800	1.5	分层
外轮廓加工						
5	粗、精车外圆	T01	机夹90°正偏刀	1000/1800	0.6/0.2	分层/0.4
6	车槽	T02	外车槽刀	900	0.1/0.08	3

3. 参考程序

右端及内腔

程序	说明
O0452;	程序名
N10 G28 U0 W0;	返回参考点
N20 G99 G97 S800 M03 T0404;	主轴正转800r/min，调4号刀，导入4号刀补
N30 G00 X50.0 Z2.0 M08;	快速进给至端面切削起点，切削液开
N40 G94 X0 Z0 F0.2;	切削端面
N50 G00 X100.0 Z100.0;	*X*、*Z* 返回换刀点
N60 T0101;	调1号刀，导入1号刀补
N70 G00 G40 X14.0 Z1.5;	快进到循环切削起点
N80 G71 U1.0 R0.5;	设定复合切削循环
N90 G71 P100 Q140 U-0.6 W0.1 F0.4 S1200;	设定复合切削循环的程序段、精车余量、进给量
N100 G00 G41 X30.5 S2000;	加左刀补，到精车起始点，设定精车转速
N110 G01 X24.5 Z-1.5;	精车倒角
N120 Z-18.0;	精镗ϕ24.5mm内孔
N130 G02 X18.02 W-6.0 R10.0;	精镗*R*10mm内圆弧
N140 G01 Z-45.0;	精车ϕ18mm内孔（为切断留5mm余量）
N150 G70 P100 Q140 F0.15;	设定精加工复合切削循环程序段、精车进给量
N160 G00 G40 X14.0;	*X* 轴退刀、取消刀补
N170 Z100.0;	*Z* 轴返回换刀点
N180 T0202;	调2号内车槽刀，导入2号刀补
N190 S900;	主轴正转900r/min

N200　G00　X22.0；	X 轴快速移动到车槽起点
N210　Z-13.0；	Z 轴快移到车槽起点
N220　G01　X28.5　F0.05；	工进车槽
N230　G04　P900；	暂停 900ms
N240　G00　X22.0；	X 轴退刀
N250　Z100.0；	Z 轴返回换刀点
N260　S800　T0303；	调 3 号内螺纹车刀，导入 3 号刀补
N270　G00　X22.0　Z2.0；	X、Z 轴快速移动到螺纹切削起点
N280　G76　P030060　Q120　R-0.2；	设定螺纹复合切削循环参数
N290　G76　X26.1　Z-11.0　P974　Q500　F1.5；	设定螺纹复合切削循环参数
N300　G00　X22.0；	X 轴退刀
N310　Z100.0；	Z 轴返回换刀点
N320　M30；	主程序结束并复位

外轮廓及宽槽

O0453；	程序名
N10　G28　U0　W0　T0100；	返回参考点，取消 1 号内镗刀刀补
N20　G99　G97　S800　M03　T0101；	主轴正转 800r/min，调 1 号内镗刀，导入 1 号刀补
N30　G00　X60.0　Z2.0　M08；	到外圆切削循环起点，切削液开
N40　G73　U8.0　W1.0　R5；	设定复合切削循环
N50　G73　P60　Q120　U0.8　W0　F0.6　S1000；	设定复合切削循环的程序段、精车余量、进给量
N60　G00　G42　X34.0　S1800；	加右刀补，到精车循环起始点，设定精车转速
N70　G01　X41.98　Z-2.0；	精车倒角
N80　Z-5.0；	精车 ϕ42mm 外圆
N90　G02　W-14.0　R10.0；	精车 R10mm 外圆弧
N100　G01　Z-33.0；	精车 ϕ42mm 外圆
N110　X47.98；	精车 ϕ42～ϕ48mm 圆环
N120　Z-45.0；	精车 ϕ48mm 外圆（为切断留 5mm 余量）
N130　G70　P60　Q120　F0.15；	设定精加工复合切削循环程序段、精车进给量
N140　G00　G40　X100.0　Z100.0；	X、Z 轴返回换刀点，取消刀补
N150　T0202　S900；	调 2 号内车槽刀，导入 2 号刀补，换转速
N160　G00　X45.0　Z-26.0；	到车槽循环起点
N170　G75　R0.3；	设定车槽复合切削循环参数
N180　G75　X37.0　Z-33.0　P2000　Q3000　F0.1；	设定车槽复合切削循环参数

```
N190  G01  X35.98  F0.08;      到X轴槽底精车起点
N200  Z-33.0;                  精车槽底
N210  G00  X100.0              X轴返回换刀点
N220  Z100.0;                  Z轴返回换刀点
N230  M30;                     程序结束并复位
```

4. 注意事项

1）加工此零件须用不通孔刀，前孔小不便排屑，应采用负的刃倾角以有利于后排屑。

2）切削内沟槽时，进刀采用从孔中心先进 $-Z$ 方向，后工进 $+X$ 方向；退刀时先退 $-X$ 方向，后退 $+Z$ 方向。为防止干涉，退 $-X$ 方向时退刀尺寸必要时需计算。车内槽时由于刀深入到被切工件内，周围被工件和切屑包围，散热极为不好，为降低切削区温度，应在切削时加注充分的切削液进行冷却。

3）采用复合切削循环指令车削宽槽时，应将精车程序段单独写入程序中。

第三节　简单组合零件

一、相关知识

1）在镗削内孔时，注意循环加工的退刀量不要设定得过大，以防止刀杆碰撞孔壁。另外，镗削内孔时还要注意内孔刀具的应用。为了达到尺寸精度和表面粗糙度的要求，一般要选择尽可能大的直径刀具，以增强刀具的刚性、防止刀杆颤抖。换刀点的确定要考虑镗刀刀杆的方向和长度，以免换刀时刀具与工件、尾座发生碰撞。

2）对于单件加工，一般采用手动车平端面，从而确定长度方向的尺寸。车削台阶孔与轴时应先车直径较大的一端。复杂零件一端加工难以完成时，要经过两端加工、进行两次装夹。由于对刀及刀架刀位的限制，一般应把第一端粗、精车全部完成后再调头，调头装夹时注意应采用垫铜皮、开缝轴套或软卡爪装夹。

3）中空零件的刚性一般较差，装夹时应选好定位基准、控制夹紧力大小，以防止工件变形。

二、典型实例

【实例】 图14-3所示为内、外圆柱与圆锥配合零件，毛坯尺寸：件一 ϕ45mm×78mm、件二 ϕ30mm×65mm，材料45钢（单件加工）。

1. 工艺分析

（1）件二加工

1）左端加工用自定心卡盘装夹，棒料伸出卡爪外50mm留 ϕ21mm×25mm工艺凸台。加工路线：粗、精加工 ϕ21mm工艺凸台→ϕ21～ϕ24mm倒角→ϕ24mm外圆→ϕ24～ϕ28mm圆环。

2）右端加工调头装夹 ϕ21mm工艺凸台留切断余量，车平端面保证锥体长度20mm。加工路线：粗、精加工 ϕ24～ϕ28mm锥体→切断保证长度49±0.1mm。

（2）件一加工

1）右端加工用自定心卡盘装夹，棒料伸出卡爪外60mm。加工路线：手动钻 ϕ18mm 孔（深32mm）→粗、精镗 C1.5mm 倒角→粗、精镗 ϕ24mm 内孔→（换刀）粗、精车 ϕ32mm 外圆→粗、精车 ϕ32 ~ ϕ40mm 圆环→粗、精车 ϕ40mm 外圆。

2）左端加工调头垫铜皮装夹 ϕ32mm 外圆，车平端面保证长度 75 ± 0.1mm。加工路线：钻 ϕ18mm 孔（深 22mm）→粗、精镗 ϕ28 ~ ϕ24mm 内锥孔→（换刀）粗、精车 ϕ32mm 外圆。

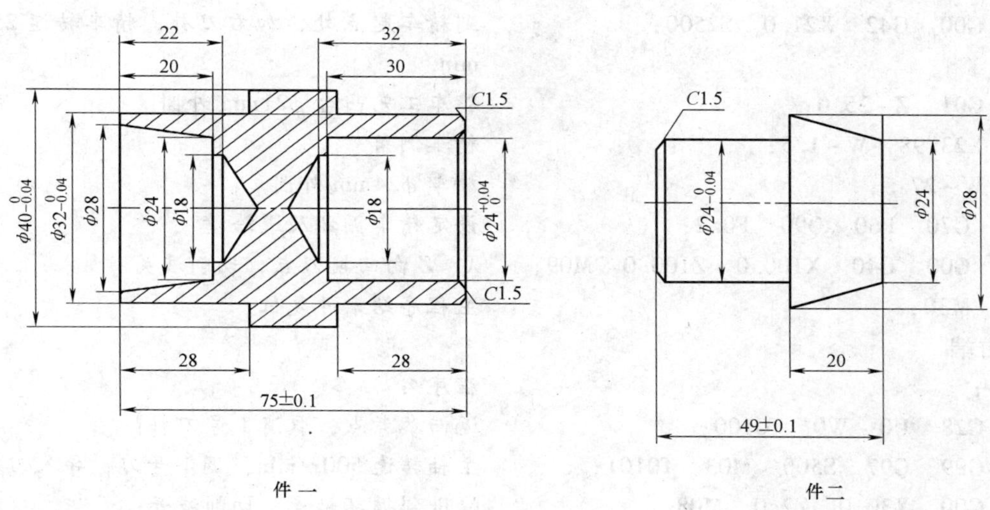

图 14-3　内、外圆柱与圆锥配合零件

2. 加工（件二）

（1）选择刀具与切削用量

刀具与切削用量的选择见表 14-3。

表 14-3　刀具与切削用量的选择

工步	工步内容	刀具号	刀具名称	主轴转速 /r · min⁻¹	进给量 /mm · r⁻¹	背吃刀量 /mm
左端加工						
1	粗、精车外圆	T01	机夹 90°正偏刀	1500/2500	0.6/0.2	1.2/0.4
右端加工						
2	平端面（手控）	T04	机夹 45°端面车刀	800	0.2	手控
3	粗、精车外圆	T01	机夹 90°正偏刀	1500/2500	0.6/0.2	1.2/0.4
4	切断（保证总长）	T02	机夹切断刀	800	0.08	3

（2）参考程序

左端

程序	说明
O2223;	程序名
N10 G28 U0 W0 T0100;	返回参考点，取消 1 号刀补
N20 G99 G97 S500 M03 T0101;	主轴转速 500r/min，调 1 号刀导入刀补
N30 G00 X30.0 Z2.0 M08;	快进到循环起点，切削液开
N40 G71 U1.2 R1.0;	设定复合切削循环粗车量、X 向退刀量
N50 G71 P60 Q90 U0.8 W0.2 F0.6 S1500;	设定复合切削循环精车余量、粗车进给量、转速
N60 G00 G42 X21.0 S2500;	到精车起点处，加右刀补，精车转速 2500r/min
N70 G01 Z-25.0;	精车工艺凸台 ϕ21mm 外圆
N80 X23.98 W-1.5;	精车倒角
N90 W-27.5;	精车 ϕ24mm 外圆
N100 G70 P60 Q90 F0.2;	设定精车循环及进给量
N110 G00 G40 X100.0 Z100.0 M09;	X、Z 向回换刀点，切削液关
N120 M30;	主程序结束并复位

右端

程序	说明
O2244;	程序名
N10 G28 U0 W0 T0100;	返回参考点，取消 1 号刀补
N20 G99 G97 S500 M03 T0101;	主轴转速 500r/min，调 1 号刀，导入刀补
N30 G00 X30.0 Z2.0 M08;	快进到循环起点，切削液开
N40 G71 U1.2 R1.0;	设定复合切削循环粗车量、X 向退刀量
N50 G71 P60 Q70 U0.8 W0.2 F0.6 S1500;	设定复合切削循环精车余量、粗车进给量、转速
N60 G00 G42 X23.6 S2500;	到精车起点，加右刀补，精车转速
N70 G01 X29.0 Z-25.0;	精车 ϕ24 ~ ϕ28 外圆锥（超程加工去毛刺）
N80 G70 P60 Q70 F0.2;	设定精车循环及进给量
N90 G00 G40 X100.0;	X 向回换刀点
N100 Z100.0;	Z 向回换刀点
N110 T0202;	换 2 号切断刀
N120 S800;	换转速 800r/min
N130 G00 X30.0;	X 轴到切断起点
N140 Z-52.0;	Z 轴到切断起点
N150 G01 X-1.0 F0.08;	切断
N160 G00 X100.0 Z100.0 M09;	X、Z 向回换刀点，切削液关
N170 M30;	主程序结束并复位

3. 加工（件一）

（1）选择刀具与切削用量

刀具与切削用量的选择见表 14-4。

表 14-4　刀具与切削用量的选择

工步	工步内容	刀具号	刀具名称	主轴转速 /r·min^{-1}	进给量 /mm·r^{-1}	背吃刀量 /mm
右端加工						
1	车平端面（手控）	T04	机夹 45°端面车刀	800	0.2	手控
2	钻孔		ϕ18mm 钻头	500	0.08	9
3	粗、精车内孔	T01	内镗刀	1500	0.4/0.15	1.3/0.41
4	粗、精车外圆	T02	机夹 90°正偏刀	1000/2000	0.6/0.2	1.2/0.4
左端加工						
5	车平端面（保证总长）	T04	机夹 45°端面车刀	800	0.2	手控
6	粗、精车内孔	T01	内镗刀	1500	0.4/0.15	1.1/0.31
7	粗、精车外圆	T02	机夹 90°正偏刀	2000	0.6/0.2	2.05/0.36

（2）参考程序

右端

程序	说明
O3321;	程序名
N10　G28　U0　W0　T0100;	返回参考点，取消 1 号刀补
N20　G99　G97　S1500　M03　T0101;	调节主轴转速，调 1 号内镗刀，导入 1 号刀补
N30　G00　X18.0　Z2.0　M08;	快进到循环起点，切削液开
N40　G90　X20.6　Z-30.0　F0.4;	第一次粗镗内孔
N50　X23.2;	第二次粗镗内孔
N60　X24.02　F0.15;	第三次精镗内孔
N70　G00　X18.0;	X 轴退刀
N80　Z1.5;	Z 轴到倒角切削起点
N90　X30.0;	X 轴到倒角切削起点
N100　G01　X22.0　Z-2.5　F0.4;	车削倒角 C1.5mm
N110　G00　G40　Z100.0;	Z 轴退回换刀点，取消刀补
N120　T0202　S800;	调 2 号机夹 90°正偏刀，导入 2 号刀补，主轴正转
N130　G00　G40　X45.0　Z1.5;	快进到循环起点
N140　G71　U1.2　R0.8;	设定复合切削循环粗车量、X 向退刀量
N150　G71　P160　Q200　U0.8　W0　F0.6　S1000;	设定复合切削循环精车余量、粗车进给量、转速
N160　G00　G42　X30.0　S2000;	到精车起点处，加右刀补、精车转速

```
N170  G01  X31.98  Z-1.5;                    精车C1mm倒角
N180  G01  Z-28.0;                           精车φ32mm外圆
N190  X39.98;                                精车φ32~φ40mm圆环
N200  Z-50.0;                                精车φ32mm外圆
N210  G70  P160  Q200  F0.2;                 设定精车循环及进给量
N220  G00  G40  X100.0  Z100.0  M09;         X、Z向回换刀点，切削液关
N230  M30;                                   主程序结束并复位
```

左端

```
O3321;                                       程序名
N10  G28  U0  W0;                            返回参考点
N20  G99  G97  S1500  M03  T0101;            主轴正转，调1号内镗刀，导入1号刀补
N30  G00  X18.0  Z2.0  M08;                  到内锥切削起点，切削液开
N40  G90  X18.0  Z-20.0  R2.2  F0.4;         第一次粗镗内锥
N50  X20.6  Z-20.0  R2.2;                    第二次粗镗内锥
N60  X23.2  Z-20.0  R2.2;                    第三次粗镗内锥
N70  X24.0  Z-20.0  R2.2  F0.15;             第四次精镗内锥
N80  G00  X18.0;                             X轴退刀
N90  Z100.0;                                 Z轴退刀，回换刀点
N100  T0202  S2000;                          调2号机夹90°正偏刀，导入2号刀补，换转速
N110  G00  G42  X45.0  Z2.0;                 到外圆切削起点
N120  G90  X40.9  Z-28.0  F0.6;              第一次粗车外圆
N130  X36.8;                                 第二次粗车外圆
N140  X32.7;                                 第三次粗车外圆
N150  X31.98  F0.2;                          第四次精车外圆
N160  G00  G40  X100.0  Z100.0  M09;         X、Z轴回换刀点，切削液关
N170  M30;                                   主程序结束并复位
```

4. 注意事项

1）刀具接刀时应在不同外圆过渡处以免出现接刀痕。

2）钻深孔时要注意，钻速不要过快以防止钻头偏斜。

3）利用圆弧形车刀加工零件圆锥、圆弧时，在进刀、切削、退刀计算中一定要把圆弧形车刀的刀尖圆弧半径补偿进去，以免出现过切或少切现象。

思考练习题

1. 图14-4、图14-5所示为内、外综合零件，试完成零件的粗、精车编程及加工（毛坯尺寸φ60mm×72mm、φ60mm×64mm，材料45钢）。

2. 图14-6所示为销轴内、外综合零件，试完成零件的粗、精车编程及加工（毛坯尺寸φ40mm×80mm，材料45钢）。

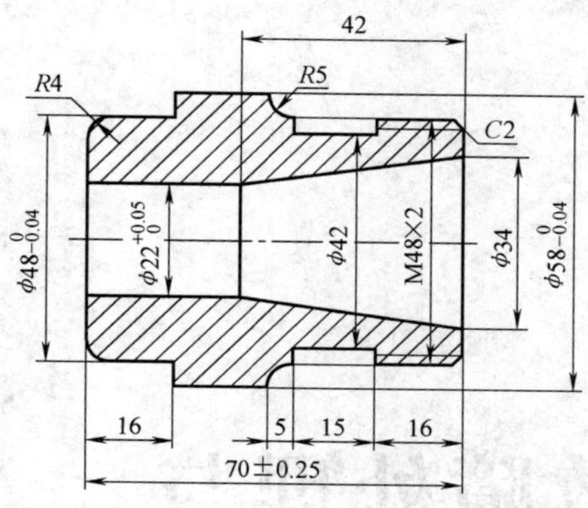

图 14-4　内锥孔、外宽槽零件

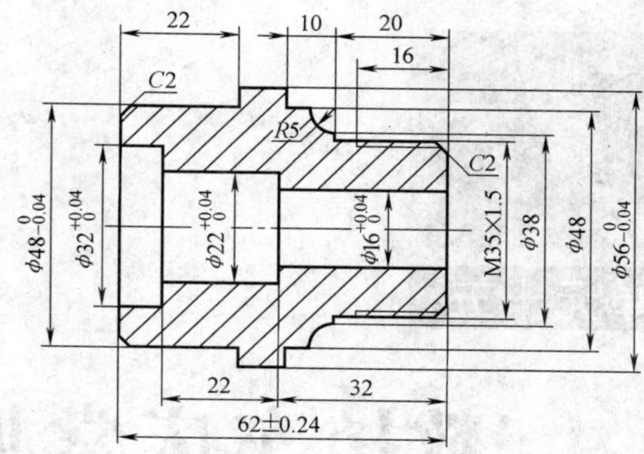

图 14-5　内阶梯孔、外螺纹零件

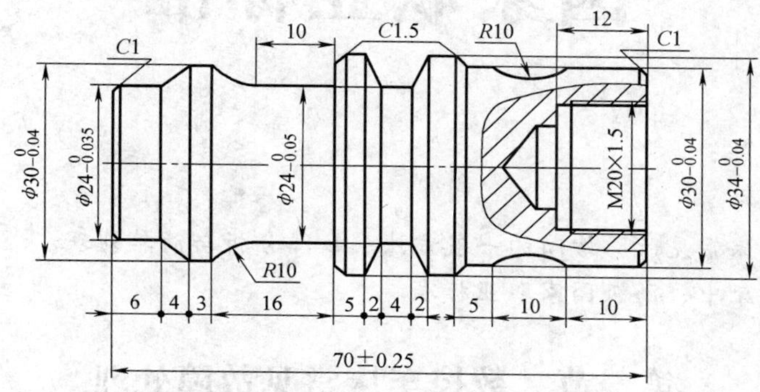

图 14-6　销轴内、外综合零件

3. 图 14-7 所示为轴套类零件，试完成零件的粗、精车编程及加工（毛坯尺寸 $\phi60$mm × 82mm，材料 45 钢）。

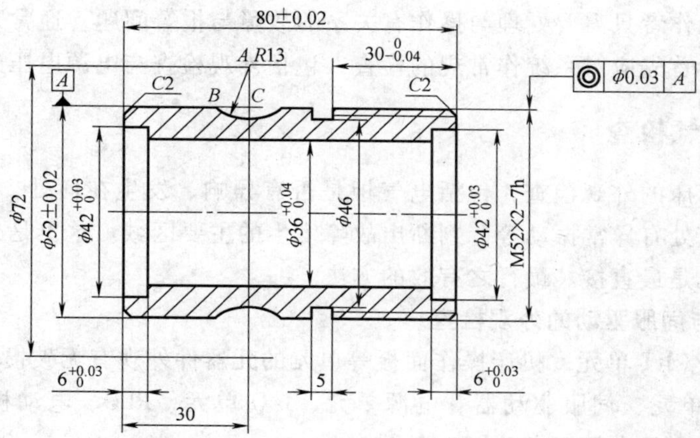

图 14-7　轴套类零件

数控车床常见故障处理与国家职业标准

1. 掌握数控车床常见故障诊断的一般方法、故障分析与简单处理。
2. 了解数控车床中、高级国家职业标准。

第一节　数控车床常见故障处理

目前数控车床都配置有故障诊断报警功能。当数控系统出现故障时，系统会发出报警信号及显示一定的故障范围。故障报警诊断需遵循一定的规律，综合运用各方面的知识进行判断和处理。一般操作者只需要处理与操作有关系的故障与报警问题，通常采用以下方法进行故障诊断与处理：首先应对系统作常规的检查，包括外观检查与电源电压的确认。

一、常规电气检查

通过对数控车床的外观检查，包括电气柜是否有异响、发生在何处，何处出现焦煳味，何处发热异常，何处有异常振动等，判断出故障发生的主要区域。这也是处理数控系统故障首要的切入点，也是最直接、最行之有效的方法。

1. 数控装置与伺服驱动的外观检查

1）检查 MDI/CRT 单元、机床操作面板等单元的元器件外观有无破损。

2）检查控制单元、伺服驱动器、电源单元、I/O 单元、PLC、电动机及编码器等单元的元器件有无不良，外表是否有破损、污染等。

3）各连接电缆是否有破损、绝缘损坏或插接不良等。

2. 数控装置与伺服驱动的安装与连接检查

1）检查控制单元、伺服驱动器、电源单元、I/O 单元、PLC 等单元是否安装牢固，模块是否有松动、脱落，驱动的电源连接是否正确。

2）检查面板上及机床上的操作元器件是否安装牢固，CNC、SV 驱动器、PLC、I/O 单元的接地线连接得是否正确，线径是否足够大，连接位置是否合理，保护地是否为单点接地。

3）检查连接电缆线是否按照要求布置、固定，电缆插头是否已经可靠固定，信号电缆是否已经可靠、合理接地。如果电缆线已经更换，则应检查更换的电缆线是否符合系统要求，屏蔽层是否已经可靠连接等。

4）检查各 I/O 连接端子的接线是否有松动、安装是否牢固等。

3. 电源变压器、阻抗变换器与电抗器的检查

1）检查电源变压器、阻抗变换器与电抗器铁心是否有因松动、锈蚀等引起的硅钢片振动。

2）检查继电器、接触器等磁回路间隙是否过大、短路环是否断裂，动静铁心或衔铁轴线是否产生偏差。

3）检查线圈是否欠电压运行。若欠电压，则会产生电磁“嗡嗡”声或触点接触不好产生的“嗞嗞”声以及元器件因过电流或过电压运行失常引起的击穿爆裂声。

4）检查伺服电动机、气控或液控器件等是否发出异常声响。

二、电源电压的确认

1）作为系统的输入电压，应根据系统所使用电压的不同，满足系统安装，以使用说明书规定的要求为准，逐一进行检测。

2）各单元规定的交流输入电压。控制单元的电源输入：AC200V、50 ± 1Hz 或 AC220V、60 ± 1Hz；伺服单元的电源输入：AC200V、50 ± 1Hz 或 AC220V、60 ± 1Hz。

当使用标准电源变压器时，可以使用的输入电压为：AC200V、220V、230V、240V、380V、415V、440V、450V、480V、550V（误差不超过 -15% ~ +10%）。

3）直流输入电压。DC24V 输入电压值 24 ± 2.4V，并经过符合要求的滤波处理。

4）系统电源模块的输出电压：系统电源模块的输出电压，主要是指供给系统内部各单元使用的各类电压，电压值必须保证正确，可通过系统电源内部的相应调整元器件进行调整，以保证各电压值在允许范围内。

三、数控车床故障诊断的一般方法

1. 报警观察判断法

利用数控系统的报警功能去观察判断。数控系统中设置有多种硬件报警装置，如在系统主板上、各轴控制板上、电源单元、主轴伺服驱动模块、各轴伺服驱动单元等部件上均有发光二极管或多段数码管，通过指示灯显示状态（如数字、符号等）指示故障所在的位置及其类型。数控系统一旦检测到故障，立即将故障以报警的方式显示在 CRT 上或点亮面板上的报警指示灯。如误操作报警、有关伺服系统报警、设定错误报警、各种行程开关报警等，处理时可根据报警内容提示来查找问题的症结所在。

2. 状态显示诊断法

利用数控系统状态显示的诊断功能，数控系统不但能将故障诊断信息显示出来，而且能以诊断地址和诊断数据的形式提供诊断的各种状态，从而可以利用 CRT 界面的状态显示来检查数控系统是否将信号输入到机床，或是机床侧各种主令开关、行程开关等通断触发的开关信号是否按要求正确输入到数控系统中。

3. 归纳法

从可能产生故障的原因出发，摸索与其联系的功能，调查原因对结果的影响，看其是否与故障现象相符合来判断故障点。

4. 演绎法

根据故障的机理列出多种可能产生该故障的原因，通常按照先简单后复杂、先外部后内部、先机械后电气、先静止后转动、先一般后特殊的原则进行，然后对这些原因进行逐点分析，最后找出故障的原因。

5. 系统原理分析法

该方法是排除故障的最基本方法。当前述其他方法难以奏效时，可以从 CNC 系统原理出发，运用万用表、逻辑笔、示波器或逻辑分析仪等，从前往后或从后往前检查相关的信号，并与正常情况进行对比，从而分析判断故障的原因，再缩小故障范围，直至最后检查出故障原因。

四、数控车床常见的故障类型

数控车床是机、电、液、气一体化设备，各部分执行功能相互协调共同完成机械加工任务。因此，发生故障时各原因也时常混在一起，有些故障相同，但引起故障的原因不同。这就给故障的诊断及排除带来了一定的麻烦。

一般来说，故障类型可分为以下几种。

（1）动作性　指在机床动作方面，表现为主轴不转动或转速过高、液压不灵、刀架定位精度低等。

（2）结构性　指机床机械部件方面，表现为主轴箱噪声大、发热并产生切削振动。

（3）使用性　指机床操作方面，表现为过载、撞车、超程及各种由操作引起的故障。

（4）功能性　指零件加工精度方面，表现为加工精度不稳定、加工误差大、工件表面粗糙。

五、数控车床常见的故障分析及排除

1. 数控机床回零受阻

【现象】　回参考点不到位；屏幕坐标显示零点位置不对；行程开关不起作用，撞到行程开关停住，并报警；进行“回零”操作时，刀架位置与参考点太近，导致“回零”失败。

【原因】　检查行程开关，看开关内是否进入了切削液等粘性液体使撞块不能复位、开关触点弹性失灵也会使撞块不能复位。

【解决】　撞块不能复位应检修行程开关；若不是行程开关问题，用手转动 X、Z 轴滚珠丝杠使刀架远离零点位置，保证“回零”时坐标移动有一个升速距离。

注意：不同生产厂家生产的机床，其零点的设置不同。通常有两种方式，一种是硬回零开关，检查挡块或行程开关；另一种是软回零开关，就需要查系统内部的参数设置了。

2. 刀架行程报警

【现象】　操作某方向轴，位置超过其设计的行程范围。

【原因】 操作范围超出车床设定的活动范围。如镗孔时 X 轴负方向软件设置行程过短就将会造成刀架行程报警。

【解决】 调整机床的行程范围，如微小范围可通过调整挡块的位置或调整车床轴参数。

3. 急停不能取消

【现象】 “急停”报警不能取消。

【原因】 急停回路没有闭合。

【解决】 检查超程限位开关的常闭触点；检查急停按钮的常闭触点；检查电源模块故障连锁；检查电源模块是否报警。

4. 刀架转不到位

【现象】 换刀指令执行后，刀架转位后不能自锁或连续转动不停。

【原因】 刀架反转指令执行时，继电器不工作造成刀架不能锁紧，或反转延时时间短。

【解决】 更换继电器，修正 PLC 内延时开关时间长度。

5. 程序通信传递不通

【现象】 程序不能传递。

【原因】 机床侧与 PC 侧的通信参数设置不一致，通信线接错。

【解决】 调整通信参数，系统主程序与子程序文件不能组成在一个文本文件内，程序结尾须加“%”，易出错报警，如“P/S87”等。

6. 系统不能正常启动

【现象】 系统不能正常进入操作界面。

【原因】 文件被破坏，电子盘或硬盘物理损坏。

【解决】 用软盘运行系统，用杀毒软件检查软件系统，重新安装系统软件、更换电子盘或硬盘。

7. 油泵不能输送切削液

【现象】 切削液上不来。

【原因】 电动机缺相或反相，泵底被杂质堵住。

【解决】 判断电动机是否运转，切削液管有无液体上升。若无，检查电动机相序；若有，拆除泵体检查，清除杂物。

8. 控制面板死机

【现象】 按控制面板上所有的键都没有反应。

【原因】 “死机”原因一般由主板故障而引起的，或由于内存空间不足或系统散热不良。

【解决】 检查散热风扇，删除程序。

9. 电源接通后无基本画面显示

【现象】 监控灯闪烁，黑屏，无任何反应。

【原因】 电源不正确，亮度太低或太高。

【解决】 检查电源插座；检查输入电源是否正常，应该为 AC24V 或 DC24V；检查接线极性是否正确，调整背部的亮度调节旋钮。

10. 数控车床 X、Z 轴向移动时噪声过大

【现象】 在滑板移动或静止时，伴有连续的“叽叽”响声。

【原因】 电动机电流过大和机床的转动惯量不适配或机械磨损严重、阻尼大。

【解决】 调节交流伺服驱动器位置环、速度环、电流环的增益参数，检查轴向支承丝杠的轴承、滚珠丝杠等部件。

11. 碰撞

【现象】 刀架与尾座、卡盘、工件等发生碰撞。

【原因】 刀架没有回零点或回零移动坐标轴在取消刀补等情况下，没有正确考虑刀架的运行范围和移动特征。

【解决】 谨慎操作，如调试中将倍率调整到较小位置，加工前先进行图形模拟或空运行测试。

12. 主轴失灵

【现象】 主轴不转或转速过高。

【原因】 程序漏掉 M03 或 M04 指令字或误写 M05，主轴转速未设“S”最高转速限定值。

【解决】 检查修正程序。

13. 加工零件尺寸有误、切入切出方式不当

【现象】 圆弧或斜面超差。

【原因】 刀具补偿设置错误或未设置。

【解决】 刀具补偿圆弧半径值应与实际值一致，且不能输错地址。

14. 刀架动作错误

【现象】 切不到工件或过切工件、工件尺寸严重超差。

【原因】 没有采用小数点编程，或漏写某个小数点、校验后没回参考点。

【解决】 检查程序重新回参考点。

第二节 数控车工国家职业标准

一、职业概况

1. 职业名称

数控车工。

2. 职业定义

从事编制数控加工程序并操作数控车床进行零件车削加工的人员。

3. 职业等级

本职业共设四个等级，分别为：中级（国家职业资格四级）、高级（国家职业资格三级）、技师（国家职业资格二级）、高级技师（国家职业资格一级）。

4. 职业环境

室内、常温。

5. 职业能力特征

具有较强的计算能力和空间感，形体知觉及色觉正常，手指、手臂灵活，动作协调。

6. 基本文化程度

高中毕业（或同等学力）。

7. 培训要求

（1）培训期限　全日制职业学校教育，根据其培养目标和教学计划确定。晋级培训期限：中级不少于400标准学时，高级不少于300标准学时，技师不少于200标准学时，高级技师不少于200标准学时。

（2）培训教师　培训中、高级人员的教师应取得本职业技师及以上职业资格证书或相关专业中级及以上专业技术职称任职资格，培训技师的教师应取得本职业高级技师职业资格证书或相关专业高级专业技术职称任职资格，培训高级技师的教师应取得本职业高级技师职业资格证书2年以上或取得相关专业高级专业技术职称任职资格2年以上。

（3）培训场地设备　满足教学要求的标准教室，计算机机房及配套的软件，数控车床及必要的刀具、夹具、量具和辅助设备等。

8. 鉴定要求

（1）适用对象　从事或准备从事本职业的人员。

（2）申报条件

1）中级（具备以下条件之一者）。

①　经本职业中级正规培训达规定标准学时数，并取得结业证书。

②　连续从事本职业工作5年以上。

③　取得经劳动保障行政部门审核认定的、以中级技能为培养目标的中等以上职业学校本职业（或相关专业）毕业证书。

④　取得相关职业中级《职业资格证书》后，连续从事本职业2年以上。

2）高级（具备以下条件之一者）。

①　取得本职业中级职业资格证书后，连续从事本职业工作2年以上，经本职业高级正规培训，达到规定标准学时数，并取得结业证书。

②　取得本职业中级职业资格证书后，连续从事本职业工作4年以上。

③　取得劳动保障行政部门审核认定的、以高级技能为培养目标的职业学校本职业（或相关专业）毕业证书。

④　大专以上本专业或相关专业毕业生，经本职业高级正规培训，达到规定标准学时数，并取得结业证书。

3）技师（具备以下条件之一者）。

①　取得本职业高级职业资格证书后，连续从事本职业工作4年以上，经本职业技师正规培训达规定标准学时数，并取得结业证书。

②　取得本职业高级职业资格证书的职业学校本职业（专业）毕业生，连续从事本职职业工作2年以上，经本职业技师正规培训达规定标准学时数，并取得结业证书。

③　取得本职业高级职业资格证书的本科（含本科）以上本专业或相关专业的毕业生，连续从事本职业工作2年以上，经本职业技师正规培训达规定标准学时数，并取得结业证书。

4）高级技师。

① 取得本职业技师职业资格证书后，连续从事本职业工作 4 年以上，经本职业高级技师正规培训达规定标准学时数，并取得结业证书。

② 取得本职业技师职业资格证书后，连续从事本职业工作 5 年以上。

9. 鉴定方式

鉴定分为理论知识考试和技能操作考核。理论知识考试采用闭卷方式，技能操作（含软件应用）考核采用现场实际操作和计算机软件操作方式。理论知识考试和技能操作（含软件应用）考核均实行百分制，成绩皆达 60 分及以上者为合格。技师和高级技师还需进行综合评审。

10. 考评人员与考生配比

理论知识考试考评人员与考生配比为 1∶15，每个标准教室不少于 2 名相应级别的考评员；技能操作（含软件应用）考核考评员与考生配比为 1∶2，且不少于 3 名相应级别的考评员；综合评审委员不少于 5 人。

11. 鉴定时间

理论知识考试为 120min。技能操作考核中实操时间为：中级、高级不少于 240min，技师和高级技师不少于 300min；技能操作考核中软件应用考试时间为不超过 120min。技师和高级技师的综合评审时间不少于 45min。

12. 鉴定场所设备

理论知识考试在标准教室里进行，软件应用考试在计算机机房进行，技能操作考核在配备了必要的数控车床及必要的刀具、夹具、量具和辅助设备的场所进行。

二、基本要求

1. 职业道德

（1）职业道德基本知识

（2）职业守则

遵守国家法律、法规和有关规定；具有高度的责任心、爱岗敬业、团结合作；严格执行相关标准、工作程序与规范、工艺文件和安全操作规程；学习新知识新技能、勇于开拓和创新；爱护设备、系统及工具、夹具、量具；着装整洁，符合规定，保持工作环境清洁有序，文明生产。

2. 基础知识

（1）基础理论知识

机械制图；工程材料及金属热处理知识；机电控制知识；计算机基础知识；专业英语基础。

（2）机械加工基础知识

机械原理；常用设备知识（分类、用途、基本结构及维护保养方法）；常用金属切削刀具知识；典型零件加工工艺；设备润滑和切削液的使用方法；工具、夹具、量具的使用与维护知识；卧式车床、钳工基本操作知识。

（3）安全文明生产与环境保护知识

安全操作与劳动保护知识；文明生产知识；环境保护知识。

（4）质量管理知识

企业的质量方针；岗位质量要求；岗位质量保证措施与责任。

（5）相关法律、法规知识

劳动法的相关知识；环境保护法的相关知识；知识产权保护法的相关知识。

三、工作要求

本标准对中级、高级、技师和高级技师的技能要求依次递进，高级别涵盖了低级别的要求。

1. 中级

中级的技能要求见表 15-1。

表 15-1　中级的技能要求

职业功能	工作内容	技能要求	相关知识
加工准备	读图与绘图	1. 能读懂中等复杂程度（如曲轴）的零件图 2. 能绘制简单的轴、盘类零件图 3. 能读懂进给机构、主轴系统的装配图	1. 复杂零件的表达方法 2. 简单零件图的画法 3. 零件三视图、局部视图和剖视图的画法 4. 装配图的画法
	制订加工工艺	1. 能读懂复杂零件的数控车床加工工艺文件 2. 能编制简单（轴、盘）零件的数控加工工艺文件	数控车床加工工艺文件的制订
	零件的定位与装夹	能使用通用卡具（如自定心卡盘、单动卡盘）进行零件装夹与定位	1. 数控车床常用夹具的使用方法 2. 零件定位、装夹的原理和方法
	刀具准备	1. 能够根据数控加工工艺文件选择、安装和调整数控车床常用刀具 2. 能够刃磨常用车削刀具	1. 金属切削与刀具磨损知识 2. 数控车床常用刀具的种类、结构和特点 3. 数控车床、零件材料、加工精度和工作效率对刀具的要求
数控编程	手工编程	1. 能编制由直线、圆弧组成的二维轮廓数控加工程序 2. 能编制螺纹加工程序 3. 能够运用固定循环、子程序进行零件的加工程序编制	1. 数控编程知识 2. 直线插补和圆弧插补的原理 3. 坐标点的计算方法
	计算机辅助编程	1. 能够使用计算机绘图设计软件绘制简单（轴、盘、套）零件图 2. 能够利用计算机绘图软件计算节点	计算机绘图软件（二维）的使用方法

（续）

职业功能	工作内容	技能要求	相关知识
数控车床操作	操作面板	1. 能够按照操作规程起动及停止机床 2. 能使用操作面板上的常用功能键（如回零、手动、MDI、修调等）	1. 熟悉数控车床操作说明书 2. 数控车床操作面板的使用方法
	程序输入与编辑	1. 能够通过各种途径（如 DNC、网络等）输入加工程序 2. 能够通过操作面板编辑加工程序	1. 数控加工程序的输入方法 2. 数控加工程序的编辑方法 3. 网络知识
	对刀	1. 能进行对刀并确定相关坐标系 2. 能设置刀具参数	1. 对刀的方法 2. 坐标系的知识 3. 刀具偏置补偿、半径补偿与刀具参数的输入方法
	程序调试与运行	能够对程序进行校验、单步执行、空运行并完成零件试切	程序调试的方法
零件加工	轮廓加工	1. 能进行轴、套类零件加工，并达到以下要求 （1）尺寸公差等级：IT6 （2）几何公差等级：IT8 （3）表面粗糙度 *Ra* 值 1.6μm 2. 能进行盘类、支架类零件加工，并达到以下要求 （1）轴径公差等级：IT6 （2）孔径公差等级：IT7 （3）几何公差等级：IT8 （4）表面粗糙度 *Ra* 值 1.6μm	1. 内外径的车削加工方法、测量方法 2. 几何公差的测量方法 3. 表面粗糙度的测量方法
	螺纹加工	能进行单线等节距普通螺纹、锥螺纹的加工，并达到以下要求 （1）尺寸公差等级：IT6 ~ IT7 （2）几何公差等级：IT8 （3）表面粗糙度 *Ra* 值 1.6μm	1. 常用螺纹的车削加工方法 2. 螺纹加工中参数的计算
	槽类加工	能进行内径槽、外径槽和端面槽的加工，并达到以下要求 （1）尺寸公差等级：IT8 （2）几何公差等级：IT8 （3）表面粗糙度 *Ra* 值 3.2μm	内、外径槽和端面槽的加工方法
	孔加工	能进行孔加工，并达到以下要求 （1）尺寸公差等级：IT7 （2）几何公差等级：IT8 （3）表面粗糙度 *Ra* 值 3.2μm	孔的加工方法
	零件精度检验	能够进行零件的长度、内外径、螺纹、角度精度检验	1. 通用量具的使用方法 2. 零件精度检验及测量方法

（续）

职业功能	工作内容	技能要求	相关知识
数控车床维护与精度检验	数控车床日常维护	能够根据说明书完成数控车床的定期及不定期维护保养，包括机械、电、气、液压、数控系统检查和日常保养等	1. 数控车床说明书 2. 数控车床日常保养方法 3. 数控车床操作规程 4. 数控系统（进口与国产数控系统）使用说明书
	数控车床故障诊断	1. 能读懂数控系统的报警信息 2. 能发现数控车床的一般故障	1. 数控系统的报警信息 2. 机床的故障诊断方法
	机床精度检查	能够检查数控车床的常规几何精度	数控车床常规几何精度的检查方法

2. 高级

高级的技能要求见表15-2。

表15-2　高级的技能要求

职业功能	工作内容	技能要求	相关知识
加工准备	读图与绘图	1. 能够读懂中等复杂程度（如刀架）的装配图 2. 能够根据装配图拆画零件图 3. 能够测绘零件	1. 根据装配图拆画零件图的方法 2. 零件的测绘方法
	制订加工工艺	能编制复杂零件的数控车床加工工艺文件	复杂零件数控加工工艺文件的制订
	零件定位与装夹	1. 能选择和使用数控车床组合夹具和专用夹具 2. 能分析并计算车床夹具的定位误差 3. 能够设计与自制装夹辅具（如心轴、轴套、定位件等）	1. 数控车床组合夹具和专用夹具的使用、调整方法 2. 专用夹具的使用方法 3. 夹具定位误差的分析与计算方法
	刀具准备	1. 能够选择各种刀具及刀具附件 2. 能够根据难加工材料的特点，选择刀具的材料、结构和几何参数 3. 能够刃磨特殊车削刀具	1. 专用刀具的种类、用途、特点和刃磨方法 2. 切削难加工材料时的刀具材料和几何参数的确定方法
数控编程	手工编程	能运用变量编程编制含有公式曲线的零件数控加工程序	1. 固定循环和子程序的编程方法 2. 变量编程的规则和方法
	计算机辅助编程	能用计算机绘图软件绘制装配图	计算机绘图软件的使用方法
	数控加工仿真	能利用数控加工仿真软件实施加工过程仿真以及加工代码检查、干涉检查、工时估算	数控加工仿真软件的使用方法

（续）

职业功能	工作内容	技能要求	相关知识
零件加工	轮廓加工	能进行细长、薄壁零件加工，并达到以下要求 （1）轴径公差等级：IT6 （2）孔径公差等级：IT7 （3）几何公差等级：IT8 （4）表面粗糙度 *Ra* 值 1.6μm	细长、薄壁零件加工的特点及装夹、车削方法
	螺纹加工	1. 能进行单线和多线等螺距的梯形螺纹、锥螺纹加工，并达到以下要求 （1）尺寸公差等级：IT6 （2）几何公差等级：IT8 （3）表面粗糙度 *Ra* 值 1.6μm 2. 能进行变螺距螺纹的加工，并达到以下要求 （1）尺寸公差等级：IT6 （2）几何公差等级：IT7 （3）表面粗糙度 *Ra* 值 1.6μm	1. 梯形螺纹、锥螺纹加工中参数的计算 2. 变螺距螺纹的车削加工方法
	零件定位与装夹	1. 能选择和使用数控车床组合夹具和专用夹具 2. 能分析并计算车床夹具的定位误差 3. 能够设计与自制装夹辅具（如心轴、轴套、定位件等）	1. 数控车床组合夹具和专用夹具的使用、调整方法 2. 专用夹具的使用方法 3. 夹具定位误差的分析与计算方法
	刀具准备	1. 能够选择各种刀具及刀具附件 2. 能够根据难加工材料的特点，选择刀具的材料、结构和几何参数 3. 能够刃磨特殊车削刀具	1. 专用刀具的种类、用途、特点和刃磨方法 2. 切削难加工材料时的刀具材料和几何参数的确定方法
数控车床维护与精度检验	数控车床日常维护	1. 能判断数控车床的一般机械故障 2. 能完成数控车床的定期维护保养	1. 数控车床机械故障和排除方法 2. 数控车床液压原理和常用液压元件
	机床精度检验	1. 能够进行机床几何精度检验 2. 能够进行机床切削精度检验	1. 机床几何精度检验内容及方法 2. 机床切削精度检验内容及方法

3. 技师

技师的技能要求见表 15-3。

表 15-3 技师的技能要求

职业功能	工作内容	技能要求	相关知识
加工准备	读图与绘图	1. 能绘制工装装配图 2. 能读懂常用数控车床的机械结构图及装配图	1. 工装装配图的画法 2. 常用数控车床的机械原理图及装配图的画法

（续）

职业功能	工作内容	技能要求	相关知识
加工准备	制订加工工艺	1. 能编制高难度、高精密、特殊材料零件的数控加工多工种工艺文件 2. 能对零件的数控加工工艺进行合理性分析，并提出改进建议 3. 能推广应用新知识、新技术、新工艺、新材料	1. 零件的多工种工艺分析方法 2. 数控加工工艺方案合理性的分析方法及改进措施 3. 特殊材料的加工方法 4. 新知识、新技术、新工艺、新材料
	零件定位与装夹	能设计与制作零件的专用夹具	专用夹具的设计与制造方法
	刀具准备	1. 能够依据切削条件和刀具条件估算刀具的使用寿命 2. 根据刀具寿命计算并设置相关参数 3. 能推广应用新刀具	1. 切削刀具的选用原则 2. 延长刀具寿命的方法 3. 刀具新材料、新技术 4. 刀具使用寿命的参数设定方法
数控编程	手工编程	能够编制车削中心、车铣中心的三轴及三轴以上（含旋转轴）的加工程序	编制车削中心、车铣中心加工程序的方法
	计算机辅助编程	1. 能用计算机辅助设计/制造软件进行车削零件的造型和生成加工轨迹 2. 能够根据不同的数控系统进行后置处理并生成加工代码	1. 三维造型和编辑 2. 计算机辅助设计/制造软件（三维）的使用方法
	数控加工仿真	能够利用数控加工仿真软件分析和优化数控加工工艺	数控加工仿真软件的使用方法
零件加工	轮廓加工	1. 能编制数控加工程序车削多拐曲轴，并达到以下要求 （1）直径公差等级：IT6 （2）表面粗糙度 Ra 值 1.6μm 2. 能编制数控加工程序对适合在车削中心加工的带有车削、铣削等工序的复杂零件进行加工	1. 多拐曲轴车削加工的基本知识 2. 车削加工中心加工复杂零件的车削方法
	配合件加工	能进行两件（含两件）以上具有多处尺寸链配合零件的加工与配合	多尺寸链配合的零件加工方法
	零件精度检验	能根据测量结果对加工误差进行分析并提出改进措施	精密零件的精度检验方法，检具设计知识
数控车床维护与精度检验	数控车床维护	1. 能够分析和排除液压和机械故障 2. 能借助词典阅读数控设备的主要外文信息	1. 数控车床常见故障诊断及排除方法 2. 数控车床专业外文知识
	机床精度检验	能够进行机床定位精度、重复定位精度的检验	机床定位精度检验、重复定位精度检验的内容及方法

（续）

职业功能	工作内容	技能要求	相关知识
培训与管理	操作指导	能指导本职业中级、高级进行实际操作	操作指导书的编制方法
	理论培训	1. 能对本职业中级、高级和技师进行理论培训 2. 能系统地讲授各种切削刀具的特点和使用方法	1. 培训教材的编写方法 2. 切削刀具的特点和使用方法
	质量管理	能在本职工作中认真贯彻各项质量标准	相关质量标准
	生产管理	能协助部门领导进行生产计划、调度及人员的管理	生产管理基本知识
	技术改造与创新	能够进行加工工艺、夹具、刀具的改进	数控加工工艺综合知识

4. 高级技师

高级技师的技能要求见表15-4。

表15-4　高级技师的技能要求

职业功能	工作内容	技能要求	相关知识
工艺分析与设计	读图与绘图	1. 能绘制复杂工装装配图 2. 能读懂常用数控车床的电气、液压原理图	1. 复杂工装设计方法 2. 常用数控车床电气、液压原理图的画法
	制订加工工艺	1. 能对高难度、高精密零件的数控加工工艺方案进行优化并实施 2. 能编制多轴车削中心的数控加工工艺文件 3. 能够对零件加工工艺提出改进建议	1. 复杂、精密零件加工工艺的系统知识 2. 车削中心、车铣中心加工工艺文件编制方法
	零件定位与装夹	能对现有的数控车床夹具进行误差分析并提出改进建议	误差分析方法
	刀具准备	能根据零件要求设计刀具，并提出制造方法	刀具的设计与制造知识
零件加工	异形零件加工	能解决高难度（如十字座类、连杆类、叉架类等异形零件）零件车削加工的技术问题、并制订工艺措施	高难度零件的加工方法
	零件精度检验	能够制订高难度零件加工过程中的精度检验方案	在机械加工全过程中影响质量的因素及提高质量的措施
数控车床维护与精度检验	数控车床维护	1. 能借助词典看懂数控设备的主要外文技术资料 2. 能够针对机床运行现状合理调整数控系统相关参数 3. 能根据数控系统报警信息判断数控车床故障	1. 数控车床专业外文知识 2. 数控系统报警信息

（续）

职业功能	工作内容	技能要求	相关知识
数控车床维护与精度检验	机床精度检验	能够进行机床定位精度、重复定位精度的检验	机床定位精度和重复定位精度的检验方法
	数控设备网络化	能够借助网络设备和软件系统实现数控设备的网络化管理	数控设备网络接口及相关技术
培训与管理	操作指导	能指导本职业中级、高级和技师进行实际操作	操作理论教学指导书的编写方法
	理论培训	能对本职业中级、高级和技师进行理论培训	教学计划与大纲的编制方法
	质量管理	能应用全面质量管理知识，实现操作过程的质量分析与控制	质量分析与控制方法
	技术改造与创新	能够组织实施技术改造和创新，并撰写相应的论文	科技论文撰写方法

四、比重表

比重表见表15-5。

表15-5　比重表

项　目		中级（%）	高级（%）	技师（%）	高级技师（%）
基本要求	职业道德	5	5	5	5
	基础知识	20	20	15	15
相关知识	加工准备	15	15	30	—
	数控编程	20	20	10	—
	数控车床操作	5	5	—	—
	零件加工	30	30	20	15
	数控车床维护与精度检验	5	5	10	10
	培训与管理	—	—	10	15
	工艺分析与设计	—	—	—	40
合　计		100	100	100	100

参 考 文 献

[1] 沈建峰，虞俊．数控车工［M］．北京：机械工业出版社，2007.

[2] 孙德茂．数控机床车削加工直接编程技术［M］．北京：机械工业出版社，2005.